高等学校计算机科学与技术专业系列教材

算法设计导论

爨　莹　编著

西安电子科技大学出版社

内 容 简 介

　　本书从算法的基本概念和设计方法入手，系统地阐述了算法设计的方法、技术和应用实例。全书共 11 章，分为 4 个部分：第一部分介绍算法设计基础、算法的数学基础以及排序问题的操作；第二部分针对排序、图和树等问题，讨论基本算法设计，包括递归与分治、贪婪法和动态规划；第三部分讨论了基于搜索的算法设计，包括回溯法、分支与限界；第四部分讨论了算法的限制，主要是随机算法、NP 完全问题与近似算法、专用算法设计技术。

　　本书既有理论性，也有实用性，书中精选了相当数量的算法，程序已调试通过。全书内容丰富，概念讲解清楚，表达严谨，语言精练，可读性强，可作为高等院校计算机科学与技术专业本科和研究生学习算法设计的教材，也可供工程技术人员或算法设计爱好者自学。

图书在版编目(CIP)数据

算法设计导论/爨莹编著. —西安：西安电子科技大学出版社，2023.3
ISBN 978 - 7 - 5606 - 6741 - 6

Ⅰ. ①算…　Ⅱ. ①爨…　Ⅲ. ①电子计算机—算法设计　Ⅳ. ①TP301.6

中国版本图书馆 CIP 数据核字(2022)第 239574 号

策　　划　马乐惠
责任编辑　马乐惠
出版发行　西安电子科技大学出版社(西安市太白南路 2 号)
电　　话　(029)88202421　88201467　　邮　　编　710071
网　　址　www.xduph.com　　　　　电子邮箱　xdupfxb001@163.com
经　　销　新华书店
印刷单位　咸阳华盛印务有限责任公司
版　　次　2023 年 3 月第 1 版　2023 年 3 月第 1 次印刷
开　　本　787 毫米×1092 毫米　1/16　印张 14.5
字　　数　341 千字
印　　数　1～2000 册
定　　价　34.00 元
ISBN 978 - 7 - 5606 - 6741 - 6/TP

XDUP 7043001 - 1

前 言
Preface

　　"算法设计导论"是计算机科学学习过程中处于核心地位的一门基础课，是高等院校多个专业的必修课。通过对"算法设计导论"课程的学习，学生可理解和掌握算法设计的主要方法，具备对算法的计算复杂性进行正确分析的能力。"算法设计导论"不但为学习其他专业课程奠定了扎实的基础，也为日后从事计算机系统结构、系统软件和应用软件的研究与开发奠定了基础。本书作者从事该课程的教学工作多年，在编写本书时，在教材内容的选择上参考了很多相关资料，汲取了很多同仁的宝贵经验，并融进了作者多年的教学经验。本书与高校 40～60 学时的教学安排相吻合，也适用于学生自学。全书紧紧围绕工程实际应用的需要，在遵循本学科基础性和实用性并重的前提下，注意由浅入深、融会贯通的教学理念，注重能力的培养。

　　全书共 11 章，分为 4 个部分：第一部分介绍算法设计基础、算法的数学基础以及排序问题的操作；第二部分针对排序、图和树等问题，讨论基本算法设计，包括递归与分治、贪婪法和动态规划；第三部分对基于搜索的算法设计进行讲解，包括回溯法、分支与限界；第四部分是算法的限制，主要包括随机算法、NP 完全问题与近似算法、专用算法设计技术。

　　本书强调理论知识与程序设计的紧密结合，注重算法与程序实现，既有理论性，也有实用性，且重点突出，解释详尽。每章均配套典型算例分析和丰富的习题，有助于读者掌握基本理论，提高应用技能。全书力求阐述严谨、脉络清晰、内容深入浅出，并注意把握教学难度、深度、广度、实用度的一体性，以便为科学工程技术问题提供有效可靠的数值计算方法。

　　全书由西安石油大学计算机学院曩莹编著。西安石油大学赵川源负责本书的校对工作。西安石油大学计算机学院研究生李亦珂、王泽尚等完成了书中程序的调试工作。

　　西安电子科技大学出版社马乐惠编审为本书的出版付出了大量的工作和努力，在此表示诚挚的谢意。

　　限于作者水平，书稿虽几经修改，仍难免存在不当之处，恳请各位专家和读者提出宝贵意见。

作 者

2022 年 12 月

目 录
Contents

第一部分 基础知识

第二部分 基本算法设计

第三部分　基于搜索的算法设计

第四部分　算法的限制

第 1 章 算法设计的基础

1.1 算法的基本概念

1.1.1 算法的定义和特征

欧几里得曾在他的著作中描述过求两个数的最大公因子的过程。20 世纪 50 年代，欧几里得所描述的这个过程被称为 Euclides Algorithm for gcd，国内将其翻译为"求最大公因子的欧几里得算法"，这使得 Algorithm(算法)这一术语在学术上具有了现在的含义。下面通过一个例子来认识一下该算法。

算法 1.1 欧几里得算法。

输入：正整数 m，n。

输出：m，n 的最大公因子。

```
1. int euclid(int m, int n)
2. {
3.        int r;
4.        do{
5.            r = m % n;
6.            m = n;
7.            n = r;
8.        }while(r)
9.        return m;
10.   }
```

算法 1.1 中使用了一种类 C 语言来叙述最大公因子的求解过程。今后在描述其他算法时，还可能结合一些自然语言的描述，以代替某些烦琐的具体细节，从而更好地说明算法的整体框架。同时，为了简明、直观地访问二维数组元素，假定在函数调用时，二维数组可以直接作为参数传递，在函数中可以动态地分配数组。读者可以很容易地用其他方法来消除这些假定。

在算法的第 5 行，把 m 除以 n 的余数赋予 r；第 6 行把 n 的值赋予 m；第 7 行把 r 的值赋予 n；第 8 行判断 r 是否为 0，若非 0，继续转到第 5 行进行处理，若为 0，就转到第 9 行处理；第 9 行返回 m，算法结束。按照上面这组规则，给定任意两个正整数，总能返回它们的最大公因子。读者可以自行证明该算法的正确性。

根据上面这个例子，可以定义算法如下：

定义 1.1 算法是解决某一特定问题的一组有穷规则的集合。

算法设计的先驱者唐纳德·E. 克努特对算法的特征作了如下描述：

(1) 有限性。算法在执行有限步之后必须终止。算法 1.1 中，对输入的任意正整数 m、n，在 m 除以 n 的余数赋予 r 之后，再通过 r 赋予 n，从而使 n 值变小。如此反复进行，最终或者使 r 为 0，或者使 n 递减为 1。这两种情况最终都使 $r=0$，从而使算法终止。

(2) 确定性。算法的每一个步骤都有精确的定义，要执行的每一个动作都是清晰的、无歧义的。例如，在算法 1.1 的第 5 行中，如果 m、n 是无理数，那么 m 除以 n 的余数是什么就没有一个明确的界定。确定性准则意味着必须确保在执行第 5 行时 m 和 n 的值都是正整数。算法 1.1 中规定了 m、n 都是正整数，从而保证了后续各个步骤都能确定地执行。

(3) 输入。一个算法有一个或多个输入，输入是由外部提供的，作为算法开始执行前的初始值或初始状态。算法的输入是从特定的对象集合中抽取的。算法 1.1 中的两个输入 m、n 就是从正整数集合中抽取的。

(4) 输出。一个算法有一个或多个输出，这些输出与输入有着特定的关系，它实际上是输入的某种函数。不同取值的输入，会产生不同结果的输出。算法 1.1 中的输出是输入 m、n 的最大公约数。

(5) 可行性。算法的可行性指的是算法中待实现的运算都是基本运算，原则上可以由人用纸和笔在有限的时间里精确地完成。算法 1.1 用一个正整数来除另一个正整数，判断一个整数是否为 0 以及整数赋值等，这些运算都是可行的。因为整数可以用有限的方式表示，而且至少存在一种方法来完成一个整数除以另一个整数的运算。如果所涉及的数值必须由展开成无穷小数的实数来精确地完成，那么这些运算就不是可行的了。

必须注意到，在实际应用中，有限性的限制是不够的。一个实用的算法，不仅要求步骤有限，同时也要求运行这些步骤所花费的时间是人们可以接受的。如果一个算法需要执行数以百亿亿计的运算步骤，从理论上说它是有限的，最终可以结束，但是以当代计算机每秒数亿次的运算速度，也必须运行数百年以上的时间，这是人们无法接受的，因而是不实用的算法。同时也应注意到，上述的确定性指的是算法要执行的每一个动作都是确定的，并非指算法的执行结果是确定的。大多数算法不管在什么时候运行同一个实例所得的结果都一样，这种算法称为确定性算法；有些算法在不同的时间运行同一个实例可能会得出不同的结果，这种算法称为不确定算法或随机算法。

算法设计的整个过程包含对问题需求的说明、数学模型的拟制、算法的详细设计、算法的正确性验证、算法的实现、算法的分析、程序的测试和文档资料的编制。本书所关心的是串行算法的设计与分析，其他相关内容以及并行算法可参考专门的书籍，这里只在涉及有关内容时才对相应的内容进行论述。

1.1.2　算法设计实例

【例 1.1】　百鸡问题。

公元 5 世纪末，我国古代数学家张丘建在他撰写的《算经》中提出了这样一个问题："鸡翁一，值钱五；鸡母一，值钱三；鸡雏三，值钱一。百钱买百鸡，问鸡翁、母、雏各几何？"意思是公鸡每只 5 元，母鸡每只 3 元，小鸡 3 只 1 元，用 100 元钱买 100 只鸡，求公鸡、母鸡、小鸡的只数。

令 a 为公鸡只数，b 为母鸡只数，c 为小鸡只数。根据题意，可列出下面的约束方程：

$$a+b+c=100 \tag{1.1}$$
$$5a+3b+c/3=100 \tag{1.2}$$
$$c\%3=0 \tag{1.3}$$

其中，运算符"/"为整除运算，"%"为求模运算。式(1.3)表示 c 被 3 除余数为 0。

这类问题用解析法求解有困难，但可用穷举法来求解。穷举法就是从有限集合中逐一列举集合的所有元素，然后对每一个元素逐一判断和处理，从而找出问题的解。

上述的百鸡问题中，a、b、c 的可能取值范围为 0～100，对在此范围内的 a、b、c 的所有组合进行测试，凡是满足上述 3 个约束方程的组合都是问题的解。如果把问题转化为用 n 元钱买 n 只鸡（n 为任意正整数），则式(1.1)、式(1.2)变成：

$$a+b+c=n \tag{1.4}$$
$$5a+3b+c/3=n \tag{1.5}$$

于是可用下面的算法来实现。

算法 1.2　百鸡问题。

```
输入：所购买的 3 种鸡的总数目 n。
输出：满足问题的解的数目 k，公鸡、母鸡、小鸡的只数 g[]、m[]、s[]。
1.  void chicken_question(int n,int &k,int g[],int m[],int s[])
2.  {
3.       int a,b,c;
4.       k = 0;
5.       for (a=0;a<=n;a++){
6.            for (b=0;b<=n;b++){
7.            for(c=0;c<=n;c++){
8.                 if((a+b+c==n)&&(5*a+3*b+c/3==n)&&(c%3==0)){
9.                      g[k] = a;
10.                     m[k] = b;
11.                     s[k] = c;
12.                     k++;
```

13.   }
14.   }
15.   }
16.   }
17.   }

该算法有三重循环，主要执行时间取决于第 7 行开始的内循环体的循环次数。外循环的循环体执行 $n+1$ 次，中间循环的循环体执行 $(n+1)(n+1)$ 次，内循环的循环体执行 $(n+1)(n+1)(n+1)$ 次。当 $n=100$ 时，内循环的循环体执行次数大于 100 万次。

考虑到 n 元钱只能买到 $n/5$ 只公鸡或 $n/3$ 只母鸡，因此有些组合可以不必考虑。而小鸡的只数又与公鸡及母鸡的只数相关，因此上述内循环可以省去。这样算法 1.2 可以改为如下的算法 1.3。

算法 1.3 改进的百鸡问题。

输入：所购买的 3 种鸡的总数目 n。

输出：满足问题的解的数目 k，公鸡、母鸡、小鸡的只数 g[]、m[]、s[]。

```
1. void chicken_problem(int n,int &k,int g[],int m[],int s[])
2. {
3.        int a,b,c,i,j;
4.            k = 0;
5.      i = n / 5;
6.      j = n / 3;
7.        for (a=0;a<=i;a++){
8.            for (b=0;b<=j;b++){
9.                 c = n - a - b;
10.                    if ((5 * a+3 * b+c/3==n)&&(c%3==0)){
11.                        g[k] = a;
12.                        m[k] = b;
13.                        s[k] = c;
14.                        k++;
15.                    }
16.                }
17.            }
18.    }
```

算法 1.3 有两重循环，主要执行时间取决于第 8 行开始的内循环，其循环体的执行次数是 $(n/5+1)(n/3+1)$。当 $n=100$ 时，内循环的循环体执行次数为 $21\times34=714$ 次。这与算法 1.2 的 100 万次比较起来，仅是原来的万分之七，有重大改进。

【例 1.2】 货郎担问题。

货郎担问题是一个经典问题。某售货员要到若个城市销售货物，已知各城市之间的距离，要求售货员选择出发的城市及旅行路线，使每个城市仅经过一次，最后回到原出发城市，且总路程最短。

如果对任意数目的 n 个城市，分别用 $1 \sim n$ 的数字编号，则这个问题可归结为在赋权图 $G = \langle V, E \rangle$ 中寻找一条路径最短的哈密尔顿回路。其中，$V = \{1, 2, \cdots, n\}$ 表示城市顶点；边 $(i, j) \in E$ 表示城市 i 到城市 j 的距离（$i, j = 1, 2, \cdots, n$）。这样，可以用图的邻接矩阵 C 来表示各城市之间的距离，该矩阵为费用矩阵。

售货员的每条路线对应于城市编号 $1, 2, \cdots, n$ 的一个排列。用一个数组来存放这个排列中的数据，数组中的元素依次存放旅行路线中的城市编号。n 个城市共有 $n!$ 个排列，于是售货员共有 $n!$ 条路线可供选择。采用穷举法逐一计算每条路线的费用，从中找出费用最小的路线，便可求出问题的解。下面是用穷举法求解这个问题的算法。

算法 1.4　穷举法版本的货郎担问题。

输入：城市个数 n，费用矩阵 c[][]。
输出：旅行路线 t[]，最小费用 min。

```
1.  #define MAX_FLOAT_NUM  /* 设置一个最大的浮点数 */
2.  void salesman_problem(int n,float & min,int t[],float c[][])
3.  {
4.        int p[n],i = 1;
5.        float cost;
6.        min = MAX_FLOAT_NUM;
7.        while(i <= n!){
8.              产生 n 个城市的第 i 个排列于 p;
9.              cost = 路线 p 的费用;
10.             if (cost < min) {
11.                   把数组 p 的内容复制到数组 t;
12.                   min = cost;
13.             }
14.             i++;
15.        }
16.  }
```

该算法的执行时间取决于第 7 行开始的 while 循环，它产生一个路线的城市排列，并计算该路线所需要的时间。这个循环的循环体共需执行 $n!$ 次，假定每执行一次，需要 $1\,\mu s$ 的时间，则整个算法的执行时间随 n 的增大而增加的情况如表 1.1 所示。从表 1.1 中可以看到，当 $n = 10$ 时，运行时间是 $3.63\,s$，算法是可行的；当 $n = 13$ 时，运行时间是 $1.73\,h$，还可以接受；当 $n = 16$ 时，运行时间为 242 天，就不实用了；当 $n = 20$ 时，运行时间是 7 万 7 千多年，这样的算法就不可取了。

在一些书籍中把穷举法归类为蛮力法。它不采用巧妙的技术，而是针对问题的描述和所涉及的概念，用简单、直接的方法来求解，看起来有点笨拙，几乎什么问题都能解决，但算法的效率往往很低。对某类特定问题，当设计一个更为高效的算法要花费很大的代价时，在规模较小的情况下，蛮力法却往往是一个简单、有效的方法。实际中，经常用蛮力法作为准绳来衡量对于同样的问题更为高效的算法。

表 1.1　算法 1.4 的执行时间随 n 的增大而增加的情况

n	$n!$	n	$n!$	n	$n!$	n	$n!$
5	120 μs	9	363 ms	13	1.73 h	17	11.28 a
6	720 μs	10	3.63 s	14	24 h	18	203 a
7	5.04 ms	11	39.9 s	15	15 d	19	3857 a
8	40.3 ms	12	479.0 s	16	242 d	20	77 147 a

1.2　算法的伪代码描述

1.2.1　伪代码的定义

我们使用伪代码来描述算法，伪代码由带标号的指令构成，但是它不是 C、C++、Java 等通常使用的程序设计语言，而是算法步骤的描述。它包含赋值语句，并具有程序的主要结构，如顺序、分支、循环等。为了叙述方便，我们也允许使用转向语句，有时也可以在某些语句后面加上注释。输出语句由关键字 return 与其后面跟随着的输出变量或函数值等构成。在循环体内遇到输出语句时，不管是否满足循环的条件，算法将停止进一步的迭代，立刻进行输出，然后算法停止运行。下面是伪代码的具体表示：

赋值语句：←。

分支语句：if… then…［else…］。

循环语句：while，for，repeat until。

转向语句：go to。

输出语句：return。

注释：//…。

伪代码程序中常常忽略变量或函数说明，有时也不指明算法所使用的数据结构，伪代码程序也常常忽略程序的实现细节。忽略这些是为了更加专注于算法的设计技术与分析方法，即求解问题的思路与方法。

伪代码程序中的语句通常带有标号，这是为了分析算法的工作量时更为方便。

算法调用子程序时，只需要在相应的语句中写明该子过程的名字，有时甚至可以直接使用自然语言来指出使用的函数或者过程。例如，"将数组 A［1…n］复制到数组 B""将数组 A 的元素按照递增的顺序排序"都是合法的语句。一般来说，调用的子过程应该是前面已经说明的过程。

1.2.2　算法的伪代码实例描述

下面是一些伪代码的例子。其中，Euclid 算法计算 m 和 n 的最大公约数；顺序检索算法 Search 检查 x 是否在数组 L 中出现，如果出现，则输出 x 第一次出现的位置，否则输出 0。

算法 1.5　Euclid(m，n)。

输入：非负整数 m、n，其中 m 和 n 不全为 0。

输出：m 与 n 的最大公约数。

1. while m>0 do
2. r ← n mod m
3. n ← m
4. m ← r
5. return n

Euclid 算法中第 2 行的 mod 是取模运算，$n \bmod m$ 表示 n 除以 m 所得的余数，一般余数的值应该在 0 到 $m-1$ 之间。

算法 1.6　Search(L，x)。

输入：数组 L[1…n]，其中元素按照从小到大排列；数 x。

输出：若 x 在 L 中，输出 x 的位置下标 j；否则输出 0。

1.　　j ← 1;
2.　　while j<=n and x>L[j] do j ← j+1
3.　　if x<L[j] or j>n then j ← 0
4.　　return j

不难看出，算法 Search 在第 2 行把 x 与 L 中的元素依次进行比较。while 循环的结束条件是 $x \leqslant L[j]$ 或者 $j>n$。当 $x=L[j]$ 时，这个 j 就是 x 在数组中第一次出现的下标；当 $x<L[j]$ 或者 $j>n$ 时，x 不在数组 L 中。因此，算法在最坏的情况下所执行的比较次数是 n。

1.3　算法复杂度分析

1.3.1　时间复杂度分析

1. 时间复杂度的度量标准

一个算法用高级语言实现后，在计算机上运行时所耗的时间与很多因素有关，如计算机的运算速度、编写程序用的计算机语言、编译产生的机器语言代码质量和问题的规模等。这些因素中，前 3 个都与具体的机器有关。撇开这些与计算机硬件、软件有关的因素，仅考虑算法本身的效率高低，可以认为一个特定算法的"运行工作量"的大小只依赖于问题的规模，或者说它是问题规模的函数。这便是事前分析估算法。

一个算法是由控制结构和原操作构成的，如图 1.1 所示，算法的运行时间取决于两者的综合效果。例如，图 1.1 所示的算法 solve 中，形参 a 是一个 m 行 n 列的数组，当它是一个方阵（$m=n$）时，求主对角线的所有元素之和并返回 true，否则返回 false。可以看出，该算法由 4 个部分组成，包含两个顺序结构、一个分支结构和一个循环结构。

算法的执行时间主要与问题规模有关，如数组的元素个数、矩阵的阶数等都可作为问题规模。算法的执行时间是算法中所有语句的执行时间之和，显然其与算法中所有语句的执行次数成正比。为了客观反映一个算法的执行时间，可以用算法中基本语句的执行次数来度量。算法中的基本语句是执行次数与整个算法的执行次数成正比的语句，它对算法执行时间的贡献最大，是算法中最重要的操作。通常基本语句是算法中最深层循环内的语句。在图 1.1 所示的算法中，"s＋＝a[i][i]"就是该算法的基本语句。

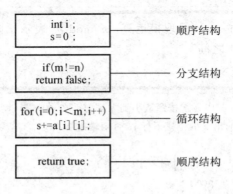

图 1.1　算法 solve

2. 相关符号的定义和特性

设算法的问题规模为 n，以基本语句为基准统计出的算法执行时间是 n 的函数，用 $f(n)$ 表示。对于图 1.1 所示的算法，当 $m=n$ 时，算法中 for 循环内的语句为基本语句，它恰好执行 n 次，所以有 $f(n)=n$。

这种时间衡量方法得出的不是时间量，而是一种增长趋势的度量。换言之，只考虑当问题规模 n 充分大时算法中基本语句的执行次数在渐进意义下的阶，通常用 O、Ω 和 Θ 3 种渐进符号表示，因此算法时间复杂度分析的一般步骤如图 1.2 所示。

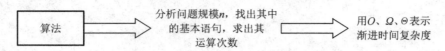

图 1.2　算法时间复杂度分析的一般步骤

采用渐进符号表示的算法时间复杂度也称渐进时间复杂度，它反映的是一种增长趋势。

假设机器速度是每秒 10^8 次基本运算，有阶分别为 n^3、n^2、$n\text{lb}n$、n、2^n 和 $n!$ 的算法，在 1 秒之内能够解决的最大问题规模 n 如表 1.2 所示。从表 1.2 中可以看出，阶为 2^n 和 $n!$ 的算法不仅解决的问题规模非常小，而且增长缓慢；执行速度最快的阶为 $n\text{lb}n$ 的算法不仅解决的问题规模大，而且增长快。通常称渐进时间复杂度为多项式的算法为有效算法，而称 2^n 和 $n!$ 这样的算法为指数时间算法。

表 1.2　执行时间随问题规模 n 的变化

执行时间	$n!$	2^n	n^3	n^2	$n\,\mathrm{lb}\,n$	n
最大的问题规模	11	26	464	10 000	4.5×10^8	1×10^8
机器速度提高两倍后的执行时间	11	27	584	14 142	8.6×10^8	2×10^8

3. 最好情况和最坏情况分析

算法的最好情况和最坏情况分析，是寻找该算法所求解问题的极端实例，然后分析在该极端实例下算法的运行时间。例如，在插入排序算法中，问题的极端实例是输入数组中的所有元素已经是递增的，此时算法的运行时间最小；或者，输入数组的所有元素已经是递减的，此时算法的运行时间最大。

算法 1.7　线性检索算法。

输入：给定 n 个元素的数组 A[ ]，元素 x。

输出：若 x = A[j]，0≤j≤n−1，输出 j，否则输出−1。

1.　 int linear_search(int A[],int n,int x);
2.　 {
3.　　　int j = 0;
4.　　　while (j<n && x!=A[j])
5.　　　　　j++;
6.　　　if　(j<n)
7.　　　　　return j;
8.　　　Else
9.　　　　　return −1;
10.　 }

在最好的情况下，数组的第 1 个元素是 x，如果采用第 4 行的数组元素比较操作作为算法的基本操作，则算法只要进行一次判断就可以结束，其运行时间为 $O(1)$；当数组中不存在数组元素 x 或元素 x 是数组的最后一个元素时，是线性检索算法的最坏情况，算法必须对数组元素执行 n 次比较。因此，在最坏情况下，线性检索算法的时间复杂度是 $O(n)$，当然也是 $\Omega(n)$。

算法 1.8　二叉检索算法。

输入：给定具有 n 个已排序过的元素的数组 A[]及元素 x。

输出：若 x = A[j]，0≤j≤n−1，输出 j，否则输出−1。

1.　 int binary_search(int A[],int n,int x)
2.　 {
3.　　　int mid,low = 0,high = n−1,j = −1;
4.　　　while(low<=high && j<0){
5.　　　　mid = (low<=high && j<0){
6.　　　　if (x==A[mid]) j = mid;
7.　　　　else if　(x<A[mid]) high = mid−1;

8.   else low = mid + 1;

9.   }

10.   return j;

11.   }

在二叉检索算法中,当数组第 $n/2$ 个元素是 x,并且采用第 6 行的元素比较操作作为二叉检索算法的基本操作时,只要执行一次比较操作即可结束算法,算法的时间复杂性为 $\theta(1)$,这是算法的最好情况。当数组中不存在元素 x 或元素 x 是数组的第 1 个元素或最后一个元素时,是二叉检索算法的最坏情况。假定 x 是数组的最后一个元素,则在第一次比较之后,数组中的元素被分为两半。如果 n 是偶数,数组中后半部分的元素个数为 $n/2$ 个;否则为 $(n-1)/2$ 个。在这两种情况下,数组后半部分的元素个数都是 $\lfloor n/2 \rfloor$ 个,这是第二次要继续进行检索的元素个数。类似地,在第 3 次进行检索时,元素数量是 $\lfloor \lfloor n/2 \rfloor/2 \rfloor = \lfloor n/4 \rfloor$。在第 j 次进行检索时,元素个数是 $\lfloor n/2^j \rfloor$。这种情况一直持续到被检索的元素个数为 1。假定检索 x 所需要的最大比较次数是 j 次,则 j 满足:

$$\left\lfloor \frac{n}{2^j} \right\rfloor = 1$$

根据整数下限函数的定义,有

$$1 \leqslant \frac{n}{2^j} \leqslant 2$$

或

$$2^{j-1} \leqslant n \leqslant 2^j$$

即

$$j-1 \leqslant \mathrm{lb}n \leqslant j$$

因为 j 是整数,所以由上式可以得到

$$j = \lfloor \mathrm{lb}n \rfloor + 1$$

这表明,在最坏情况下,二叉检索算法的元素比较次数最多为 $\lfloor \mathrm{lb}n \rfloor + 1$ 次。因此,其时间复杂度是 $O(\mathrm{lb}n)$。同样可以看到,它至少需执行 $\lfloor \mathrm{lb}n \rfloor + 1$ 次,因此其时间复杂度是 $\Omega(\mathrm{lb}n)$。所以,在最坏情况下,其时间复杂度是 $\Theta(\mathrm{lb}n)$。

可以看到,算法的最好情况和最坏情况分析是比较容易的。但要注意的是,当一个算法由两个算法组成而它们又有不同的时间复杂度时,就需要使用关于复杂度记号的性质来处理。

1.3.2 空间复杂度分析

1. 算法的空间复杂度

算法的空间复杂度指的是为解一个问题实例而需要的存储空间。在不同的文献资料里,在分析算法所需要的存储空间时,有不同的方法。

一种处理方法是:算法所需要的存储空间并不包含为容纳输入数据而分配的存储空间,更不包含实现该算法的程序代码和常数,以及程序运行时所需要的额外空间,而仅仅是算法所需要的工作空间而已。

例如,在线性检索算法里,只分配一个存储单元 j 去存放检索结果,因此该算法的空

间复杂度是 $\Theta(1)$。在二叉检索算法里，只分配 mid、low、high 以及 j 等 4 个工作单元，因此该算法的空间复杂度也是 $\Theta(1)$。而在合并两个已经排过序的子数组的合并算法里，分配了与这两个子数组同等大小的一个存储空间作为临时工作单元。这样，这些工作单元的数量与输入数据的数量相同。因此，该算法的空间复杂度是 $\Theta(n)$。

由于把数据写入每一个存储单元至少需要一个特定的时间间隔，因此在一般情况下，算法的工作空间复杂度不会超过算法的时间复杂度。如果令 $T(n)$ 和 $S(n)$ 分别表示算法的时间复杂度和空间复杂度，那么一般情况下有 $S(n)=O(T(n))$。

另一种处理方式是：算法所需要的存储空间为算法在运行时所占用的内存空间的总和，包括存放输入/输出数据的变量单元、程序代码、常数以及运行时的引用型变量所占用的空间和递归栈所占用的空间。

由于程序代码等所需要的空间取决于多种因素，有很多因素是未知的（如所使用的计算机及编译系统），人们无法精准地分析程序代码所需要的空间，但这部分是固定的，不随输入规模的额大小而变化。因此，把算法所需要的存储空间划分成两个部分：一部分是固定的，另一部分是与输入规模有关的。于是，算法所需要的存储空间 S_A 可表示为

$$S_A = c + S(n)$$

其中，c 是程序代码、常数等固定部分，$S(n)$ 是与输入规模相关的部分。在分析算法的空间复杂度时，主要考虑的是 $S(n)$。

第一种处理方法简化了空间复杂度的分析，简单明了；第二种处理方法比较精确，但考虑的因素较多。在本书中讨论空间复杂度时，采用第一种处理方法，只局限于算法所使用的工作空间。

在分析时间复杂度时定义的复杂度的阶以及上界与下界，也适用于对算法的空间复杂度的分析。此外，在很多问题中，时间和空间是一个对立面。为算法分配更多的空间，可以使算法运算得更快。反之，当空间是一个重要因素时，有时需要用算法的运行时间去换取空间。

2. 算法空间复杂度分析实例

一个算法的存储量包括形参所占空间和临时变量所占空间。在对算法进行存储空间分析时只考察临时变量所占空间，如图 1.9 所示，其中临时空间为变量 i、$maxi$ 占用的空间。所以，空间复杂度是对一个算法在运行过程中临时占用的存储空间大小的量度，一般也作为问题规模 n 的函数，以数量级形式给出，记作 $S(n)=O(g(n))$、$\Omega(g(n))$ 或 $\Theta(g(n))$，其中渐进符号的含义与时间复杂度中的含义相同。下面是一个求最大数的算法。

```
int max(int a[], int n)
{    int I, maxi=o;
     for(i=1; i<=n; i++)
          if(a[i]>a[maxi])     }函数体内分配的变量空间为临时空间，不计形参占用的空间，
               maxi=I;          这里仅用 i、maxi 变量的空间。其空间复杂度为 O(i)
     return a[maxi];
}
```

若所需临时空间相对于输入数据量来说是常数，则称此算法为原地工作或就地工作算法。若所需临时空间依赖于特定的输入，则通常按最坏情况来考虑。

为什么算法占用的空间只考虑临时空间，而不必考虑形参的空间呢？这是因为形参的空间会在调用该算法的算法中考虑，如以下 maxfun 算法调用 max 算法。

```
Void maxfun()
{ int b[]={1, 2, 3, 4, 5}=5；
  printf("Max=%d\n"(b, )) :
}
```

在 maxfun 算法中为 b 数组分配了相应的内存空间，其空间复杂度为 $O(n)$，如果在 max 算法中再考虑形参 a 的空间，这样就重复计算了占用的空间。实际上，在 C++语言中 maxfun 调用 max 时 max 的形参 a 只是一个指向实参 b 数组的指针，形参 a 只分配一个地址大小的空间，并非另外分配 5 个整型单元的空间。

算法空间复杂度的分析方法与前面介绍的时间复杂度的分析方法相似。

【例 1.3】 有如下递归算法，分析调用 maxelem$(a，0，n-1)$ 的空间复杂度。

```
Int maxelem( int a[], int I, int j)
(   int mid=( I+ j)/2, max1, max2；
  If(i<j)
  {   max1=maxelem(a, I, mid):
      max2=maxelem(a, mid+1, j):
      return( max1>max2) ? max1; max2;
  }
  else return a[i];
)
```

解 执行该递归算法需要多次调用自身，每次调用只临时分配 3 个整形变量的空间（$O(1)$）。设调用 maxelem$(a，0，n-1)$ 的空间为 $S(n)$，则有

$$\begin{cases} S(n)=O(1) & n=1 \\ S(n)=2S\left(\dfrac{n}{2}\right)+O(1) & n>1 \end{cases}$$

因此

$$S(n)=2S\left(\frac{n}{2}\right)+1=2\left[2S\left(\frac{n}{2^2}\right)+1\right]+1=2^2S\left(\frac{n}{2^2}\right)+1+2^1$$

$$=2^3S\left(\frac{n}{2^3}\right)+1+2^1+2^2$$

$$\vdots$$

$$=2n-1$$

$$=O(n)$$

1.4 学习和研究算法的原因

算法是计算机科学的重要基石，同时也是计算机科学研究的永恒主题之一。对于计算

机专业的学生,学会读懂算法、设计算法是一项最基本的要求,而发明(发现)算法则是计算机学者的最高境界。

1.4.1　算法在问题求解中的地位

Donald Knuth 曾经说过:程序就是蓝色的诗。如果真是这样,那么算法就是这首诗的灵魂。在各种计算机软件系统的实现中,算法设计往往处于核心地位。因为计算机不能分析问题并产生解决问题的方案,所以必须由人来分析问题,确定问题的解决方案,采用计算机能够理解的指令描述问题的求解步骤,然后让计算机执行程序,最终获得问题的解。用计算机求解的一般过程如图 1.3 所示。

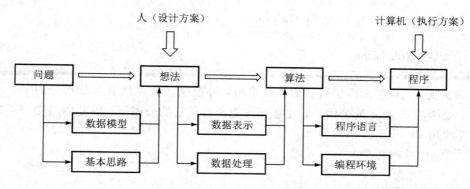

图 1.3　用计算机求解问题的一般过程

由问题到想法需要分析问题,抽象出具体的数据模型,形成问题求解的基本思路;由想法到算法需要完成数据表示(将数据模型存储到计算机的内存中)和数据处理(将问题求解的基本思路形成算法);由算法到程序需要将算法的操作步骤转化为某种程序设计语言对应的语句。

算法用来描述问题的解决方案,是形式化的、机械化的操作步骤。利用计算机解决问题的最重要一步是将人的想法描述成算法,也就是从计算机的角度设想计算机是如何一步一步完成这个任务的,告诉计算机需要做哪些事,按什么步骤去做。一般来说,对不同解决方案的抽象描述产生相应的不同算法,而不同的算法将设计出不同的程序,这些程序的解题思路不同,复杂程度不同,解题效率也不相同。下面看一个例子。

【例 1.4】　求两个自然数的最大公约数。

想法 1　可以用短除法找出这两个自然数的所有公因子,将这些公因子相乘,结果就是这两个数的最大公约数。例如,48 和 36 的公因子有 2、2 和 3,则 48 和 36 的最大公约数就是 $2 \times 2 \times 3 = 12$。短除法求最大公约数的过程如图 1.4 所示。

2	48	36
2	24	18
3	12	9
	4	3

图 1.4　短除法求最大公约数

算法 1 找两个数的公因子目前只能用蛮力法逐个尝试，可以用 $2\sim\min\{m,n\}$ 进行枚举尝试。短除法求最大公约数的算法用伪代码描述如下：

算法 1.9 CommFactor1。

输入：两个自然数 m 和 n。

输出：m 和 n 的最大公约数。

1. factor＝1；
2. 循环变量 i 从 2～min{m，n}，执行下述操作：
   2.1 如果 i 是 m 和 n 的公因子，则执行下述操作：
      2.1.1 factor＝factor＊I；
      2.1.2 m＝m/I；n＝n/I；
   2.2 如果 i 不是 m 和 n 的公因子，则 i＝i＋1
3. 输出 factor

算法实现 1 程序由两层嵌套的循环组成，外层循环枚举所有可能的公因子，内层循环尝试 i 是否为 m 和 n 的公因子，注意到可能会有重复的公因子，因此内层循环不能用 if 语句。算法用 C++ 语言描述如下：

```
int CommFactor1(int m,int n)
{
    int i,factor=1;
    for (i=2;i<=m&&i<=n;i++)
    {
        while(m%i==0&&n%i==0)
        {
            factor=factor * I;
            m=m/I;n=n/I;
        }
    }
    return factor;
}
```

想法 2 一种效率更高的方法是欧几里得算法，其基本思想是将两个数辗转相除直到余数为 0。欧几里得算法求最大公约数的过程如图 1.5 所示。

被除数	除数	余数
48	36	12
36	12	0

图 1.5 欧几里得算法求最大公约数

算法 2 欧几里得算法用伪代码描述如下：

算法 1.10 CommFactor2。

输入：两个自然数 m 和 n。

输出：m 和 n 的最大公约数。

1. r＝m％n
2. 循环直到 r 等于 0
   - 2.1.1　m＝n
   - 2.1.2　n＝r
   - 2.1.3　r＝m％n
3. 输出 n

算法实现 2　欧几里得算法用 C＋＋语言描述如下：

```cpp
int CommFactor2(int m, int n)
{
    int r=m%n;
    while(r !=0)
    {
        m=n;
        n=r;
        r=m%n;
    }
    return n;
}
```

算法比较　算法 1 的时间主要耗费在求余操作$(m\%i==0\&\&n\%i==0)$上，算法 2 的时间主要也耗费在求余操作$(r=m\%n)$上，以 48 和 36 为例，算法 1 要进行 10 次求余操作，而算法 2 只需进行两次求余操作，显然算法 2 比算法 1 的时间效率高。

需要强调的是，有些问题比较简单，很容易就可以得到问题的解决方案，如果问题比较复杂，就需要更多的思考才能得到问题的解决方案。对于许多实际问题，写出一个可以正确运行的算法还不够，如果这个算法在规模较大的数据集上运行，那么运行效率就成为一个重要的问题。

1.4.2　算法训练能够提高计算思维能力

冯·诺依曼计算机是按存储程序方式进行工作的，计算机的工作过程就是运行程序的过程。但是计算机不能分析问题并产生问题的解决方案，必须由人来分析问题，确定并描述问题的解决方案，因此用计算机求解问题是建立在高度抽象的级别上，表现为采用形式化的方式描述问题，问题的求解过程是建立符号系统并对其实施变换的过程，并且变换过程是一个机械化、自动化的过程。在描述问题和求解问题的过程中，主要采用抽象思维和逻辑思维，如图 1.6 所示。

在 ACM/IEEE CS 提交的 CC2005 中，将计算机专业的基本学科能力归纳为计算思维能力、算法设计与分析能力、程序设计与实现能力和系统能力，其中计算思维(computational thinking)主要包括形式化、模型化、抽象思维与逻辑思维。如前所述，在用计算机求解问题的过程中，最重要的环节就是将人的想法抽象为算法。算法不是问题的答案，而是经过精确定义、用来获得答案的求解过程。算法设计过程是计算思维的具体运用，因此，算法训练就像一种思维体操，能够锻炼我们的思维，使思维变得更清晰、更有逻辑。

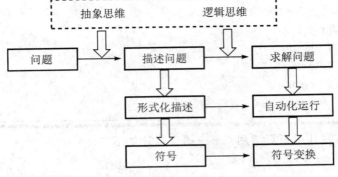

图 1.6　计算机学科的符号化特征

1.4.3　算法设计的基本步骤

　　算法是求解问题的解决方案，这个解决方案本身并不是问题的答案，而是能获得答案的指令序列，即算法，通过算法的执行才能获得求解问题的答案。算法设计是一个灵活的、充满智慧的过程，其基本步骤如图 1.7 所示，各步骤之间存在循环反复的过程。

图 1.7　算法设计的基本步骤

　　(1) 分析求解问题：确定求解问题的目标(功能)、给定的条件(输入)和生成的结果(输出)。

　　(2) 选择数据结构和算法设计策略：设计数据对象的存储结构，因为算法的效率取决于数据对象的存储表示。算法设计有一些通用策略(如迭代法、分治法、动态规划和回溯法等)，需要针对求解问题选择合适的算法设计策略。

　　(3) 描述算法：在构思和设计好一个算法后必须清楚、准确地将所涉及的求解步骤记录下来，即描述算法。

　　(4) 证明算法正确性：算法的正确性证明和数学证明有类似之处，因此可以采用数学证明方法，但用纯数学方法证明算法的正确性不仅耗时，而且对大型软件开发也不适用。一般而言，为所有算法都给出完全的数学证明并不现实，因此选择那些已知是正确的算法自然能大大减少出错的机会。本书介绍的大多数算法都是经典算法，其正确性已被证明，它们是实用的和可靠的，本书主要介绍这些算法的设计思想和设计过程。

　　(5) 算法分析：同一问题的求解算法可能有很多种，可以通过算法分析找到好的算法。一般来说，一个好的算法应该比同类算法的时间效率和空间效率都高。

习　题　1

1. 算法有哪些特点？

2. 下列关于算法的说法中正确的有(　　)。

A. 求解某一类问题的算法是唯一的

B. 算法必须在有限步操作之后停止

C. 算法的每一步操作必须是明确的，不能有歧义或含义模糊

D. 算法执行后一定产生确定的结果

3. 为什么说一个具备了所有特征的算法不一定就是实用的算法？

4. 证明算法 1.1 的正确性。

5. 用穷举法求 2～500 之间的所有亲密数对。所谓亲密数对，指的是如果 M 的因子(包括 1，不包括本身)之和为 N，N 的因子之和为 M，则 M 和 N 称为亲密数对。

6. 算法的时间复杂度如何度量？

7. 算法的空间复杂度如何度量？

8. 若

$$f(n)=a_k n^k + a_{k-1} n^{k-1} + \cdots + a_1 n + a_0 \qquad a_k > 0$$

证明 $f(n)=\Theta(n^k)$。

9. 证明下面的关系成立：

$$2^n = \Theta(2^{n+1})$$
$$n! = \Theta(n^n)$$
$$5n^2 - 6n = \Theta(n^2)$$

10. 判断一个大于 2 的正整数 n 是否为素数的方法有多种，给出两种算法，说明其中一种算法更好的理由。

11. 有一个整数序列，设计一个算法判断其中是否存在两个元素和恰好等于给定的整数 k。

12. 有一个 map⟨string，int⟩ 容器，其中已经存放了较多元素。设计一个算法求出其中重复的 value 并且返回重复 value 的个数。

13. 有一个含 $n(n>2)$ 个整数的数组 a，判断其中是否存在出现次数超过所有元素一半的元素。

14. 一个字符串采用 string 对象存储，设计一个算法判断该字符串是否为回文。

15. 有一个整数序列，所有元素均不相同，设计一个算法求相差最小的元素对的个数。

16. 用穷举法求 2～1000 之间的所有亲密数对。所谓亲密数对，指的是如果 M 的因子(包括 1，不包括本身)之和为 N，N 的因子之和为 M，则 M 和 N 称为亲密数对。

17. 判断以下关系式是否成立，并给出证明过程。

(1) $10 n^2 - 2n = \Theta(n^2)$；

(2) $2^n = \Theta(2^{n+1})$；

(3) $\operatorname{lb}n! = \Theta(n \operatorname{lb} n)$。

18. 设计算法求数组中相差最小的两个元素(称为最接近数)的差。要求给出伪代码。

19. 编写程序，求 n 至少为多大时，n 个 1 组成的整数能被 2017 整除。

20. 设计一个确定的图灵机 M，用于计算后继函数 $S(n)=n+1$（n 为一个二进制数），并给出求 1010001 的后继函数值的瞬像演变过程。

21. 有 4 个人打算过桥，这个桥每次最多只能有两个人同时通过。他们都在桥的某一端，并且是在晚上，过桥需要一只手电筒，而他们只有一只手电筒。这就意味着两个人过桥后必有一个人将手电筒带回来。每个人走路的速度是不同的：甲过桥要用 2 分钟，乙过桥要用 4 分钟，丙过桥要用 7 分钟，丁过桥要用 10 分钟，显然，两个人走路的速度等于其中慢那个人的速度，他们全部过桥最少要用多长时间？

22. 欧几里得游戏：开始的时候，白板上有两个不相等的正整数，两个玩家交替行动，每次行动时，当前玩家都必须在白板上写出任意两个已经出现在板上的数字的差，而且这个数字必是新的，也就是说，和白板上的任何一个已有的数字都不相同，当一方再也写不出新数字时，他就输了。如果你是其中的玩家，你是选先行动还是后行动？为什么？

第 2 章　算法的数学基础

2.1　常用的函数和公式

　　算法所需要的资源(时间、空间)数量经常以和的形式或以递归公式的形式表示。这就需要用到一些基本的数学工具，以便在算法分析处理时对这些和数或递归函数进行处理。下面是一些最基本的函数和公式。

2.1.1　整数函数

　　如果 x 是任意实数，则记

- $\lfloor x \rfloor$：小于或者等于 x 的最大整数，简称 x 的下限。
- $\lceil x \rceil$：大于或者等于 x 的最小整数，简称 x 的上限。

例如：

$$\lfloor \sqrt{3} \rfloor = 1, \quad \lceil \sqrt{3} \rceil = 2$$

$$\left\lfloor \frac{1}{3} \right\rfloor = 0, \quad \left\lceil \frac{1}{3} \right\rceil = 1$$

$$\left\lfloor -\frac{1}{3} \right\rfloor = -1, \quad \left\lceil -\frac{1}{3} \right\rceil = 0$$

可以证明以下关系：

$$\lfloor x \rfloor = \lceil x \rceil \quad (当且仅当 x 是整数时)$$
$$\lceil x \rceil = \lfloor x \rfloor + 1 \quad (当且仅当 x 不是整数时)$$
$$\lfloor -x \rfloor = -\lceil x \rceil$$
$$x - 1 < \lfloor x \rfloor \leqslant x \leqslant \lceil x \rceil < x + 1$$
$$\left\lfloor \frac{x}{2} \right\rfloor + \left\lceil \frac{x}{2} \right\rceil = x$$

下面介绍一个很有用的定理。

　　定理 2.1　令 $f(x)$ 为一个单调递增函数，使得当 $f(x)$ 是整数时，x 也是整数，那么有：

$$\lfloor f(\lfloor x \rfloor) \rfloor = \lfloor f(x) \rfloor, \quad \lceil f(\lceil x \rceil) \rceil = \lceil f(x) \rceil$$

由定理 2.1 可以得到下面的公式：

$$\lfloor \lfloor x \rfloor / n \rfloor = \lfloor x/n \rfloor, \quad \lceil \lceil x \rceil / n \rceil = \lceil x/n \rceil \tag{2.1}$$

其中，n 是整数。例如：

$$\lfloor \lfloor \lfloor n/2 \rfloor /2 \rfloor /2 \rfloor = \lfloor \lfloor n/4 \rfloor /2 \rfloor = \lfloor n/8 \rfloor$$

2.1.2 对数函数

令 b 是大于 1 的正实数，x 是实数。如果对某些正实数 y 有 $y = b^x$，那么 x 称为 y 以 b 为底的对数，记为

$$x = \log_b y$$

关于对数，有以下 4 个性质：

性质 1 两个正数相乘的对数等于这两个正数分别取对数后的和，即

$$\log_b(xy) = \log_b x + \log_b y \tag{2.2}$$

性质 2 两个正数相除的对数等于这两个正数分别取对数后的差，即

$$\log_b \frac{x}{y} = \log_b x - \log_b y \tag{2.3}$$

性质 3 幂的对数等于幂底数的对数与指数的乘积，即

$$\log_b a^c = c \log_b a \tag{2.4}$$

性质 4 x 以 a 为底的对数除以 b 以 a 为底的对数，等于 x 以 b 为底的对数，即

$$\log_b x = \frac{\log_a x}{\log_a b} \tag{2.5}$$

从对数的定义出发，我们可得到下面的关系：

$$a^{\log_a x} = x, \quad \log_a a^x = x \tag{2.6}$$

对 $x^{\log_b y}$ 和 $y^{\log_b x}$ 两边取对数，再利用性质 4，可以得到下面重要的恒等式：

$$x^{\log_b y} = y^{\log_b x} \tag{2.7}$$

以 2 为底的对数写成 $\mathrm{lb}x$，以 e 为底的对数写成 $\ln x$，以 10 为底的对数写成 $\lg x$。e 的定义为

$$e = \lim_{n \to \infty} \left(1 + \frac{1}{n}\right)^n = 2.718\ 281\ 8$$

利用性质 4 可以得到

$$\mathrm{lb}x = \frac{\ln x}{\ln 2}, \quad \ln x = \frac{\mathrm{lb}x}{\mathrm{lb}e} \tag{2.8}$$

2.1.3 排列、组合和二项式系数

在算法分析中，经常需要分析输入元素的排列组合特性。每次从 n 个元素中取出 k 个元素进行排列，则共有

$$C_n^k = n(n-1)\cdots(n-k+1)$$

种不同的排序。把 n 个元素全部取出进行排列，称为全排列。此时，所有排列顺序的总数为

$$C_n^n = n!$$

每次从 n 个元素中取出 k 个元素进行组合，则共有

$$C_n^k = \frac{n(n-1)\cdots(n-k+1)}{k(k-1)\cdots 1}$$

种不同的组合。经常用 $\binom{n}{k}$ 来表示 C_n^k。特别地，有 $\binom{n}{n} = \binom{n}{0} = 1$，$\binom{n}{1} = n$，$\binom{n}{2} = \frac{n(n-1)}{2}$。

关于组合数 $\binom{n}{k}$，有如下几个性质：

（1）用阶乘表示：

$$\binom{n}{k} = \frac{n!}{k!\,(n-k)!} \tag{2.9}$$

（2）对称条件：

$$\binom{n}{k} = \binom{n}{n-k} \tag{2.10}$$

（3）移进移出括弧：

$$\binom{n}{k} = \frac{n}{k}\binom{n-1}{k-1} \tag{2.11}$$

（4）加法公式：

$$\binom{n}{k} = \binom{n-1}{k} + \binom{n-1}{k-1} \tag{2.12}$$

从上面的公式可以得出下面两个重要的求和公式：

$$\sum_{k=0}^{n}\binom{r+k}{k} = \binom{r+n+1}{n} \tag{2.13}$$

$$\sum_{k=0}^{n}\binom{k}{m} = \binom{n+1}{m+1} \tag{2.14}$$

当 $m=1$ 时，便是算术级数求和：

$$\binom{0}{1} + \binom{0}{1} + \cdots + \binom{0}{1} = 0 + 1 + \cdots + n = \binom{n+1}{2} = \frac{(n+1)n}{2}$$

（5）二项式定理：

$$(x+y)^n = \sum_{k=0}^{n}\binom{n}{k}x^k y^{n-k} \tag{2.15}$$

其中，$\binom{n}{k}$ 是二项式系数。令 $y=1$，则有

$$(1+x)^n = \sum_{k=0}^{n}\binom{n}{k}x^k \tag{2.16}$$

再令 $x=1$，可得

$$\sum_{k=0}^{n}\binom{n}{k} = \binom{n}{0} + \binom{n}{1} + \cdots + \binom{n}{n} = 2^n$$

2.1.4　级数求和

下面是几种常用的级数求和公式。

（1）算数级数：

$$\sum_{k=1}^{n} k = \frac{n(n+1)}{2} = \Theta(n^2) \tag{2.17}$$

（2）平方和：

$$\sum_{k=1}^{n} k^2 = \frac{n(n+1)(n+2)}{6} = \Theta(n^3) \tag{2.18}$$

（3）几何级数：

$$\sum_{k=0}^{n} a^k = \frac{a^{n+1}-1}{a-1} = \Theta(a^n) \qquad a \neq 1 \tag{2.19}$$

式（2.19）中，令 $a=2$，则有

$$\sum_{k=0}^{n} 2^k = 2^{n+1} - 1 = \Theta(2^n) \tag{2.20}$$

如果令 $a=1/2$，则有

$$\sum_{k=0}^{n} \frac{1}{2^k} = 2 - \frac{1}{2^n} < 2 = \Theta(1) \tag{2.21}$$

当 $|a| < 1$ 时，有如下的无穷级数：

$$\sum_{k=0}^{\infty} a^k = \frac{1}{1-a} = \Theta(1) \qquad |a| < 1 \tag{2.22}$$

分别对式（2.19）的两边求导，并乘以 a，得到

$$\sum_{k=0}^{n} ka^k = \sum_{k=1}^{n} ka^k = \frac{na^{n+2} - na^{n+1} - a^{n+1} + a}{(1-a)^2} = \Theta(na^n) \qquad a \neq 2 \tag{2.23}$$

式（2.23）中，令 $a=1/2$，则有

$$\sum_{k=0}^{n} \frac{k}{2^k} = \sum_{k=1}^{n} \frac{k}{2^k} = 2 - \frac{n+2}{2^n} = \Theta(1) \tag{2.24}$$

分别对式（2.22）的两边求导，并乘以 a，得到

$$\sum_{k=0}^{\infty} ka^k = \sum_{k=1}^{\infty} ka^k = \frac{a}{(1-a)^2} = \Theta(1) \tag{2.25}$$

（4）调和级数。

把调和级数前 n 项的和记为 H_n，则

$$H_n = 1 + \frac{1}{2} + \frac{1}{3} + \cdots + \frac{1}{n} = \sum_{k=1}^{n} \frac{1}{k}$$

关于调和级数，有如下不等式：

$$\ln(n+1) < H_n < \ln n + 1 \tag{2.26}$$

2.2 求解递归方程

2.2.1 用特征方程求解递归方程

1. 线性齐次递推式的求解

常系数的线性齐次递推式的一般格式如下：

$$f(n) = a_1 f(n-1) + a_2 f(n-2) + \cdots + a_k f(n-k) \qquad (2.27)$$
$$f(i) = b_i \qquad 0 \leqslant i < k$$

等式(2.27)的一般解含有 $f(n) = x^n$ 形成的特解的和，用 x^n 来代替等式中的 $f(n)$，则有 $f(n-1) = x^{n-1}$，$\cdots$，$f(n-k) = x^{n-k}$，所以有

$$x^n = a_1 x^{n-1} + a_2 x^{n-2} + \cdots + a_k x^{n-k}$$

两边同时除以 x^{n-k} 得到

$$x^k = a_1 x^{k-1} + a_2 x^{k-2} + \cdots + a_k$$

或者写成

$$x^k - a_1 x^{k-1} - a_2 x^{k-2} - \cdots - a_k = 0 \qquad (2.28)$$

等式(2.28)称为递推关系(2.27)的特征方程。可以求出特征方程的根，如果该特征方程的 k 个根互不相同，令其为 $r_1, r_2, \cdots, r_k$，则递归方程的通解为

$$f(n) = c_1 r_1^n + c_2 r_2^n + \cdots + c_k r_k^n$$

再利用递归方程的初始条件（$f(i) = b_i, 0 \leqslant i < k$），确定通解中的待定系数，从而得到递归方程的解。

下面仅讨论几种简单且常用的齐次递推式的求解过程。

(1) 对于一阶齐次递推关系，如 $f(n) = af(n-1)$，假定序列从 $f(0)$ 开始，且 $f(0) = b$，可以直接递推求解，即

$$f(n) = af(n-1) = a^2 f(n-2) = \cdots = a^2 f(0) = a^n b$$

可以看出，$f(n) = a^n b$ 是递推式的解。

(2) 对于二阶齐次递推关系，如 $f(n) = a_1 f(n-1) + a_2 f(n-2)$，假定序列从 $f(0)$ 开始，且 $f(0) = b_1$，$f(1) = b_2$。其特征方程为 $x^2 - a_1 x - a_2 = 0$，令这个二次方程式的根为 r_1 和 r_2，则可以求得递推式的解为

$$f(n) = c_1 r_1^n + c_2 r_2^n \qquad r_1 \neq r_2$$
$$f(n) = c_1 r^n + c_2 n r^n \qquad r_1 = r_2 = r$$

代入 $f(0) = b_1$，$f(1) = b_2$ 求出 c_1 和 c_2，得到最终的 $f(n)$。

【例 2.1】 分析求解 Fibonacci 数列的递归算法 $f(n)$ 的时间复杂度。

解 对于求 Fibonacci 数列的递归算法 $f(n)$，有以下递归关系：

$$f(n) = 1 \qquad\qquad\qquad n = 1 \text{ 或 } 2$$
$$f(n) = f(n-1) + f(n-2) + 1 \qquad n > 2$$

为了简化解，可以引入额外项 $f(0) = 0$。其特征方程是 $x^2 - x - 1 = 0$，求得根为

$$r_1 = \frac{1 + \sqrt{5}}{2}, \qquad r_2 = \frac{1 - \sqrt{5}}{2}$$

由于 $r_1 \neq r_2$，因此递推式的解为

$$f(n) = c_1 \left(\frac{1 + \sqrt{5}}{2} \right)^n + c_2 \left(\frac{1 - \sqrt{5}}{2} \right)^n$$

为求 c_1 和 c_2，需求解下面两个联立方程：

$$f(0) = 0 = c_1 + c_2, \quad f(1) = 1 = c_1 \left(\frac{1 + \sqrt{5}}{2} \right) + c_2 \left(\frac{1 - \sqrt{5}}{2} \right)$$

求得

$$c_1 = \frac{1}{\sqrt{5}}, \quad c_2 = -\frac{1}{\sqrt{5}}$$

所以

$$f(n) = \frac{1}{\sqrt{5}}\left(\frac{1+\sqrt{5}}{2}\right)^n - \frac{1}{\sqrt{5}}\left(\frac{1-\sqrt{5}}{2}\right)^n \approx \frac{1}{\sqrt{5}}\left(\frac{1+\sqrt{5}}{2}\right)^n = O(\varphi^n)$$

其中，$\varphi = \frac{1+\sqrt{5}}{2}$。

2. 非齐次递推式的求解

常系数的线性非齐次递推式的一般格式如下：

$$f(n) = a_1 f(n-1) + a_2 f(n-2) + \cdots + a_k f(n-k) + g(n) \tag{2.29}$$
$$f(i) = b_i \quad 0 \leqslant i < k$$

其通解形式为

$$f(n) = f'(n) + f''(n)$$

其中，$f'(n)$ 是对应齐次递归方程的通解，$f''(n)$ 是非齐次递归方程的特解。现在还没有一种寻找特解的有效方法，一般根据 $g(n)$ 的形式来确定特解。

假设 $g(n)$ 是 n 的 m 次多项式，即 $g(n) = c_0 n^m + \cdots + c_{m-1} n + c_m$，则特解为 $f''(n) = A_0 n^m + A_1 n^{m-1} + \cdots + A_{m-1} n + A_m$。代入原递归方程求出 $A_0, A_1, \cdots, A_m$，再代入初始条件（$f(i) = b_i, 0 \leqslant i < k$）求出系数，即得到最终通解。

下面仅讨论简单且常用的非齐次递推式的求解过程。

(1) $\qquad f(n) = f(n-1) + g(n) \qquad n \geqslant 1 \text{ 且 } f(0) = 0 \tag{2.30}$

其中，$g(n)$ 是另一个序列。通过递推关系容易推出式(2.30)的解是

$$f(n) = f(0) + \sum_{i=1}^{n} g(i)$$

例如，递推式 $f(n) = f(n-1) + 1$ 且 $f(0) = 0$ 的解是 $f(n) = n$。

(2) $\qquad f(n) = g(n) f(n-1) \qquad n \geqslant 1 \text{ 且 } f(0) = 0 \tag{2.31}$

通过递推关系推出式(2.31)的解是

$$f(n) = g(n) g(n-1) \cdots g(1) f(0)$$

例如，递推式 $f(n) = n f(n-1)$ 且 $f(0) = 1$ 的解是 $f(n) = n!$。

(3) $\qquad f(n) = n f(n-1) + n! \qquad n \geqslant 1 \text{ 且 } f(0) = 0 \tag{2.32}$

其求解过程如下：

$f(n)$ 的解为 $f(n) = n! f'(n-1)$，将 $f(0) = f'(0) = 0$ 代入式(2.32)有

$$n! f'(n) = n(n-1)! f'(n-1) + n!$$

简化为

$$f'(n) = f'(n-1) + 1$$

它的解为

$$f'(n) = f'(0) + \sum_{i=1}^{n} 1 = 0 + n = n$$

因此，$f(n) = n! f'(n) = n n!$。

【例 2.2】 求以下非齐次方程的解。

$$f(n) = 7f(n-1) - 10f(n-2) + 4n^2$$
$$f(0) = 1$$
$$f(1) = 2$$

解 此非齐次方程对应的齐次方程为 $f(n) = 7f(n-1) - 10f(n-2)$，其特征方程为 $x^2 - 7x + 10 = 0$，求得其特征根为 $q_1 = 2$，$q_2 = 5$。所以，对应的齐次递归方程的通解为 $f'(n) = c_1 2^n + c_2 5^n$。

由于 $g(n) = 4n^2$，因此令非齐式递归方程的特解为 $f''(n) = A_0 n^2 + A_1 n + A_2$。代入原递归方程得

$$A_0 n^2 + A_1 n + A_2 = 7[A_0(n-1)^2 + A_1(n-1) + A_2] -$$
$$10[A_0(n-2)^2 + A_1(n-2) + A_2] + 4n^2$$

化简后得到

$$4A_0 n^2 + (-26A_0 + 4A_1)n + 33A_0 - 13A_1 + 4A_2 = 4n^2$$

由此得到联立方程为

$$4A_0 = 4$$
$$-26A_0 + 4A_1 = 0$$
$$33A_0 - 13A_1 + 4A_2 = 0$$

求得 $A_0 = 1$，$A_1 = \dfrac{13}{2}$，$A_2 = \dfrac{103}{8}$。

所以非齐次递归方程的通解为

$$f(n) = f'(n) + f''(n) = c_1 2^n + c_2 5^n + n^2 + \frac{13n}{2} + \frac{103}{8}$$

代入初始条件 $f(0) = 1$，$f(1) = 2$，求得 $c_1 = -\dfrac{41}{3}$，$c_2 = \dfrac{43}{24}$。

最后非齐次递归方程的通解为

$$f(n) = -\frac{41}{3} \times 2^n + \frac{43}{24} \times 5^n + n^2 + \frac{13n}{2} + \frac{103}{8}$$

2.2.2 用递归树方法求解递归方程

用递归树求解递归方程的基本过程是：展开递归方程，构造对应的递归树，然后把每一层的时间进行求和，从而得到算法时间复杂度的估计。

【例 2.3】 分析以下递归方程的时间复杂度。

$$T(n) = 1 \qquad\qquad n = 1$$
$$T(n) = 2T\left(\frac{n}{2}\right) + n^2 \qquad n > 1$$

解 构造递归树，如图 2.1 所示。当递归树展开时，子问题的规模逐步缩小；当达到递归出口时，即子问题的规模为 1 时，递归树不再展开。

显然，在递归树中，第 1 层的问题规模为 n，第二层的问题规模为 $n/2$，依此类推，当展开到第 $k+1$ 层时，其规模为 $n/2^k = 1$，所以递归树的高度为 $\operatorname{lb} n + 1$。

第 1 层有 1 个结点，其时间为 n^2；第二层有 2 个结点，其时间为 $2(n/2)^2 = n^2/2$；依此类推，第 k 层有 2^k 个结点，其时间为 $2(n/2^k)^2 = n^2/2^{k-1}$。叶子节点的个数为 n 个，其时间为 n。递归树每一层的时间加起来可得

$$T(n) = n^2 + \frac{n^2}{2} + \cdots + \frac{n^2}{2^{k-1}} + \cdots + n = O(n^2)$$

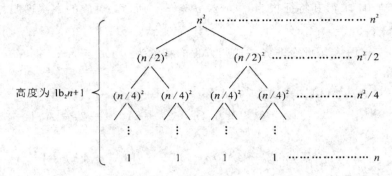

图 2.1　一棵递归树

2.3　用递推方法求解递归方程

解递归方程最直接的方法是递推方法。直接从递归方程出发，一层一层地往前递推，直到最前面的初始条件为止，就得到了问题的解。

2.3.1　递推

下面是一个最简单的非齐次递归方程：

$$\begin{cases} f(n) = bf(n-1) + g(n) \\ f(0) = c \end{cases} \tag{2.33}$$

其中，b、c 是常数；$g(n)$ 是 n 的某一个函数。直接把公式应用于式（2.33）中的 $f(n-1)$ 得到

$$\begin{aligned} f(n) &= b(bf(n-2) + g(n-1)) + g(n) \\ &= b^2 f(n-2) + bg(n-1) + g(n) \\ &= b^2 (b f(n-3) + g(n-2)) + bg(n-1) + g(n) \\ &= b^3 f(n-3) + b^2 g(n-2) + bg(n-1) + g(n) \\ &\vdots \\ &= b^n f(0) + b^{n-1} g(1) + \cdots + b^2 g(n-2) + bg(n-1) + g(n) \\ &= cb^n + \sum_{i=1}^{n} b^{n-i} g(i) \end{aligned} \tag{2.34}$$

【例 2.4】 汉诺塔问题。

汉诺塔的递归方程为

$$\begin{cases} h(n)=2h(n-1)+1 \\ h(1)=1 \end{cases}$$

直接将式(2.34)应用于汉诺塔的递归方程，此时

$$b=2,\ c=1,\ g(n)=1$$

从 n 递推到 1，有

$$
\begin{aligned}
h(n) &= cb^{n-1} + \sum_{i=1}^{n-1} b^{n-1-i} g(i) \\
&= 2^{n-1} + 2^{n-2} + \cdots + 2^2 + 2 + 1 \\
&= 2^n - 1
\end{aligned}
$$

2.3.2　用递推法求解变系数递归方程

变系数齐次递归方程如下：

$$\begin{cases} f(n)=g(n)f(n-1) \\ f(0)=c \end{cases} \tag{2.35}$$

利用递推方法容易得到：

$$f(n)=cg(n)g(n-1)\cdots g(1) \tag{2.36}$$

【例 2.5】 解如下递归函数：

$$\begin{cases} f(n)=nf(n-1) \\ f(0)=1 \end{cases}$$

解　由式(2.36)容易得到：

$$f(n)=n(n-1)(n-2)\cdots 1=n!$$

有如下形式的变系数非齐次递归方程：

$$\begin{cases} f(n)=g(n)f(n-1)+h(n) \\ f(0)=c \end{cases} \tag{2.37}$$

其中，c 是常数，$g(n)$ 和 $h(n)$ 是 n 的函数。利用式(2.37)对 $f(n)$ 进行递推，有

$$
\begin{aligned}
f(n) &= g(n)f(n-1)+h(n) \\
&= g(n)(g(n-1)f(n-2)+h(n-1))+h(n) \\
&= g(n)g(n-1)f(n-2)+g(n)h(n-1)+h(n) \\
&\vdots \\
&= g(n)g(n-1)\cdots g(1)f(0)+g(n)g(n-1)\cdots g(2)h(1) \\
&\quad + \cdots + g(n)h(n-1)+h(n) \\
&= g(n)g(n-1)\cdots g(1)f(0)+\frac{g(n)g(n-1)\cdots g(2)g(1)h(1)}{g(1)}+\cdots+ \\
&\quad \frac{g(n)g(n-1)\cdots g(2)g(1)h(n-1)}{g(n-1)\cdots g(2)g(1)}+\frac{g(n)g(n-1)\cdots g(2)g(1)h(n)}{g(n)g(n-1)\cdots g(2)g(1)} \\
&= g(n)g(n-1)\cdots g(1)\left(f(0)+\sum_{i=1}^{n}\frac{h(i)}{g(i)g(i-1)\cdots g(1)}\right)
\end{aligned}
\tag{2.38}
$$

【例 2.6】 解如下递归函数：

$$
\begin{cases}
f(n) = nf(n-1) + n! \\
f(0) = 0
\end{cases}
$$

解 对方程进行递推，有

$$f(n) = n((n-1)f(n-2) + (n-1)!) + n!$$

$$= n(n-1)f(n-2) + 2n!$$

$$\vdots$$

$$= n!f(0) + nn!$$

$$= nn!$$

如果直接使用式(2.38)，此时 $g(n) = n$，$h(n) = n!$，则有

$$f(n) = n(n-1)\cdots 1 \sum_{i=1}^{n} \frac{i!}{i(i-1)\cdots 1}$$

$$= nn!$$

得到同样的结果。

2.3.3 换名

在上面讨论的递归方程中，函数 $f(n)$ 经常是以函数 $f(n-1)$、$f(n-2)$ 以至 $f(n-k)$ 的关系来递归表示。但是，在很多算法中(如在分治法中)，函数 $f(n)$ 是以函数 $f(n/2)$ 或 $f(n/3)$ 以至 $f(n/4)$ 等的关系来递归表示的。这时，如果采用上面叙述的方法来求解，存在一定的困难。但是，如果对函数的定义域进行转换，并在新的定义域里定义一个新的递归方程，则把问题转换成为对新的递归方程的求解，然后再把得到的解转换成为原方程的解，往往能得到很好的效果。下面是这两种方法的两个例子。

【例 2.7】 解如下递归方程：

$$
\begin{cases}
f(n) = 2f\left(\dfrac{n}{2}\right) + \dfrac{n}{2} - 1 \\
f(1) = 1
\end{cases}
$$

其中，$n = 2^k$。

解 把 n 表示为 k 的关系，原递归方程可改写为

$$
\begin{cases}
f(2^k) = 2f(2^{k-1}) + 2^{k+1} - 1 \\
f(2^0) = 1
\end{cases}
$$

再令

$$g(k) = f(2^k) = f(n)$$

于是，原递归方程可写为

$$
\begin{cases}
g(k) = 2g(k-1) + 2^{k-1} - 1 \\
g(0) = 1
\end{cases}
$$

对上面的方程进行递推，有

$$g(k) = 2(2g(k-2) + 2^{k-2} - 1) + 2^{k-2} - 1$$
$$= 2^2 g(k-2) + 2 \cdot 2^{k-1} - 2 - 1$$
$$= 2^3 g(k-3) + 3 \cdot 2^{k-1} - 2^2 - 2 - 1$$
$$\vdots$$
$$= 2^k g(0) + k \cdot 2^{k-1} - \sum_{i=0}^{k-1} 2^i$$
$$= 2^k \left(1 + \frac{k}{2} - \sum_{i=0}^{k-1} 2^{i-k} \right)$$
$$= 2^k \left(1 + \frac{k}{2} - \sum_{i=1}^{k} \frac{1}{2^i} \right)$$
$$= 2^k \left(1 + \frac{k}{2} - \left(1 - \frac{1}{2^k} \right) \right)$$
$$= 2^k \left(\frac{k}{2} + \frac{1}{2^k} \right)$$
$$= \frac{1}{2} 2^k k + 1$$
$$= \frac{1}{2} n \operatorname{lb} n + 1$$

如果直接使用式(2.38)，可得

$$f(n) = g(k) = 2^k \left(1 + \sum_{i=1}^{k} \frac{2^{i-1} - 1}{2^i} \right)$$
$$= 2^k \left(1 + \sum_{i=1}^{k} \left(\frac{1}{2} - \frac{1}{2^i} \right) \right)$$
$$= 2^k \left(\frac{k}{2} + \frac{1}{2^k} \right)$$
$$= \frac{1}{2} n \operatorname{lb} n + 1$$

结果一样。

【例 2.8】　解如下递归方程：

$$\begin{cases} f(n) = 2f\left(\dfrac{n}{2} \right) + bn \\ f(1) = c \end{cases}$$

其中，b、c 为常数，$n = 2^k$。

　　解　把 n 表示成 k 的关系，原递归方程改写为

$$\begin{cases} f(2^k) = 2f(2^{k-1}) + b 2^k \\ f(2^0) = c \end{cases}$$

再令

$$g(k) = f(2^k) = f(n)$$

于是，原递归方程可写为

$$\begin{cases} g(k) = 2g(k-1) + b 2^k \\ g(0) = c \end{cases}$$

直接使用式(2.38)，可得

$$f(n) = g(k) = 2^k \left(c + \sum_{i=1}^{k} \frac{b2^i}{2^i} \right)$$

$$= 2^k \left(c + \sum_{i=1}^{k} b \right)$$

$$= 2^k (c + bk)$$

$$= bn \,\mathrm{lb}\, n + cn$$

习　题　2

1. 考虑下面的算法：

输入：n 个元素的数组 A。

输出：按递增顺序排序的数组 A。

```
1. void sort (int A[], int n)
2. {
3.      int i, j, temp;
4.         for (i=0; i<n-1; i++)
5.             for(j=i+1; j<n; j++)
6.                 if(A[j]<A[i]) {
7.                     temp = A[i];
8.                     A[i] = A[j];
9.                     A[j] = temp;
10.                }
11. }
```

---

(1) 什么时候算法执行的元素赋值的次数最少？最少多少次？

(2) 什么时候算法执行的元素赋值的次数最多？最多多少次？

2. 求序列 2，5，13，35，… 的生成函数。

3. 求解下面的递归方程：

(1) $f(n) = 5f(n-1) - 6f(n-2)$，$f(0)=1$，$f(1)=0$。

(2) $f(n) = 4f(n-1) - 4f(n-2)$，$f(0)=6$，$f(1)=8$。

(3) $f(n) = 6f(n-1) - 8f(n-2)$，$f(0)=1$，$f(1)=0$。

(4) $f(n) = -6f(n-1) - 9f(n-2)$，$f(0)=3$，$f(1)=-3$。

(5) $2f(n) = 7f(n-1) - 3f(n-2)$，$f(0)=1$，$f(1)=1$。

(6) $f(n) = f(n-2)$，$f(0)=5$，$f(1)=-1$。

4. 下面两个递归方程：

$$f(n) = f\left(\frac{n}{2}\right) \qquad f(1) = 1$$

$$g(n) = 2g\left(\frac{n}{2}\right) + 1 \qquad g(1) = 1$$

其中，n 是 2 的幂。证明关系 $f(n)=g(n)$ 是否成立。

5. 求序列 2，4，10，28，82，…的生成函数。

6. 令 b、d 是非负常数，n 是 2 的幂，求解如下递归方程：

$$f(n)=3f\left(\frac{n}{2}\right)+bn\,\mathrm{lb}n \qquad f(1)=d$$

7. 用生成函数求解下面的递归函数：

(1) $f(n)=2f(n-1)+1$，$f(1)=2$。

(2) $f(n)=2f(n/2)+cn$，$f(1)=0$。

8. 解下面的递归方程：

(1) $f(n)=3f(n-1)$，$f(0)=5$。

(2) $f(n)=2f(n-1)$，$f(0)=2$。

(3) $f(n)=5f(n-1)$，$f(0)=1$。

9. 什么是直接递归和间接递归？消除递归一般要用到什么数据结构？

10. 某递归算法的执行时间 $T(n)$ 有以下递推关系：

$$T(1)=1$$
$$T(n)=T\left(\frac{n}{3}\right)+T\left(\frac{2n}{3}\right)+n \qquad n>1$$

求该算法的时间复杂度。

11. 数列的首项 $a_1=0$，后续奇数项和偶数项的计算公式分别为 $a_{2n}=a_{2n-1}+2$ 和 $a_{2n+1}=a_{2n-1}+a_{2n}-1$，写出计算数列第 n 项的递归算法。

12. 采用直接推导的方法求解以下递归方程：

$$T(1)=1$$
$$T(n)=T(n-1)+n \qquad n>1$$

13. 采用递归树方法求解以下递归方程：

$$T(1)=1$$
$$T(n)=4T\left(\frac{n}{2}\right)+n \qquad n>1$$

14. 对于不带头结点的单链表 L，设计一个递归算法逆序输出所有的节点值。

15. 假设二叉树采用二叉链表存储结构存放，所有结点值均不相同，设计一个递归算法求值为 x 的结点的层次(根结点的层次为 1)。

16. 考虑下面的算法，回答下列问题：

(1) 算法完成什么功能？

(2) 算法的基本语句是什么？

(3) 基本语句执行了多少次？

(4) 算法的时间复杂度是多少？

算法 1：

```
int Stery ( int n )
{
    int S = 0;
    for ( int i = 0 ;   i <= n;   i ++ )
```

```
        S = S + i * i;
        return S;
    }
```

算法 2：

```
    int Q ( int n )
    {
        if ( n == 1)
        return 1;
        else
        return Q ( n−1) + 2 * n − 1;
    }
```

17. 求解下面的递归方程：

(1) $f(n) = 3f(n-1)$，$f(0) = 4$。

(2) $f(n) = 4f(n-1)$，$f(0) = 1$。

(3) $f(n) = 5f(n-1) + 1$，$f(0) = 1$。

(4) $f(n) = 5f(n-1) - 6f(n-2)$，$f(0) = 1$，$f(1) = 0$。

(5) $f(n) = 2f(n-1) - 2f(n-2)$，$f(0) = 6$，$f(1) = 8$。

(6) $f(n) = f(n-1) + n^2$，$f(0) = 0$。

(7) $f(n) = 2f(n-1) + 2n$，$f(0) = 1$。

(8) $f(n) = 3f(n-1) + 2^n$，$f(0) = 3$。

18. 令 b、d 是非负常数，n 是 2 的幂，求解递归方程 $f(n) = 3f(n/2) + bn\,\mathrm{lb}n$，$f(1) = d$。

19. 采用直接推导的方法求解以下递归方程：

$$T(1) = 1$$
$$T(n) = 2T(n-1) + n \qquad n > 1$$

第 3 章　排序问题的操作

3.1　基于堆的排序

堆是一种以数组的形式存放数据,并且具有二叉树的某些性质的数据结构。因此,可以很有效地访问和检索堆中的数据,很方便地对其进行插入和删除操作。下面叙述基于堆的排序算法。

3.1.1　堆的定义

定义 3.1　n 个元素称为堆,当且仅当它的关键字序列 k_1, k_2, $\cdots$, k_n 满足:

$$k_i \leqslant k_{2i}, \; k_i \leqslant k_{2i+1} \qquad 1 \leqslant i \leqslant \left\lfloor \frac{n}{2} \right\rfloor \tag{3.1}$$

或者满足:

$$k_i \geqslant k_{2i}, \; k_i \geqslant k_{2i+1} \qquad 1 \leqslant i \leqslant \left\lfloor \frac{n}{2} \right\rfloor \tag{3.2}$$

时,把满足式(3.1)的堆称为最小堆(min_heaps),把满足式(3.2)的堆称为最大堆(max_heaps)。

由堆的定义可知,可以把它看成一棵完全二叉树。如果树的高度为 d,并约定根的层次为 0,则堆具有如下性质:

(1) 所有的叶节点不是处于第 d 层,就是处于第 $d-1$ 层。

(2) 当 $d \geqslant 1$ 时,第 $d-1$ 层上有 2^{d-1} 个节点。

(3) 第 $d-1$ 层上如果有分支节点,则这些分支节点都集中在树的最左边。

(4) 每个节点所存放元素的关键字都大于(最大堆)或小于(最小堆)其子孙节点所存放元素的关键字。

对于一个具有 n 个元素的堆,可以很方便地用如下方法由数组来存取它:

(1) 根节点存放于 $H[1]$。

(2) 假定节点 x 存放在 $H[i]$,如果它有左儿子节点,则其左儿子节点存放于 $H[2i]$;如果它有右儿子节点,则其右儿子节点存放于 $H[2i+1]$。

(3) 非根节点 $H[i]$ 的父亲节点存放于 $H\left[\left\lfloor \dfrac{i}{2} \right\rfloor\right]$。

图 3.1 所示是用树和数组来表示的一个最大堆。在图 3.1 以及下面的算法中,为了简化说明,直接用节点的关键字来标识该节点。对节点的操作也就是对节点关键字的操作。

图 3.1 中，把关键字存放在堆中，就像它们本身就是节点一样。如果把树的节点由顶到底、由左到右、由 1 到 n 编号，那么节点的编号就对应于该节点在数组中的下标。

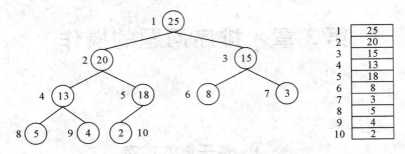

图 3.1 堆及其数组表示

3.1.2 堆的操作

一般来说，对于堆这样的数据结构，需要下面几种操作：

(1) void sift_up(Type H[], int i);   /＊把堆中的第 i 个元素上移＊/
(2) void insert(Type H[], int& n, Type x);   /＊把元素 x 插入堆中＊/
(3) void delete(Type H[], int& n, int i);   /＊删去堆中第 i 个元素＊/
(4) Type delete_max(Type H[], int& n);   /＊从非空的最大堆中删除并回送关键字最大的元素＊/
(5) Void make_head(Type H[], int n);   /＊使数组 H 中的元素按堆的结构重新组织＊/

1. 元素上移操作

假定所使用的堆是最大堆。当修改堆中某个元素的关键字使其大于其父亲的关键字时，就违反了最大堆的性质。为了重新恢复最大堆的性质，需要把该元素上移到合适的位置，这时使用 sift_up 操作。

sift_up 操作沿着 $H[i]$ 到根的一条路线把元素 $H[i]$ 向上移动。在移动过程中，把它和其父亲节点进行比较，如果大于其父亲节点，就交换这两个元素。如此继续进行，直到它到达一个合适的位置为止。sift_up 操作的描述如下：

算法 3.1 元素上移操作。

输入：数组 H[] 及被上移的元素下标 i。
输出：维持堆的性质的数组 H[]。

```
1.  template <class Type>
2.  void sift_up(Type H[], int i)
3.  {
4.      BOOL done = FALSE;
5.      if (i! =1) {
6.          while (!done && i! =1) {
7.              if (H[i] > H[i/2])
8.                  swap(H[i], H[i/2]);
```

```
9.              else done = TRUE;
10.             i = i/2;
11.         }
12.     }
13. }
```

算法中第 7、8、10 行的 $\frac{i}{2}$ 操作是整除操作。在后面的算法中，若 a、b 是整数，则操作 $\frac{a}{b}$ 均表示整除操作。元素每进行一次移动，就执行一次比较操作。如果移动成功，则它所在节点的层数就减 1。n 个元素共有 $\lfloor \text{lb} n \rfloor$ 层节点，所以 sift_up 操作最多执行 $\lfloor \text{lb} n \rfloor$ 次元素比较操作。由此，sift_up 操作的执行时间是 $O(\text{lb} n)$。同时可以看到，它所需要的工作单元个数为 $\Theta(1)$。

【例 3.1】　在图 3.1 中，如果把节点 9 的内容修改为 28，就破坏了最大堆的性质。为了恢复最大堆的性质，需要对节点 9 进行 sift_up 操作，其工作过程如图 3.2 所示。

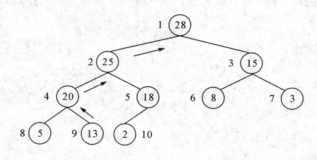

图 3.2　sift_up 操作的工作过程

2. 元素下移操作

当修改最大堆中某个元素的关键字使其小于其儿子节点的关键字时，也违反了最大堆的性质。为了重新恢复最大堆的性质，需要把该元素下移到其合适位置，这时就需要 sift_down 操作。

sift_down 操作使元素 $H[i]$ 向下移动。在向下移动的过程中，将其关键字与其两个儿子节点中关键字大的儿子节点进行比较，如果小于其儿子节点的关键字，就把它和其儿子节点的元素相交换。这样它被向下移动到一个新的位置。如此继续进行，直到找到它的合适位置为止。sift_down 操作的描述如下：

算法 3.2　元素下移操作。

输入：数组 H[]，数组的元素个数 n，被下移的元素下标 i。

输出：维持堆的性质的数组 H[]。

```
1.  template <class Type>
2.  void sift_down(Type H[], int n, int i)
3.  {
```

```
4.        BOOL done = FALSE;
5.        if ((2 * i)<=n) {
6.            while (!done && ((i=2 * i)<=n)) {
7.                if ((i+l<=n)&&(H[i+1]>H[i]))
8.                    i = i + 1;
9.                if (H[i/2] < H[i])
10.                       swap(H[i/2], H[i]);
11.                else done = TRUE;
12.            }
13.        }
14.    }
```

在 sift_down 操作中，元素每下移一次，就执行两次比较操作。如果移动成功，其所在节点的层数就增加 1。因此，sift_down 操作最多执行 $2\lfloor \mathrm{lb}n \rfloor$ 次元素比较操作。由此，sift_down 操作的执行时间是 $O(\mathrm{lb}n)$。同时可以看到，它所需要的工作单元个数为 $\Theta(1)$。

【例 3.2】 在图 3.1 中，如果把节点 2 的内容由 20 改为 1，就破坏了最大堆的性质。为了恢复最大堆的性质，需要对节点 2 进行 sift_down 操作，其工作过程如图 3.3 所示。

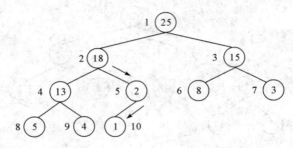

图 3.3 sift_down 操作的工作过程

3. 元素插入操作

为了把元素 x 插入堆中，只要把堆的大小增加 1 后，把 x 放到堆的末端，然后对 x 进行上移操作即可。借助 sift_up 操作，可以把元素插入堆中，且维持了堆的性质。insert 操作描述如下：

算法 3.3 元素插入操作。

输入：数组 H[]，数组的元素个数 n，被插入的元素 x。
输出：维持堆的性质的数组 H[]，插入后的元素个数 n。

```
1.    template <class Type>
2.    void insert(Type H[], int &n, Type x)
3.    {
4.        n = n + 1;
5.        H[n] = x;
6.        sift_up(H, n);
7.    }
```

insert 操作的执行时间取决于 sift_up 操作，而后者的执行时间为 $O(\text{lb}n)$，所以 insert 操作的执行时间也是 $O(\text{lb}n)$。同时，它需要的工作单元个数也为 $\Theta(1)$。

4. 元素删除操作

为了删除堆中的元素 $H[i]$，可以用堆中的最后一个元素来取代 $H[i]$，然后根据被删除元素和取代它的元素的大小来确定对取代它的元素是做上移操作还是做下移操作，从而维持堆的性质。删除操作描述如下：

算法 3.4　元素删除操作。

输入：数组 H[]，数组的元素个数 n，被删除元素的下标 i。

输出：维持堆的性质的数组 H[]，删除后的元素个数 n。

```
1.   template <class Type>
2.   void delete(Type H[], int &n, int i)
3.   {
4.       Type x, y;
5.       x = H[i]; y = H[n];
6.       n = n-1;
7.       if (i<=n) {
8.           H[i] = y;
9.           if (y>x)
10.              sift_up(H, i);
11.          else
12.              sift_down(H, n, i);
13.      }
14.  }
```

删除操作的执行时间同样取决于 sift_up 操作或 sift_down 操作，因此删除操作的执行时间是 $O(\text{lb}n)$。同时，它需要的工作单元个数也为 $\Theta(1)$。

5. 删除关键字最大元素

在最大堆中，关键字最大的元素位于根节点，因此可以方便地把这个节点删去。但是，如果简单地删去这个节点而未加处理，则将破坏堆的结构。因此，可借助 delete 操作，既做删除操作，又维持堆的性质。删除关键字最大元素的处理如下：

算法 3.5　删除关键字最大元素。

输入：数组 H[]，数组的元素个数 n。

输出：维持堆的性质的数组 H[]，被删除的元素，删除后的元素个数 n。

```
1.   template <class Type>
2.   Type delete_max(Type H[], int &n)
3.   {
4.       Type x;
```

```
5.        x = H[1]
6.        delete(H[], n, 1);
7.        return x;
8.    }
```

由于删除操作的执行时间是 $O(\mathrm{lb}n)$，因此 delete_max 的执行时间也是 $O(\mathrm{lb}n)$。同时，它需要的工作单元个数也为 $\Theta(1)$。对最小堆，可以定义类似的操作 delete_min 来删除关键字最小的元素。

3.1.3 堆的建立

现在假定从一个空的堆开始，把数组中的 n 个元素连续地使用 insert 操作插入堆中，这样就可以构造一个堆。下面是用 insert 操作来建造堆的一个算法。

算法 3.6 建造堆的第一种算法。

输入：数组 H[]，数组的元素个数 n。
输出：n 个元素的堆 H[]。

```
1.    template <class Type>
2.    void make_heap(Type A[], Type H[], int n)
3.    {
4.      int i, m=0;
5.      for (i=0; i<n; i++)
6.      insert(H, m, A[i]);
7.    }
```

在插入第 i 个元素时，先把这个元素放在堆的末端。这时它处于堆中的第 $\lfloor \mathrm{lb}i \rfloor$ 层，需要花费 $O(\mathrm{lb}i)$ 时间进行上移操作。插入 n 个元素，所需的执行时间是 $O(n\mathrm{lb}n)$。可以证明，当 $n=2^k$ 时，用插入方法建立堆，元素的比较次数是 $n\mathrm{lb}n-2n+2$。用这种方法，需要另外一个数组来存放所建造的堆。因此，它需要的工作单元是 $\Theta(n)$。

考虑到堆所具有的特性，可以直接在数组中进行调整，把数组本身构造成一个堆。调整过程是：从最后一片树叶开始，找到它上面的分支节点，从这个分支节点开始做下移操作，一直到根节点为止，最后数组中的元素就构成了一个堆。算法 make_heap 描述了这个过程。

算法 3.7 建造堆的第二种算法。

输入：数组 H[]，数组的元素个数 n。
输出：n 个元素的堆 A。

```
1.    template <class Type>
2.    void make_heap(Type A[], int n)
3.    {
4.        int i;
5.        A[n] = A[0];
```

```
6.        for (i=n/2; i>=1; i--)
7.            sift_down(A, i);
8.      }
```

因为数组是从第 0 号元素开始存放数据的，而堆是从数组的第 1 号元素开始存放数据的，所以第 5 行的代码把数组的第 0 号元素复制到第 n 号，这样数组中的元素就好像是一个结构被打乱了的堆，然后再使用下移操作对堆进行整理。

【例 3.3】　图 3.4 展示了把一个具有 11 个元素的数组调整成一个堆的过程。开始时的数组如图 3.4(a)所示，图 3.4(b)是其二叉树表示。从图 3.4(b)中可以看到，从节点 6 到节点 11 都是二叉树的叶片，可以把它们看成二叉树子树的根。这时，这些子树都具有堆的性质，因此对这些子树无须进行调整。图 3.4(c)是对节点 5 作为根的子树进行的调整。开始时，节点 5 的两棵子树都具有堆的性质，因此只对节点 5 进行下移操作，从而使以节点 5 作为根的子树也构成了堆。图 3.4(d)、(e)是对以节点 4、节点 3 作为根的子树进行的类似调整。图 3.4(f)是对以节点 2 作为根的子树进行的调整。此时，其左、右两棵子树都具有堆的性质，只要对节点 2 做下移操作即可，从而使以节点 2 作为根的子树也构成了堆。最后，节点 1 的左、右两棵子树都具有堆的性质，只要对节点 1 做下移操作，就可使以节点 1 作为根的整棵二叉树构成堆，如图 3.4(g)所示。

算法 make_heap 的运行时间可分析如下：

(1) 假定数组中共有 n 个元素，则由它构成的二叉树的高度为 $k=\lfloor \mathrm{lb}n \rfloor$。

(2) 对处于第 i 层的元素 $A[i]$ 进行下移操作，则最多下移 $k-i$ 层，每下移一层，需进行 2 次元素比较，因此第 i 层上每一个元素所执行的下移操作最多执行 $2(k-i)$ 次元素比较。

(3) 第 i 层上共有 2^i 个节点，因此对第 i 层上所有节点进行下移操作，最多需执行 $2(k-i)2^i$ 次元素比较。

(4) 第 k 层上的元素都是叶子节点，无须执行下移操作。因此，最多只需对第 0 层到第 $k-1$ 层的元素执行下移操作。

由此，算法 make_heap 执行的元素比较次数为

$$\sum_{i=0}^{k-1} 2(k-i)2^i = 2k\sum_{i=0}^{k-1} 2^i - 2\sum_{i=0}^{k-1} i2^i$$

如果令 $n=2^k$，即 $k=\mathrm{lb}n$，由式(2.20)及式(2.23)，有

$$\sum_{i=0}^{k-1} 2(k-i)2^i = 2k(2^k-1) - 2((k-1)2^{k+1} - (k-1)2^k - 2^k + 2)$$

$$= 2(k2^k - k) - 2(k2^k - 2^{k+1} + 2)$$

$$= 4 \times 2^k - 2k - 4$$

$$= 4n - 2\mathrm{lb}n - 4$$

$$< 4n$$

因此，算法 make_heap 的执行时间是 $O(n)$。

此外，对每一个节点做下移操作时，至少必须执行 2 次元素比较，共对 $\lfloor \dfrac{n}{2} \rfloor$ 个节点做

下移操作，因此至少需要 $2\left\lfloor\dfrac{n}{2}\right\rfloor$ 次元素比较操作。所以，算法 make_heap 的执行时间是 $\Omega(n)$。综上所述，make_heap 的执行时间是 $\Theta(n)$。同时可以看到，它需要的工作单元个数为 $\Theta(1)$。

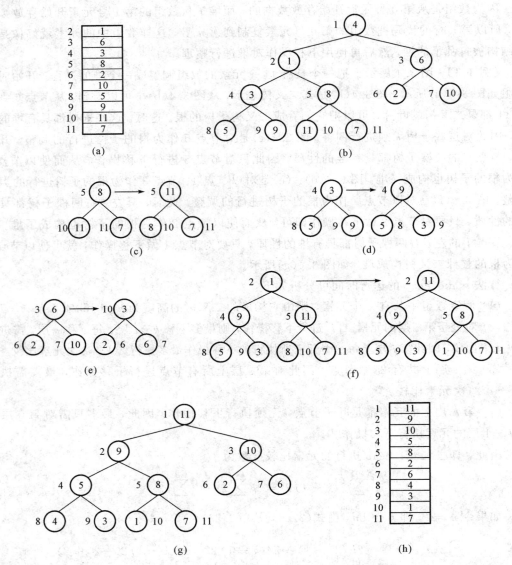

图 3.4　堆的建立过程

3.1.4　堆的排序

可以利用堆的性质对数组 A 中的元素进行排序。假定数组 A 的元素个数为 n，则当数组中的元素按照堆的结构组织起来以后，根据最大堆的性质，根节点元素 $A[1]$ 就是堆中关键字最大的元素。此时，只要交换 $A[1]$ 和 $A[n]$，$A[n]$ 就成为数组中关键字最大的元素。这相当于把 $A[n]$ 从堆中删去，使堆中的元素个数减 1。而交换到 $A[1]$ 中的新元素破坏了堆的结构，因此再对 $A[1]$ 做下移操作，使其恢复堆的结构。经过这样的交换之后，$A[1] \sim A[n-1]$ 成为新的堆，其元素个数为 $n-1$。而 a 中的最大元素被交换到 $A[n]$，第二大的元素被交换到 $A[1]$。继续对 $A[1] \sim A[n-1]$ 进行这种交换，从而使第二大的元素交换到 $A[n-1]$，而第三大的元素交换到 $A[1]$，并构成一个元素个数为 $n-2$ 的新堆。如此继续进行，直到所构成的新堆的元素个数减少到 1 为止。此时，$A[1]$ 中的元素就是 A 中最小的元素了。算法 heap_sort 描述了这个过程。

算法 3.8　基于堆的排序。

```
输入：数组 H[]，数组的元素个数 n。
输出：按递增顺序排序的数组 A[]。
1.    template <class Type>
2.    void heap_sort(Type A[], int n)
3.    {
4.        int i;
5.        make_heap(A, n);
6.        for (i=n, i>1; i--) {
7.            swap(A[1], A[i]);
8.            sift_down(A, i-1, 1);
9.        }
10. }
```

该算法有一个重要的优点，即它是就地排序的，不需要额外的辅助存储空间。所以，它需要的工作空间是 $\Theta(1)$。算法的执行时间估计如下：第 5 行的 make_heap 算法的执行时间是 $\Theta(n)$；第 6～9 行的循环，其循环体共执行 $n-1$ 次，因此 sift_down 被执行 $n-1$ 次，sift_down 每执行一次，需花费 $O(\mathrm{lb}n)$ 时间，因此 sift_down 的总花费时间是 $O(n\mathrm{lb}n)$。所以，算法 heap_sort 的运行时间也是 $O(n\mathrm{lb}n)$。

3.2　基 数 排 序

前面讨论的排序算法都有一个共同的特点，即都是通过对输入元素的关键字进行比较来确定它们相互之间的顺序。我们把这类排序算法称为基于比较的排序算法。可以证明，这类排序算法的运行时间下界为 $\Omega(n\mathrm{lb}n)$。因此，任何基于比较的排序算法，其运行时间都不会低于这个界。这样，上面介绍的合并排序算法和基于堆的排序算法的运行时间都是 $\Theta(n\mathrm{lb}n)$，故它们都是这类算法中的最优算法。如果希望再降低排序算法的时间复杂度，就只能通过其他的非基于比较的方法了。下面讨论的方法，称为基数排序方法，按照这种方法设计的算法，几乎在所有的实际应用中都可以按线性时间运行。

3.2.1　基数排序算法的思想方法

假设 $L = \{a_1, a_2, \cdots, a_n\}$ 是一个具有 n 个元素的链表，每一个元素关键字的值都由

k 个数字组成。因此,这些关键字的值都具有如下形式:

$$d_k d_{k-1} \cdots d_1 \qquad 0 \leqslant d_i \leqslant 9, 1 \leqslant i \leqslant k$$

第一步,按照元素关键字的最低位数字 d_1 把这些元素分布到 10 个链表 $L_0, L_1, \cdots, L_9$ 中,使得关键字的 $d_1=0$ 的元素都分布在链表 L_0 中,$d_1=1$ 的元素都分布在链表 L_1 中,如此等等。在这一步结束之后,L_i 包含关键字最低位为 i 的元素,其中 $0 \leqslant i \leqslant 9$。然后,把这 10 个链表按照链表的下标由 0 到 9 的顺序重新链接成一个新的链表 L。此时,新链表中的所有元素都按关键字中最低位数字顺序排序。

第二步,按照元素关键字的次低位数字 d_2 重复第一步工作。此时,在形成的新链表中,所有元素都按关键字最低两位数字顺序排序。

依此类推,在第 k 步,按照元素关键字的最高位数字 d_k,重复第一步工作。此时,形成的新链表中,所有元素都按关键字的所有数字顺序排序。

【例 3.4】 假设链表 L 中有如下 10 个元素,其关键字值分别为 3097、3673、2985、1358、6138、9135、4782、1367、3684、0139。

第一步,按关键字中的数字 d_1,把 L 中的元素分布到链表 $L_0 \sim L_9$ 的情况如下:

L_0	L_1	L_2	L_3	L_4	L_5	L_6	L_7	L_8	L_9
		4782	3673	3684	2985		3097	1358	0139
					9135		1367	6138	

把 $L_0 \sim L_9$ 的元素顺序链接到 L 后,在 L 中的元素顺序如下,此时 L 中的元素已按最低位数字顺序排序。

L: 4782 3673 3684 2985 9135 3097 1367 1358 6138 0139

第二步,按数字 d_2 把 L 中的元素分布到 $L_0 \sim L_9$ 的情况如下:

L_0	L_1	L_2	L_3	L_4	L_5	L_6	L_7	L_8	L_9
			9135		1358	1367	3673	4782	3097
			6138					3684	
			0139					2985	

把 $L_0 \sim L_9$ 的元素顺序链接到 L 后,在 L 中的元素顺序如下,此时 L 中的元素已按最低 2 位数字顺序排序:

L: 9135 6138 0139 1358 1367 3673 4782 3684 2985 3097

第三步,按数字 d_3 把 L 中的元素分布到 $L_0 \sim L_9$ 的情况如下:

L_0	L_1	L_2	L_3	L_4	L_5	L_6	L_7	L_8	L_9
3097	9135		1358			3673	4782		2985
	6138		1367			3684			
	0139								

把 $L_0 \sim L_9$ 的元素顺序链接到 L 后,在 L 中的元素顺序如下,此时 L 中的元素已按最低 3 位数字顺序排序:

L: 3097 9135 6138 0139 1358 1367 3673 3684 4782 2985

第四步，按数字 d_4 把 L 中的元素分布到 $L_0 \sim L_9$ 的情况如下：

L_0	L_1	L_2	L_3	L_4	L_5	L_6	L_7	L_8	L_9
0139	1358	2985	3097	4782		6138			9135
	1367		3673						
			3684						

把 $L_0 \sim L_9$ 的元素顺序链接到 L 后，在 L 中的元素顺序如下：

L：0139 1358 1367 2985 3097 3673 3684 4782 6138 9135

在第四步之后，链表中的所有关键字都已经排序了。

3.2.2　基数排序算法的实现

假定数据结构使用双循环链表，链表中的元素用成员变量 prior 来指向前一个元素，用成员变量 next 来指向下一个元素。下面描述这个算法。

算法 3.9　基数排序。

输入：存放元素的链表 L，关键字的数字位数。
输出：按递增顺序排序的链表 L。

```
1.   template <class Type>
2.   void radix_sort(Type * L, int k)
3.   {
4.       Type * Lhead[10], * p;
5.       int i, j;
6.       for (i=0; i<10; i++)              /* 分配 10 个链表的头节点 */
7.           Lhead[i] = new Type;
8.       for (i=0; i<k; i++) {
9.           for (j=0; j<l0; j++)          /* 把 10 个链表置为空表 V
10.              Lhead[j]->prior = Lhead[j]->next = Lhead[j];
11.          while (L->next! =L) {
12.              p = del_entry (L) ;        /* 取 L 的第一个元素 p 并把它从 L 删去 */
13.              j = get_digital(p, i);     /* 从 p 所指向的元素关键字取第 i 个数字 */
14.              add_entry(Lhead[j], p);    /* 把 p 加入链表 Lhead[j] 的表尾 */
15.          }
16.          for (j=0; j<10; j++)
17.              append(L, Lhead[j]);       /* 把 10 个链表的元素链接到 L */
18.      }
19.      for (i=0; i<10; i++)              /* 释放 10 个链表的头节点 */
20.          delete(Lhead[i]);
21.  }
```

该算法由 3 部分组成：第 6、7 行分配 10 个链表的头节点；第 8～18 行进行基数排序；

第 19、20 行释放 10 个链表的头节点。基数排序部分又分成 3 个部分：第 9、10 行把 10 个链表置为空表；第 11~15 行取 L 中的元素，按其关键字的第 i 位数字把它们分布到 10 个链表中去；第 16、17 行把这 10 个链表顺序链接成一个链表。

在上面的基数排序算法中，使用了下面 4 个相关的操作。

算法 3.10 取下并删去双循环链表的第一个元素。

输入：链表的头节点指针 L。

输出：被取下第一个元素的链表 L，指向被取下元素的指针。

```
1.    template <class Type>
2.    Type * del_entry(Type * L)
3.    {
4.        Type * p;
5.        p = L->next;
6.        if (p!=L) {
7.            p->prior->next = p->next;
8.            p->next->prior = p->prior;
9.        }
10.       else p = NULL;
11.       return p;
12.   }
```

算法 3.11 把一个元素插入双循环链表的表尾。

输入：链表头节点的指针 L，被插入元素的指针 p。

输出：插入了一个元素的链表 L。

```
1.    template <class Type>
2.    void add_entry(Type * L, Type * p)
3.    {
4.        p->prior = L->prior;
5.        p->next = L;
6.        L->prior->next = p;
7.        L->prior = p;
8.    }
```

算法 3.12 取 p 所指向元素关键字的第 i 位数字(最低位为第 0 位)。

输入：指向某元素的指针 p，希望取出的关键字第 i 位数字的位置 i。

输出：该元素关键字的第 i 位数字。

```
1.    template <class Type>
2.    int get_digital(Type * p, int i)
3.    {
4.        int key;
```

```
5.        key = p−>key;
6.        if (i! = 0)
7.           key = key / power(10, i);
8.        return key % 10;
9.    }
```

算法 3.13　把链表 L1 附加到链表 L 的末端。

输入：指向链表 L 及 L1 的头节点指针。
输出：附加了新内容的链表 L。

```
1.    template <class Type>
2.    void append(Type * L, Type * L1)
3.    {
4.        if (Ll−>next! =L1) {
5.           L−>prior−>next = Ll−>next;
6.           Ll−>next−>prior = L−>prior;
7.           Ll−>prior−>next = L;
8.           L−>prior = Ll−>prior;
9.        }
10.   }
```

　　显然，算法 3.10、算法 3.11 和算法 3.13 的执行时间是常数时间。算法 3.12 的执行时间取决于函数 power(x, y)的执行时间，power 函数计算以 x 为底的 y 次幂。假定 x 是有限长度的整数，后面将说明，该函数的执行时间将是 $\Theta(\mathrm{lb}y)$，如果 y 是一个大于 0 的常整数，则该函数的执行时间也是常数。所以，它们都是 $\Theta(1)$。

3.2.3　基数排序算法的分析

　　基数排序算法的第一、三两部分的执行时间都是 $\Theta(1)$。因此，算法的运行时间取决于基数排序部分。这一部分由第 8～18 行的一个嵌套的 for 循环组成，而第 9～10 行及第 16～17 行的两个内部 for 循环的执行时间均是常数时间，因此算法的执行时间就取决于第 11～15 行的循环。这时，外部的 for 循环共执行 k 次，而链表中的元素个数为 n，故内部 while 循环的循环体也执行 n 次。因此，这个循环的循环体共需执行 kn 次。所以，算法的执行时间是 $\Theta(kn)$。因为 k 是常数，所以其执行时间是 $\Theta(n)$。

　　基数排序算法需要的工作空间是 10 个链表的头节点，以及其他一些工作单元，因此，它需要的工作单元为 $\Theta(1)$。

　　可用归纳法证明，这个算法经过 k 步（假定元素的关键字有 k 位数字）的重新分布和重新链接之后，序列中的元素是按顺序排列的。现证明如下：

　　$i=1$：将 L 中的元素按其关键字的最低位数字分布到 10 个链表，然后再把这些链表按顺序链接成一个链表 L，则 L 中的元素将按其关键字的最低数字排序。

　　$i=2$：将 L 中的元素再按其关键字的十位数字分布到 10 个链表。这时假定 x 和 y 是 L 序列中的任意两个元素，x 的关键字的最低两位数字分别为 a、b，y 的关键字的最低两

位数字分别为 c、d。若 $a>c$，则 x 被分布到序号较高的链表，y 被分布到序号较低的链表。重新链接到 L 去时，y 先于 x 被链接到 L，所以它们是按最低两位数字的顺序排序的；反之亦然。若 $a=c$，则 x 和 y 分布在同一个链表。这时，若 $b>d$，则 y 先于 x 被分布到这个链表。重新链接到 L 去时，仍维持这个顺序，因此它们也按最低两位数字的顺序排列。因为 x 和 y 是任意的，所以链表中的元素都按最低两位数字的顺序排列。

归纳步的证明类似，留作练习。

上述算法适用于关键字是以 10 为基数的数据，可以把它推广为任意基数的数据。例如，可以把每 4 位二进位作为一个数字来处理，则上述算法可工作于基数 16，而用于工作的链表数目也等于基数。

进一步可把上述思想推广到用元素的若干个字段来进行排序。例如，数据文件中的每一个数据都有年、月、日等字段，可以按年、月、日等字段来排序数据。

3.3 合并排序

3.3.1 合并排序算法的实现

冒泡排序算法通过不断地交换相邻两个元素，使输入序列中的逆序个数减少为 0，以达到排序的目的。但在最坏情况和平均情况下，其运行时间都是 $\Theta(n^2)$。现在考虑另一种方法：假定有 8 个元素，首先把它划分为 4 对，每一对 2 个元素，使它们成为有序的序列，再利用 merge 算法分别把这 4 对合并成 4 个有序的序列；然后，把这 4 个序列划分成 2 对，再利用 merge 算法把这 2 对序列合并成 2 个有序的序列；最后，再利用 merge 算法把这 2 个序列合并成一个有序的序列。图 3.5 说明了合并排序的过程。

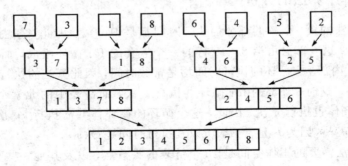

图 3.5 合并 8 个元素的过程

下面是这个算法的描述。

算法 3.14 合并排序算法。

输入：具有 n 个元素的数组 A[]。

输出：按递增顺序排序的数组 A[]。

1. template 〈class Type〉

```
2.    void merqe sort(Type A[], int n)
3.    {
4.        int i, s, t = 1;
5.        while (t<n) {
6.            s = t; t = 2 * s; i = 0;
7.            while (i+t<n) {
8.                merge(A, i, i+s−1, i+t−1);
9.                i = i + t;
10.           }
11.           if (i+s<n)
12.           merge(A, i, i+s−1, n−1);
13.       }
14.   }
```

这个算法可以对任意数量的元素进行合并排序。其中，变量 i、s、t 的作用如下：

(1) i：开始合并时第一个序列的起始位置。

(2) s：合并前序列的大小。

(3) t：合并后序列的大小。

i、$i+s−1$、$i+t−1$ 定义被合并的两个序列的边界。算法的工作过程如下：开始时，s 被置为 1，i 被置为 0。外部 while 循环的循环体每执行一次，都使 s 和 t 加倍。内部的 While 循环执行序列的合并工作，其循环体每执行一次，都使 i 向前移动 t 个位置。当 n 不是 t 的倍数时，如果被合并序列的起始位置 i 加上合并后序列的大小 t 超过输入数组的边界 n，则结束内部的 while 循环；此时，如果被合并序列的起始位置 i 加上被合并序列的大小 s 小于输入数组的边界 n，则还需要执行一次合并工作，把最后大小不足 t、但超过 s 的序列合并起来。这个工作由算法的第 12 行完成。

例如，当 $n=11$ 时，算法的工作过程如图 3.6 所示。过程如下：

(1) 在第一轮循环中，$s=1$，$t=2$，有 5 对一个元素的序列进行合并，产生 5 个有序序列，每一个序列 2 个元素。当 $i=10$ 时，$i+t=12>n$，退出内部的 while 循环。但 $i+s=11$，不小于 n，所以不执行第 12 行的合并工作，余留一个元素没有处理。

(2) 在第二轮中，$s=2$，$t=4$，有 2 对 2 个元素的序列进行合并，产生 2 个有序序列，每一个序列 4 个元素。在 $i=8$ 时，$i+t=12>n$，退出内部的 while 循环。但 $i+s=10<n$，所以执行第 12 行的合并工作，把一个大小为 2 的序列和另外一个元素合并，产生一个 3 个元素的有序序列。

(3) 在第三轮中，$s=4$，$t=8$，有一对 4 个元素的序列合并，产生一个具有 8 个元素的有序序列。在 $i=8$ 时，$i+t=16>n$，退出内部的 while 循环。而 $i+s=12>n$，所以不执行第 12 行的合并工作，余留一个序列没有处理。

(4) 在第四轮中，$s=8$，$t=16$。在 $i=0$ 时，$i+t=16>n$，所以不执行内部的 while 循环。但 $i+s=8<n$，所以执行第 12 行的合并工作，产生一个大小为 11 的有序序列。

(5) 在进入第五轮时，因为 $t=16>n$，所以退出外部的 while 循环，结束算法。

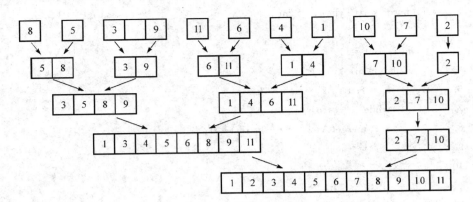

图 3.6　$n=11$ 时合并排序的工作过程

3.3.2　合并排序算法的分析

为了便于分析，假定 n 是 2 的幂。合并排序算法由两个嵌套的循环组成，算法的执行时间取决于内部 while 循环 merge 算法的执行次数，以及每次执行 merge 算法时的元素比较次数。merge 算法的元素比较次数取决于被合并的两个序列的长度。假定被合并的两个序列的长度分别为 n_1 和 n_2，且 $n_1+n_2=n$，则 merge 算法的元素比较次数至少是 $\min(n_1, n_2)$，最多是 $n-1$。如果假定 n 是 2 的幂，则 $n_1=n_2=n/2$。

现在，合并排序算法外部 while 循环的循环体的执行次数是 $k=\mathrm{lb}n$ 次。在第一轮，内部的 while 循环执行 $n/2$ 次 merge 算法，每一次 merge 算法执行一次比较操作，就把 2 个元素合并成一个长度为 2 的序列。这样，在第一轮共产生了 $n/2$ 个长度为 2 的序列，执行的元素比较次数为 $(n/2)\times 1$。

在第二轮，内部的 while 循环执行 $n/4=n/2^2$ 次 merge 算法，每一次 merge 算法把两个长度为 2 的序列合并成一个长度为 4 的序列。这样，在第二轮共产生了 $n/2^2$ 个长度为 4 的序列。每一次合并执行的元素比较次数至少是 2，最多是 $4-1=3$。因此，在第二轮执行的元素比较次数至少是 $(n/2^2)\times 2^1$，最多是 $(n/2^2)\times(2^2-1)$。

在第三轮，内部的 while 循环执行 $n/2^3$ 次 merge 算法，每一次 merge 算法把 2 个长度为 4 的序列合并成一个长度为 8 的序列。这样，在第三轮共产生了 $n/2^3$ 个长度为 8 的序列。每一次合并执行的元素比较次数至少是 4，最多是 $8-1=7$。因此，在第三轮执行的元素比较次数至少是 $(n/2^3)\times 2^2$，最多是 $(n/2^3)\times(2^3-1)$。

在第 j 轮，内部的 while 循环执行 $n/2^j$ 次 merge 算法，每一次 merge 算法把 2 个长度为 2^{j-1} 的序列合并成一个长度为 2^j 的序列。这样，在第 j 轮共产生了 $n/2^j$ 个长度为 2^j 的序列。每一次合并执行的元素比较次数至少是 2^{j-1}，最多是 2^j-1。因此，在第 j 轮执行的元素比较次数至少是 $(n/2^j)\times 2^{j-1}$，最多是 $(n/2^j)\times(2^j-1)$。

如果令 $k=\mathrm{lb}n$，则合并排序算法的执行时间至少为

$$\sum_{j=1}^{k}\frac{n}{2^j}\cdot 2^{j-1}=\sum_{j=1}^{k}\frac{n}{2}=\frac{1}{2}kn=\frac{1}{2}n\mathrm{lb}n$$

最多为

$$\sum_{j=1}^{k} \frac{n}{2^j} = \sum_{j=1}^{k} \left(n - \frac{n}{2^j} \right) = kn - n\sum_{j=1}^{k} \frac{1}{2^j}$$

$$= kn - n\left(1 - \frac{1}{2^k}\right) = kn - n\left(1 - \frac{1}{n}\right)$$

$$= n\operatorname{lb}n - n + 1$$

由此，合并排序算法的运行时间至少是 $\Omega(n\operatorname{lb}n)$，最多是 $O(n\operatorname{lb}n)$，因此是 $\Theta(n\operatorname{lb}n)$。

合并排序算法使用的工作空间取决于 merge 算法，每调用一次 merge 算法，便分配一个适当大小的缓冲区，退出 merge 算法便释放它。在最后一次调用 merge 算法时，分配的缓冲区最大。此时，它把两个序列合并成一个长度为 n 的序列，需要 $\Theta(n)$ 个工作单元。所以，合并排序算法使用的工作空间为 $\Theta(n)$。

3.4 选择排序

选择排序的基本思想是：第 i 趟排序在无序序列 $r_i \sim r_n$ 中找到值最小的记录，并和第 i 个记录交换作为有序序列的第 i 个记录，如图 3.7 所示。

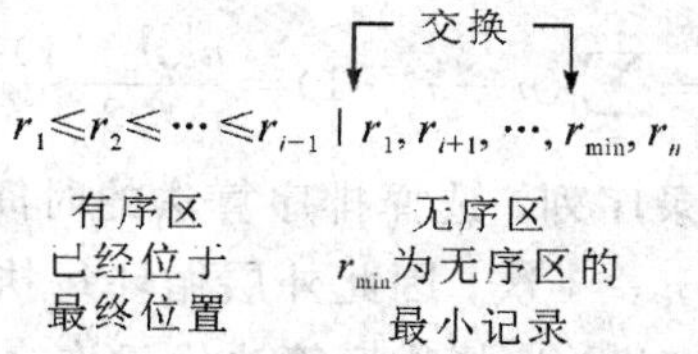

$$r_1 \leqslant r_2 \leqslant \cdots \leqslant r_{i-1} \mid r_1, r_{i+1}, \cdots, r_{\min}, r_n$$

交换

有序区
已经位于
最终位置

无序区
$r_{\min}$ 为无序区的
最小记录

图 3.7 简单选择排序的基本思想图解

图 3.8 给出了一个选择排序的例子(无序区用方括号括起来)，具体的排序过程如下：

(1) 将整个记录序列划分为有序区和无序区，初始时有序区为空，无序区含有待排序的所有记录。

(2) 在无序区查找值最小的记录，将它与无序区的第一个记录交换，使得有序区扩展一个记录，同时无序区减少一个记录。

(3) 不断重复步骤(2)，直到无序区只剩下一个记录为止。

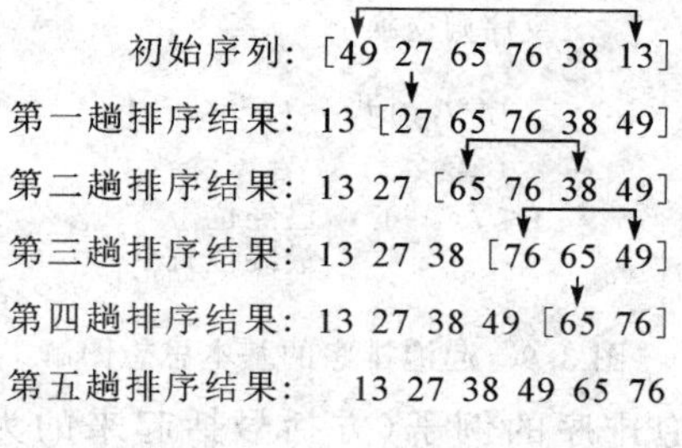

```
初始序列: [49 27 65 76 38 13]
第一趟排序结果: 13 [27 65 76 38 49]
第二趟排序结果: 13 27 [65 76 38 49]
第三趟排序结果: 13 27 38 [76 65 49]
第四趟排序结果: 13 27 38 49 [65 76]
第五趟排序结果:   13 27 38 49 65 76
```

图 3.8 简单选择排序的过程示例

算法：设数组 $r[n]$ 存储待排序记录序列，注意到 C++语言的数组下标从 0 开始，则第 i 个记录存储在 $r[i-1]$ 中。选择排序算法用 C++语言描述如下：

算法 3.15　选择排序算法。

```
1.    void SelectSort(int r[], int n)
2.    {
3.        int I, j, index, temp;
4.        for(i=0; i<n−1; i++)
5.        {
6.            index=I;
7.            for(j=i+1; j<n; j++)
8.                if (r[j]<r[index]) index=j;
9.            if(index!=i)
10.           {
11.               temp=r[i]; r[i]=r[index]; r[index]=temp;
12.           }
13.       }
14.   }
```

该算法的基本语句是内层循环体中的比较语句（ $r[j] < r[\text{index}]$ ），其执行次数为

$$\sum_{i=0}^{n-2} \sum_{j=i+1}^{n-1} 1 = \sum_{i=0}^{n-2} (n-i-1) = \frac{n(n-1)}{2} = O(n^2)$$

因此，对于任何待排序记录序列，选择排序算法的时间性能都是 $O(n^2)$。但是，选择排序算法记录交换次数最多为 $n-1$ 次，因此外层循环每执行一次，交换记录的语句最多只执行一次，从移动元素的角度讲，选择排序算法优于许多其他排序算法。

3.5　起 泡 排 序

起泡排序的基本思想是：两两比较相邻记录，如果反序则交换，直到没有反序的记录为止，如图 3.9 所示。

反序则交换

$$r_j \leftrightarrow r_{j+1} \mid r_{i+1} \leqslant \cdots \leqslant r_{n-1} \leqslant r_n$$

无序区　　　有序区
$1 \leqslant j \leqslant i-1$　已经位于
　　　　　　最终位置

图 3.9　起泡排序的基本思想图解

图 3.10 给出了一个起泡排序的例子（方括号括起来的为无序区）。具体的排序过程如下：

（1）将整个排序的记录序列分成有序区和无序区，初始时有序区为空，无序区包括所有待排序的记录。

（2）对无序区从前向后依次比较相邻记录，若反序则交换，从而使得值较小的记录向前移，值较大的记录向后移（像水中的气泡一样，体积大的先浮上来）。

（3）重复执行（2），直到无序区没有反序的记录。

初始序列：〔50 13 55 97 27 38 49 65〕
第一趟排序结果：〔13 50 55 27 38 49 65〕97
第二趟排序结果：〔13 50 27 38 49〕55 65 97
第三趟排序结果：〔13 27 38 49〕50 55 65 97
第四趟排序结果：　13 27 38 49 50 55 65 97

图 3.10　起泡排序过程示例

注意，在一趟起泡排序过程中，如果有多个记录交换到最终位置，则下一趟起泡排序不处理这些记录。另外，在一趟起泡排序过程中，如果没有记录相交换，则表明序列已经有序，算法将终止。

习 题 3

1. 为什么说起泡排序算法在最坏情况下的运行时间是 $\Theta(n^2)$？

2. 如果 n 是 2 的幂，试估计合并排序算法中元素赋值的次数。

3. 给定一组元素 6，2，7，1，10，3，9，4，8，5，分别用如下的算法写出在每一个循环中，元素排列的变化过程，并确定它们执行的元素比较总次数。

（1）插入排序算法。

（2）起泡排序算法。

（3）合并排序算法。

4. 给定如下数组，判断它们是否堆。

（1）8，6，4，3，2。

（2）7。

（3）9，7，5，6，3。

（4）9，4，8，3，2，5，7。

（5）9，4，7，2，1，6，5，3。

5. 对给定的 n 个元素的数组编写一个程序，判断该数组是否是堆，编写的算法的时间复杂度为多少？

6. 当 $n = 2^k$ 时，证明用插入方法建立堆时元素的比较次数是 $n \text{lb} n - 2n + 2$。

7. 给定如下元素的数组，说明把它们构成最大堆的步骤。

（1）3，7，2，1，9，8，6，4。

（2）1，7，3，6，9，5，8，2。

8. 对第 7 题的数组，说明把它们构成最小堆的步骤。

9. 给定如下数组，根据最大堆的结构，说明对这些数组按递增顺序进行堆排序的步骤，并确定它们执行的元素比较次数。

(1) 1, 4, 3, 2, 5, 7, 6, 8。

(2) 6, 2, 4, 8, 3, 1, 5, 8。

10. 对第 9 题给定的数组，根据最小堆的结构，说明对这些数组按递增顺序进行堆排序的过程，并确定它们执行的元素比较次数。

11. 对堆进行插入操作和删除操作，哪一个操作更花费时间？试加以说明。

12. 编写一个算法，把两个相同大小的堆合并成一个堆，说明它们的时间复杂性。

13. 证明基数排序算法正确性证明中的归纳步。

14. 初始链表的内容为 3562，6381，0356，2850，9136，3715，8329，7481，写出用基数排序算法对它们进行排序的过程。

15. 把基数作为输入参数，编写一个可以按任意基数进行排序的算法。

16. 为什么说冒泡排序算法在最坏情况下的运行时间是 $\Theta(n^2)$？简述冒泡排序算法的思想。

17. 给定一组元素 13，2，7，9，10，3，1，4，32，5，分别用如下的算法写出在每一个循环中，元素排列的变化过程，并确定它们所执行的元素比较总次数。

(1) 插入排序算法。

(2) 起泡排序算法。

(3) 合并排序算法。

18. 现给出一个序列 a，其中元素的个数为 n，分别写出用下面算法进行从大到小排序的代码并对算法进行分析。

(1) 插入排序算法。

(2) 起泡排序算法。

(3) 合并排序算法。

19. 给定如下元素的数组，说明把它们构成最大堆和最小堆的步骤。

(1) 9, 8, 6, 4, 3, 7, 2, 1。

(2) 1, 32, 9, 5, 8, 2, 7, 3, 6。

20. 给定如下数组，根据最大堆的结构，说明对这些数组按递增顺序进行堆排序的步骤，并确定它们执行的元素比较次数。

(1) 2, 5, 7, 6, 8, 1, 4, 3。

(2) 10, 2, 7, 8, 3, 11, 5, 8。

21. 对堆进行插入操作和删除操作，哪一个操作更花费时间？试加以说明。编写一个算法，把两个相同大小的堆合并成一个堆，说明它们的时间复杂性。

22. 初始链表的内容为 2850，9136，3715，8329，7481，3562，6381，0356，写出用基数排序算法对它们进行排序的过程。

23. 把基数作为输入参数，编写一个可以按任意基数进行排序的算法。

第二部分　基本算法设计

第 4 章　递归与分治

4.1　基于归纳的递归算法

用归纳法设计一种递归算法基于这样的事实：一个规模为 n 的问题，假定可以确定其规模为 $n-1$ 或规模更小的子问题的解，在此基础上，再把解扩展到规模为 n 的问题。这种设计技术的优点是：所设计算法的正确性证明自然而然地嵌入算法的描述里，如果需要的话，可以容易地用归纳法来证明。

4.1.1　归纳的设计思想

对于一个规模为 n 的问题 $p(n)$，归纳法的思想方法如下：

(1) 基础步：a_1 是问题 $p(1)$ 的解。

(2) 归纳步：对所有的 $k(1<k<n)$，若 b 是问题的解，则 $p(b)$ 是问题 $p(k+1)$ 的解。其中，$p(b)$ 是对 b 的某种运算或处理。

例如，因为 a_1 是问题 $p(1)$ 的解，所以若 $a_2=p(a_1)$，则 a_2 是问题 $p(2)$ 的解，依此类推，若 a_{n-1} 是问题 $p(n-1)$ 的解，且 $a_n=p(a_{n-1})$，则 a_n 是问题 $p(n)$ 的解。

因此，为求问题 $p(n)$ 的解 a_n，可先求问题 $p(n-1)$ 的解 a_{n-1}，然后对 a_{n-1} 进行 p 运算或处理。为求问题 $p(n-1)$ 的解，要先求问题 $p(n-2)$ 的解，如此不断地进行递归求解，直到 $p(1)$ 为止。当得到 $p(1)$ 的解之后，再回过头来把所得到的解不断地进行 p 运算或者处理，直到得到 $p(n)$ 的解为止。

实现递归算法的递归函数是一种自身调用自身的函数，类似于与多个函数互相嵌套调用的情况。不同的是，在递归函数里，调用的函数和被调用的函数是同一个函数。在这里需要注意的是递归的调用层次，即递归深度。调用递归函数的主函数称为第 0 层调用；进

入递归函数后，首次递归调用自身，称为第 1 层调用；从第 i 层递归调用自身，称为第 $i+$ 1 层调用。反之，退出第 $i+1$ 层调用，就返回第 i 层。每当递归函数递归调用自身进入新的一层时，系统就把它的返回断点保存在其工作栈上，并在其工作栈上建立其所有局部变量，把所有实际参数的值传递给相关的局部变量。每当从新的一层返回到原来的一层时，就释放工作栈上的所有局部变量，根据工作栈上的返回断点返回到原来被中断的地方。随着递归深度的加深，工作栈需要的空间增大，递归调用时所要做的辅助操作增多。因此，递归算法的运行效率较低，有时可以把它修改为相应的循环迭代算法。

4.1.2 递归算法的示例分析

【例 4.1】 计算阶乘函数 $n!$。

阶乘函数可归纳定义为

$$n! = \begin{cases} 1 & n = 0 \\ n(n-1)! & n > 0 \end{cases}$$

这是最简单也是最为人们熟知的例子。实现它的递归算法如下：

算法 4.1 计算阶乘函数 n!。

输入：n。

输出：n!。

1.　int factorial(int n)
2.　{
3.　　　if (n==0)
4.　　　　return 1;
5.　　　else
6.　　　　return n * factorial(n−1);
7.　}

算法的第 3 行判断是执行基础步还是执行归纳步；第 4 步是执行基础步，它是递归程序的出口；第 6 步是程序的归纳步。取乘法运算作为该算法的基本操作，则算法的时间复杂度可由如下递归方程确定：

$$\begin{cases} f(0) = 0 \\ f(n) = f(n-1) + 1 \end{cases}$$

由式(2.34)易得，$f(n) = n = \Theta(n)$。 所以，该算法的时间复杂度是 $\Theta(n)$。

【例 4.2】 整数幂的计算。

在基数排序的算法里，使用一个计算整数幂的函数，计算以 x 为底的 n 次幂。简单的方法是让 x 乘以自身 n 次，但效率很低，需要 $\Theta(n)$ 个乘法。下面的方法用 $\Theta(\text{lb}n)$ 来实现。

算法 4.2 计算整数幂的递归算法。

输入：整数 x 和非负整数 n。

输出：x 的 n 次幂。

```
1.    int power(int x, int n)
2.    {
3.        int y;
4.        if (n==0) y=1;
5.        else
6.        {
7.            y = power (x, n/2);
8.            y = y * y;
9.            if(n%2==1)
10.               y = y * x;
11.       }
12.       return y;
13.   }
```

第 4 步执行基础步，当 $n=0$ 时，把 1 作为返回值返回。第 7~10 行执行归纳步。在计算 $x^{n/2}$ 的基础上，若 n 是偶数，则 $x^n=(x^{n/2})^2$；否则，$x^n=x(x^{n/2})^2$。 如果把第 8 行的乘法作为该算法的基本操作，则时间复杂度估计如下：

$$\begin{cases} f(1)=1 \\ f(n)=f(n/2)+1 \end{cases}$$

设 $n=2^k$，$g(k)=f(2^k)$，则上式可改写为

$$\begin{cases} g(0)=1 \\ g(k)=g(k-1)+1 \end{cases}$$

得到

$$f(n)=g(k)=k+1=\text{lb}n+1=\Theta(\text{lb}n)$$

算法每一次递归都需要分配常数个工作单元，递归深度为 $\text{lb}n$，因此算法用于递归栈的工作单元为 $\Theta(\text{lb}n)$。

【例 4.3】　多项式求值的递归算法。

有如下 n 阶多项式：

$$p_n(x)=a_nx^n+a_{n-1}x^{n-1}+\cdots+a_1x+a_0$$

如果分别对每一项求值，则需要 $n+n-1+\cdots+1=n(n+1)/2$ 个乘法，效率很低。利用 Horner 法则，可把上面公式改写为

$$\begin{aligned} p_n(x)&=a_nx^n+a_{n-1}x^{n-1}+\cdots+a_1x+a_0 \\ &=((\cdots(((a_nx+a_{n-1})x+a_{n-2})x+a_{n-3})x\cdots)x+a_1)x+a_0 \end{aligned}$$

步骤归纳如下：

（1）基础步：$n=0$，有 $p_0=a_n$。

（2）归纳步：对任意的 $k(1\leqslant k\leqslant n)$，如果前面的 $k-1$ 步已经计算出

$$p_{k-1}=a_nx^{k-1}+a_{n-1}x^{k-2}+\cdots+a_{n-k+2}x+a_{n-k+1}$$

则有

$$p_k=xp_{k-1}+a_{n-k}$$

如果用一个数组来存放多项式系数，把 a_n 存放于 $A[0]$，a_{n-1} 存放于 $A[1]$，依次类推，

那么对于多项式求值的递归算法可以描述如下：

算法 4.3 多项式求值的递归算法。

输入：存放于数组的多项式系数 A[] 及 x，多项式的阶数 n。
输出：n 阶多项式的值。

```
1.  float horner_pol(float x, float A[], int n)
2.  {
3.      float p;
4.      if (n==0)
5.          p = A[0];
6.      else
7.          p = horner_pol(x, A, n−1) * x + A[n];
8.      return p;
9.  }
```

把第 7 行的乘法作为基本操作，算法的时间复杂度由如下的递归方程确定：

$$\begin{cases} f(0)=0 \\ f(n)=f(n-1)+1 \end{cases}$$

容易得到 $f(n)=\Theta(n)$。同样可以看到，算法用于递归栈的空间也为 $\Theta(n)$。

4.1.3 递归在排列中的应用

有 n 个元素，为简单起见，把它们编号为 $1,2,\cdots,n$。用一个具有 n 个元素的数组 A 来存放生成的排列，然后输出它们。假定开始时 n 个元素已经依次存放在数组 A 中。为生成这 n 个元素的所有排列，可以采取下面的步骤：

(1) 数组第 1 个元素为 1，即排列的第 1 个元素为 1，生成后面的 $n-1$ 个元素的排列。

(2) 数组第 1 个元素与第 2 个元素互换，使排列的第 1 个元素为 2，生成后面的 $n-1$ 个元素的排列。

(3) 如此继续，最后数组的第 1 个元素与第 n 个元素互换，使排列的第 1 个元素为 n，生成后面的 $n-1$ 个元素的排列。

在上面的第(1)步中，为生成后面的 $n-1$ 个元素的排列，需继续采取下面的步骤：

(1) 数组的第 2 个元素为 2，即排列的第 2 个元素为 2，生成后面的 $n-2$ 个元素的排列。

(2) 数组的第 2 个元素与第 3 个元素互换，使排列的第 2 个元素为 3，生成后面的 $n-2$ 个元素的排列。

(3) 如此继续，最后数组的第 2 个元素与第 n 个元素互换，使排列的第 2 个元素为 n，生成后面的 $n-2$ 个元素的排列。

这种步骤一直继续，当排列的前 $n-2$ 个元素确定后，为生成后面 2 个元素的排列，可以采用以下步骤：

(1) 数组的第 $n-1$ 个元素为 $n-1$，即排列的第 $n-1$ 个元素为 $n-1$，生成后面的 1 个元素的排列，此时数组中的 n 个元素已构成一个排列。

（2）数组的第 $n-1$ 个元素与第 n 个元素互换，使排列的第 $n-1$ 个元素为 n，生成后面的 1 个元素的排列，此时数组中的 n 个元素已经构成一个排列。

假定排列算法 perm(A，k，n) 表示对 n 个元素的数组 A 生成后面 k 个元素的排列。通过上面的分析，有：

（1）基础步：$k=1$，只有一个元素，已构成一个排列。

（2）归纳步：对任意的 $k(1<k \leqslant n)$，如果可由算法 perm(A，$k-1$，n) 完成数组后面 $k-1$ 个元素的排列，为完成数组后面 k 个元素的排列 perm(A，k，n)，逐一将数组第 $n-k$ 个元素数组中第 $(n-k) \sim n$ 元素进行互换，每互换一次，就执行一次，再执行一次 perm(A，$k-1$，n) 操作，产生一个排列。

由此，排列生成的递归算法可描述如下：

算法 4.4　排列的生成。

输入：数组 A[　]，数组的元素个数 n，当前递归层次需要完成排列的元素个数 k。
输出：数组 A[　] 的所有排列。

```
1.    template <class Type>
2.    void perm(Type A[], int k, int n)
3.    {
4.      int i;
5.      if (k==1)
6.        for(i=0; i<n; i++)              /* 已构成一个排列，输出它 */
7.          cout << A[i];
8.      else{
9.        for (i=n−k; i<n; i++){          /* 生成后续 k 个元素的一系列排列 */
10.         swap(A[n−k], A[i]);           /* 元素互换
11.         perm(A, k−1, n);              /* 生成后续 k−1 个元素的一系列排序 */
12.         swap(A[n−k], A[i]);           /* 恢复元素原来的位置 */
13.       }
14.     }
15.   }
```

算法的运行时间估计为：当 $k=1$ 时，算法的第 6、7 行执行产生的排列元素的输出，每产生一个排列，便输出 n 个元素；当 $k=n$ 时，第 $9 \sim 12$ 行 for 循环的循环体对 perm(A，$k-1$，n) 执行 n 次调用。由此可以建立以下递归方程：

$$\begin{cases} f(1)=n \\ f(n)=nf(n-1) \end{cases} \quad n>1$$

解此递归方程，容易得到 $f(n)=nn!$。因此，算法的运行时间是 $\Theta(nn!)$。

算法的递归深度为 n，每一次递归都需要常数个工作单元，因此算法需要的递归栈的空间为 $\Theta(n)$。

4.1.4　整数划分问题

用一系列正整数之和的表达式来表示一个正整数，称为整数的划分。例如，7 可以划

分为如下几种：

(1) 7。

(2) 6+1。

(3) 5+2，5+1+1。

(4) 4+3，4+2+1，4+1+1+1。

(5) 3+3+1，3+2+2，3+2+1+1，3+1+1+1+1。

(6) 2+2+2+1，2+2+1+1+1，2+1+1+1+1+1。

(7) 1+1+1+1+1+1+1。

上述任何一个表达式都称为整数 7 的一个划分。正整数的 n 划分称为整数的 n 划分数，记为 $p(n)$。求正整数 n 的划分数称为整数划分问题。

为了求取 $p(n)$，定义下面两个函数：

(1) $r(n, m)$：正整数 n 的划分中加数含 m 的所有划分数。

(2) $q(n, m)$：正整数 n 的划分中加数小于或等于 m 的所有划分数。

例如，在 7 的划分中，含 6 而不大于 6 的划分有 6+1，因此 $r(7, 6)=1$；含 5 而不大于 5 的划分有 5+2，5+1+1，因此 $r(7, 5)=2$；依此类推，$r(7, 4)=3$，$r(7, 3)=3$。而加数小于或等于 6 的划分数为

$$q(7, 6)=r(7, 6)+r(7, 5)+r(7, 4)+r(7, 3)+r(7, 2)+r(7, 1)=13$$

依此类推，得

$$q(7, 5)=12, \quad q(7, 4)=10$$

显然有

$$q(m, n)=\sum_{i=1}^{m} r(n, i)$$
$$=\sum_{i=1}^{m-1} r(n, i)+r(n, m)$$
$$=q(n, m-1)+r(n, m) \tag{4.1}$$

对于所有小于 n 的 m，$r(n, m)$ 实际上是整数 $n-m$ 的不含大于 m 的划分数。例如，$r(7, 3)$ 是整数含有 3 而不含大于 3 的所有划分的个数：

$$3+3+1，3+2+2，3+2+1+1，3+1+1+1+1$$

它同时也是整数 7−3＝4 的不含大于 3 的划分数：

$$3+1，2+2，2+1+1，1+1+1+1$$

因此有

$$r(n, m)=q(n-m, m) \tag{4.2}$$

由式(4.1)和式(4.2)可得下面的递归关系：

$$q(n, m)=q(n, m-1)+q(n-m, m)$$

所有的正整数 n，含 n 而不大于 n 的划分只有一个，即 n 本身，因此有 $r(n, n)=1$，令 $m=n$，由式(4.1)可得下面的关系：

$$q(n, n)=q(n, n-1)+1$$

显然，n 的划分不可能包含大于 n 的加数，因此有

$$q(n, m)=q(n, n) \qquad m>n$$

不管 m 有多大，整数 1 只有一个划分，因此有

$$q(1, m)=1$$

对所有的整数 n，含 1 而不含大于 1 的划分只有一个，即 $1+1+1\cdots+1$，因此有

$$q(n, 1)=1$$

根据上面的 5 个关系，整数划分问题的递归算法可描述如下：

算法 4.5　整数划分问题的递归算法。

输入：正整数 n，划分中最大的加数 m。

输出：正整数 n 的分数。

```
1.   int q(int n, int m)
2.   {
3.       if(n<1 || m<1) return 0;
4.        else if (n==1 || m==1) return 1;
5.          else if (n<m) return q(n, n);
6.          else if (n==m) return q(n, n-1) + 1;
7.          else return q(n, m-1)+q(n-m, m);
8.   }
```

4.2　分　治　法

4.2.1　分治法的设计思想

对于一个问题规模为 n 的问题，若该问题可以容易地解决，则直接解决，否则要将其分解为 k 个问题规模较小的子问题(这些子问题相互独立且与原问题形式相同)，递归地解决这些子问题，然后将这些子问题的解合并得到原问题的解，这种算法设计策略叫作分治法。

如果原问题可以分割为 $k(1<k\leqslant n)$ 个子问题，且这些子问题都可解并且可以利用这些子问题的解求出原问题的解，那么这种分治法就是可行的。由分治法产生的子问题往往都是原问题的较小规模，这就为使用递归技术提供了方便。在这种情况下，反复利用分治手段可以使子问题与原问题一致但其规模却不断缩小，最终使子问题缩小到很容易直接求出解的规模。这自然导致递归过程的产生。分治与递归像是一对孪生兄弟，经常同时应用到算法设计中，并由此产生许多高效算法。

分治法能解决的问题一般都具有以下几个特征：

(1) 该问题的规模缩小到一定程度可以很容易地解决。

(2) 该问题可以分解为若干个规模较小的相同问题。

(3) 利用该问题分解出的子问题的解可以合并为该问题的解。

(4) 该问题分解出的各个子问题是相互独立的，即子问题之间不包含公共的子问题。

上述的特征(1)是绝大多数问题都可以满足的,因为问题设计的复杂性一般随着问题规模的增加而增加;特征(2)是应用分治法的前提,它也是大多数问题可以满足的,此特征反映了递归思想的应用;特征(3)是关键,能否利用分治法完全取决于问题是否具有该特征,如果具备了特征(1)和(2),而不具备特征(3),则可以考虑使用贪心法或动态规划法。特征(4)涉及分治法的效率,如果各子问题不是相互独立的,则分治法要做许多不必要的工作,重复地解决公共的子问题,此时虽然可以用分治法,但一般使用动态规划法更好。从上面可以看到,分治是一种解题策略,它的基本思想是:"如果整个问题比较复杂,可以将问题分化,各个击破。"分治包括"分"和"治"两层含义,如何分、分后如何治成为解决问题的关键所在。不是所有的问题都可以采用分治法,只有那些能将原问题分成与原问题类似的子问题,并且归并后符合原问题性质的问题,才能进行分治。分治可以进行二等分、三等分等,具体怎么分,需要看问题的性质和分治后的效果。只有深刻地体会到分治的思想,认真分析分治后可能产生的预期效率,才能灵活地运用分治思想解决实际问题。

4.2.2　快速排序和归并排序的分析

1. 快速排序

快速排序的基本思想是:在待排序的 n 个元素中任取一个元素(通常取第一个)作为基准,把该元素放入最终位置后,整个数据序列被分割为两个子序列,所有小于基准的元素放置在前子序列中,所有大于基准的元素放置在后子序列中,并把基准排在这两个子序列中间,这个过程称为划分,如图 4.1 所示。然后对两个子序列分别重复上述操作,直至每个子序列内只有一个记录或为空为止。

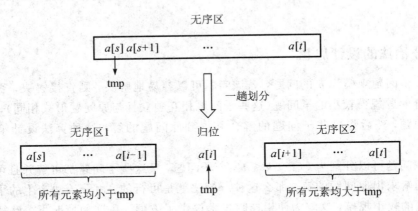

图 4.1　快速排序的一趟排序过程

这是一种二分法思想,每次将整个无序序列一分为二,归为一个元素,对两个子序列采用同样的方式进行排序,直至子序列长度为 1 或 0 为止。

快速排序的分治策略如下:

(1) 分解:将原序列 $a[s..t]$ 分解为两个子序列 $a[s..i-1]$ 和 $a[i+1..t]$,其中 $i=(s+t)/2$。

(2) 求解子问题:若子序列长度为 0 或 1,则它是有序的,直接返回;否则递归地求解各个子问题。

（3）合并：由于整个序列放在数组 a 中，排序过程是就地进行的，因此合并步骤不需要执行任何操作。

例如，对于{2，5，1，7，10，6，9，4，3，8}序列，其快速排序过程如图 4.2 所示，图中虚线表示一次划分，虚线旁的数字表示执行次序，圆圈表示归位的基准。

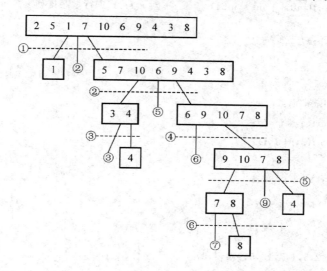

图 4.2　{2，5，1，7，10，6，9，4，3，8}序列的快速排序过程

实现快速排序的完整程序如下：

```c
#include⟨stdio.h⟩
void disp(int a[], int n)              /*输出 a 中的所有元素*/
{
    int i;
    for(i=0; i<n; i++)
        printf("%d",a[i]);
    printf("\n");
}
int Partition (int a[],int s,int t)     /*划分算法*/
{
    int i=s,j=t;
    int tmp=a[s];                       /*用序列的第一个记录作为基准*/
    while(i!=j)                         /*从序列两端交替向中间扫描,直到 i=j 为止*/
    {
        while(j>i&&a[j]>=tmp)
            j--;
        a[i]=a[j]
        while (i<j&&a[i]<=tmp)
            i++;
        a[j]=a[i];
```

```
        }
        a[i]=tmp;
        return i;
    }
    void QuickSort(int a[],int s,int t)        /* 对 a[s..t]进行增序排列 */
    {
        int i;
        if(s<t)
        {
            i=Partition(a,s,t);
            QuickSort(a,s,i-1);
            QuickSort(a,i+1,t);
        }
    }
    void main()
    {
        int n=10;
        int a[]={2,5,1,7,10,6,9,4,3,8}
        printf("排序前:");disp(a,n);
        QuickSort(a,0,n-1);
        printf("排序后:");disp(a,n);
    }
```

分析：快速排序的时间主要耗费在划分操作上，对长度为 n 的区间进行划分，共需 $n-1$ 次关键字的比较，时间复杂度为 $O(n)$。

对 n 个记录进行快速排序的过程构成一颗递归树，在这样的递归树中，每一层至多对 n 个记录进行划分，花费的时间为 $O(n)$。当初始排序数据正序或反序时，此时的递归树高度为 n，快速排序呈现最坏的情况，即最坏情况下的时间复杂度为 $O(n^2)$；当初始排序数据随机分布，使每次分成的两个子区间中的记录个数大致相等时，递归树的高度为 $\mathrm{lb}n$，快速排序呈现最好情况，即最好情况下的时间复杂度为 $O(\mathrm{lb}n)$。快速排序的平均时间复杂度也为 $O(\mathrm{lb}n)$。

2. 归并排序

归并排序的基本思想是：首先将 $a[1..n-1]$ 看成 n 个长度为 1 的有序表，将相邻的 $k(k\geqslant2)$ 个有序子表成对归并，得到 n/k 个长度为 k 的有序子表；然后再将这些有序子表继续归并，得到 n/k^2 个长度为 k^2 的有序子表，如此反复进行下去，最后得到一个长度为 n 的有序表。

若 $k=2$，即归并在相邻的两个有序子表中进行，这种情况称为二路归并。若 $k>2$，即归并操作在相邻的多个有序子表中进行，则这种情况称为多路归并。这里仅讨论二路归并排序算法。

自底向上的二路归并排序算法采用归并排序的基本原理，第 1 趟排序时，将待排序的

表 $a[0..n-1]$ 看作 n 个长度为 1 的有序子表，将这些子表两两归并，若 n 为偶数，则得到 $\lceil\frac{n}{2}\rceil$ 个长度为 2 的有序子表；若 n 为奇数，则最后一个子表轮空，故本趟归并完成后，前 $\lceil\frac{n}{2}\rceil-1$ 个有序子表的长度为 2，但最后一个子表长度仍为 1；第 2 趟归并则是将第 1 趟归并得到的 $\lceil\frac{n}{2}\rceil$ 个有序子表两两归并，如此反复，直到最后得到一个长度为 n 的有序表为止。

二路归并的分治策略如下：

循环 $\lceil \mathrm{lb}n \rceil$ 次，length 依次取 1，2，…，lb$n$。 每次执行如下步骤：

(1) 分解：将原序列分解成 length 长度的若干子序列。

(2) 求解子问题：将相邻的两个子序列调用 Merge 算法合并成一个有序子序列。

(3) 合并：由于整个序列放在数组 a 中，排序过程是就地进行的，因此合并操作不需要执行任何操作。

实现二路归并的完整程序如下：

```
#include〈stdio. h〉
#include〈malloc. h〉
void disp(int a[],int n)
{
  int i;
  for(i=0;i<n;i++)
    printf("%d",a[i]);
  printf("\n");
}
void Merge(int a[],int low,int mid,int hight)
{
  int * tmpa;
  int i=low, j=mid+1, k=0;
  tmpa=(int * )malloc((high-low+1) * sizeof(int))
  while (i<=mid && j<=high)
    if(a[i]<=a[j])
    {
      tmpa[k]=a[i];
      i++; k++;
    }
    else
    {
      tmpa[k]=a[i];
      j++; k++;
    }
```

```
    while (i<=mid)
    {
      tmpa[k]=a[i];
      i++; k++;
    }
    while(j<=high)
    {
      tmpa[k]=a[j];
      j++; k++;
    }
    for(k=0, i=low;i<=high; k++, i++)
      a[i]=tmpa[k];
    free(tmpa);
  }
  void MergePass(int a[],int length,int n)
  {
    int i;
    for(i=0;i+2*length-1<n;i+2*length)
      Merge(a,i,i+length-1,i+2*length-1);
    if(i+length-1<n)
      Merge(a,i,i+length-1,n-1);
  }
  void MergeSort(int a[],int n)
  {
    int length;
    for(length=1;length<n;length=2*length)
      MergePass(a,length,n);
  }
  void main()
  {
    int n=10;
    int a[]={2,5,1,7,10,6,9,4,3,8};
    printf("排序前:"); disp(a,n);
    MergeSort(a,n);
    printf("排序后:"); disp(a,n);
  }
```

分析：对于上述二路归并算法，当有 n 个元素时，需要 $\lceil \text{lb}n \rceil$ 趟归并，每一趟归并，其元素比较次数不超过 $n-1$，元素移动次数都是 n，因此归并的时间复杂度为 $O(n\text{lb}n)$。

上述自底向上的二路归并算法虽然效率较高，但是可读性较差。另一种是采用自顶向下的方法，这种算法更为简洁，属于典型的二分法算法。设归并排序的当前区间是

a[low..high]，则递归归并的两个步骤如下：

（1）分解：将当前序列 a[low..high] 一分为二，即求 mid＝（low＋high)/2；递归对两个子序列 a[low..mid] 和 a[mid＋1..high] 进行继续分解。其终结条件是子序列长度为 1。

（2）合并：与分解过程相反，将已排序的两个子序列 a[low..mid] 和 a[mid＋1..high] 合并成为一个有序序列 a[low..high]。

对应的二路归并排序算法如下：

```
void MergeSort(int a[], int low, int high)      //二路归并算法
{
    int mid;
    if(low<high)                                //子序列有两个或以上元素
    {
        mid=(low+high)/2;                        //取中间位置
        MergeSort(a, low, mid);                  //对子序列 a[low..high]排序
        MergeSort(a, mid+1, high);               //对子序列 a[mid+1..high]排序
        Merge(a, low, mid, high);                //将两个子序列合并
    }
}
```

算法分析：设 MergeSort(a, 0, $n-1$)算法的执行时间为 $T(n)$，显然 Merge(a, 0, $n/2$, $n-1$)的执行时间为 $O(n)$，所以得到以下递推式：

$$\begin{cases} T(n)=1 & n=1 \\ T(n)=2T(\frac{n}{2})+O(n) & n>1 \end{cases}$$

容易推出 $T(n)=O(n\mathrm{lb}n)$。

4.2.3　多项式乘积的分治算法

1. 多项式的划分原理

为了减少两个多项式乘积中的乘法运算的次数，把一个多项式划分为两个多项式：

$$\begin{cases} p(x)=p_0(x)+p_1(x)x^{n/2} \\ q(x)=q_0(x)+q_1(x)x^{n/2} \end{cases} \tag{4.3}$$

则有

$$p(x)q(x)=p_0(x)q_0(x)+(p_0(x)q_1(x)+p_1(x)q_0(x))x^{n/2}+p_1(x)q_1(x)x^n \tag{4.4}$$

因为

$$(p_0(x)+p_1(x))(q_0(x)+q_1(x))=p_0(x)q_0(x)+p_1(x)q_1(x)+p_0(x)q_1(x)+p_1(x)q_0(x)$$

所以

$$p_0(x)q_1(x)+p_1(x)q_0(x)$$
$$=(p_0(x)+p_1(x))(q_0(x)+q_1(x))-p_0(x)q_0(x)-p_1(x)q_1(x)$$

令

$$r_0(x)=p_0(x)q_0(x) \tag{4.5}$$

$$r_1(x) = p_1(x)q_0(x) \tag{4.6}$$
$$r_2(x) = (p_0(x) + p_1(x))(q_0(x) + q_1(x)) \tag{4.7}$$

则有

$$p(x)q(x) = r_0(x) + (r_2(x) - r_0(x) - r_1(x))x^{n/2} + r_1(x)x^n \tag{4.8}$$

如果直接计算式(4.4)，需要计算 4 个多项式的乘法和 3 个多项式的加法；而采用式(4.8)计算，则需要 3 个多项式的乘法和 4 个多项式的加法或减法。由于多项式乘法的时间远多于加法时间，因此采用式(4.8)计算对比较大的 n 将有很大的改进。

2. 多项式乘法分治算法的实现

假定多项式有 n 项系数，为简单起见，令 $n = 2^k$（如果 n 不是 2 的幂，可以增加 0 系数项，使其成为 2 的幂）。这样，就可以根据式(4.3)把多项式划分成只有 $n/2$ 项系数的多项式，利用式(4.4)、(4.5)、(4.6)分别计算只有 $n/2$ 项系数的 3 个多项式的乘积，再利用式(4.8)把三个多项式的乘积合并成为一个多项式乘积。多项式的划分过程一直进行到只有两个系数为止，这时就可以直接对只有两个系数的多项式进行计算。下面的算法描述了这种处理过程。

算法 4.6 多项式乘积的分治算法。

输入：存放多项式系数的数组 p[]、q[]，系数的项数 n。

输出：存放两个多项式乘积结果的系数的数组 r0[]。

```
1. void poly_product(float p[], float q[], float r0[], int n)
2. {
3.     int k, i;
4.     float * r1, * r2, * r3;
5.     r1 = new float[2 * n-1];
6.     r2 = new float[2 * n-1];
7.     r3 = new float[2 * n-1];
8.     for (i = 0; i <= 2 * n-1; i++)
9.         r0[i] = r1[i] = r2[i] = r3[i] = 0;
10.    if  (n==2)
11.        product(p, q, r0);
12.    else {
13.        k = n/2;
14.        poly_product(p, q, ro, k);
15.        poly_product(p+k, q+k, r1+2 * k, k);
16.        plus(p, p+k, r2+k, k);
17.        plus(q, q+k, r3+k, k);
18.        poly_product(r2+k, r3, r2+k, k);
19.        mins(r2+k, r0, 2 * k-1);
20.        plus(r0+k, r2+k, r0+k, 2 * k-1);
21.        plus(r0+2 * k, r1+2 * k, r0+2 * k, 2 * k-1);
22.    }
```

```
23.    delete r1;
24.    delete r2;
25.    delete r3;
26. }
```

当系数只有两项时，可直接用 product 函数计算：

```
1. void product（float p[], float q[], float c[]）
2. {
3.     c[0] = p[0] * a[0];
4.     c[2] = p[1] * q[1];
5.     c[1] = (p[0]+p[1]) * (q[0]+q[1])-c[0]-c[2];
6. }
```

将两个具有 n 项系数的多项式相加：

```
1. void plus（float p[], float q[], float c[], int n)
2. {
3.     int i;
4.     for (i=0; i<n; i++)
5.         c[i] = p[i]+q[i];
6. }
```

将两个具有 n 项系数的多项式相减：

```
1. void mins（float p[], float q[], float c[], int n)
2. {
3.     int i;
4.     for (i=0; i<n; i++)
5.         c[i] = p[i]-q[i];
6. }
```

算法 4.6 的第 5～9 行分配工作单元用的缓冲区，并把缓冲区清零。第 10、11 行判断多项式的系数，项数为 2 项时，直接调用 product 函数计算；否则，第 13 行把项数划分为两半。第 14 行计算 $r_0(x) = p_0(x)q_0(x)$，后者位于 $p[0]$、$q[0]$ 开始的位置，且具有 $m=n/2$ 项系数，得到的 $r_0(x)$ 具有 $2m-1$ 项系数，它们被置于 $r_0(0)$ 开始的 $2m-1$ 个单元中；第 15 行计算 $r_1(x) = p_1(x)q_1(x)$，后者位于 $p[m]$、$q[m]$ 开始的位置，也具有 m 项系数，得到的 $r_1(x)$ 具有 $2m-1$ 项系数，它们被置于 $r_1[2m+1]$ 开始的 $2m-1$ 个单元中；第 16、17、18 行计算 $r_2(x) = (p_0(x)+p_1(x))(q_0(x)+q_1(x))$，计算的结果也具有 $2m-1$ 项系数，它们被置于 $r_2[m+1]$ 开始的 $2m-1$ 个单元中；第 19、20 行计算 $r_2(x)-r_0(x)-r_1(x)$，计算的结果仍被置于 $r_2[m+1]$ 开始的 $2m-1$ 个单元中。由于 r_0、r_1、r_2 在初始化时被清零，因此除存放上述计算结果的单元外，其余单元都为 0。最后，第 21、22 行把存放于数组 r_0、r_1、r_2 的系数合并起来，存放于 $r_0(0)$ 开始的 $4m-1$ 个单元中，这些数据就是两个多项式乘积的系数。r_0、r_1、r_2 中存放的数据及这些数据的合并情况如图 4.3 所示。

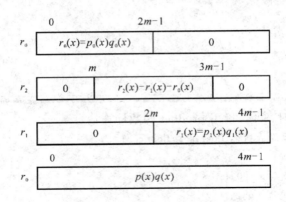

图 4.3　合并 3 个多项式系数的情况

4.2.4　平面点集的最接近点对问题

计算几何中有一个基本问题：给定平面上 n 个点的点集 S，在这 n 个点所组成的点对中，寻找距离最近的点对。假定 S 中的两点 $p_1 = (x_1, y_1)$ 及 $p_2 = (x_2, y_2)$，它们之间的距离定义为

$$d(p_1, p_2) = \sqrt{(x_1 - x_2)^2 + (y_1 - y_2)^2}$$

其中，$d(p_1, p_2)$ 称为点 p_1 和 p_2 的欧几里得距离。n 个点可以组成 $n(n-1)/2$ 个点对，按照蛮力法，可以分别计算这些点对的距离，从中找出距离最近的一对即可。显然，用这种方法寻找最接近的点对，需要花费 $O(n^2)$ 的运算时间。

如果使用分治法，把点集 S 划分成两个大小大致相同的子集 S_l 和 S_r，然后分别递归地在这两个子集中寻找最接近的点对，就有可能减少运算时间。如果构成 S 的最接近点对就在 S_l 或 S_r 中，只要取这两个点对中的最小者就是 S 中最接近点对；但是，如果 S 的最接近点对一点在 S_l 中，另一点在 S_r 中，就需要进行进一步处理。

1. 分治法解最接近点对的思想方法及步骤

解平面点集最接近点对问题时，其步骤可以概括如下：假定 S 中有 n 个顶点，把 S 中的点按 x 坐标增序的顺序排列；再把 S 按水平方向划成两个子集 S_l 和 S_r，使得 $|S_r| = \left\lfloor \dfrac{n}{2} \right\rfloor$，$|S_l| = \left\lceil \dfrac{n}{2} \right\rceil$；令 L 是分开这两个子集的垂线，则 S_l 中所有的点都在 L 的左边，S_r 中所有的点都在 L 的右边；分别递归地计算这两个子集 S_l 和 S_r 中最接近点对及其距离 d_l 和 d_r；在组合步中，找出 S_l 中距离 S_r 中最接近点对的点及其距离 d_c；最后，取 d_l、d_r、d_c 中的最小的点对，即为集合 S 中最接近的点对。

在计算 d_c 时，因为 S_l 和 S_r 中各有大概 $\dfrac{n}{2}$ 个点，如果分别计算 S_l 中每一个点与 S_r 中的每一点的距离，再从中找出它们中的最小者，仍然需要 $O(n^2)$ 的运算时间。因此，必须寻找一种有效的方法来解决这个问题。

令 $d = \min\{d_1, d_2\}$，如果最接近的点是由 S_l 中的某一点 p_l 和 S_r 中某一点 p_r 组成

的，那么 p_l 和 p_r 必定在划分线 L 两侧且距离划分线最大为 d 的一条长带区域中。如果令 S_l' 是 S_l 中距离划分线 L 小于 d 的点集，S_r' 是 S_r 中距离划分线 L 小于 d 的点集，那么点 p_l 必定在 S_l' 中，点 p_r 必定在 S_r' 中。

但是，在最坏情况下，仍然有可能出现 $S_l = S_l'$，$S_r = S_r'$。这时，S 中所有的点都集中在划分线 L 的两侧、距离 L 不超过 d 的一条长带区域中。于是，仍然各有大约 $\dfrac{n}{2}$ 个点需要分别进行判断，同样需要进行 $(n/2)(n/2) = O(n^2)$ 次的比较判断。

进一步对上述情况进行分析。假定点 p 是在这条长带区域中 y 坐标最小的点，它可能在 S_l' 中，也可能在 S_r' 中，$p.y$ 是其 y 坐标值。那么，点 p 只需要和 S_l' 或 S_r' 中少数几个点进行比较，这些点处于坐标 $p.y$ 的底边、以 $p.y + d$ 为顶边、以 $L - d$ 为左侧边、以 $L + d$ 为右侧边的一个矩形区域中，如图 4.4 所示。这个矩形区域以 L 为中线，分为两个相等的正方形部分，一部分在 S_l' 中，一部分在 S_r' 中。

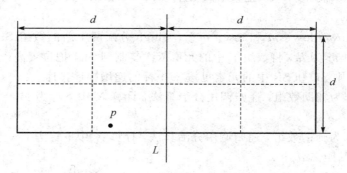

图 4.4　在一个矩形区域中寻找最接近点 p 的点对

进一步的分析证明，在这个矩形区域中的点最多只有 8 个，其中 S_l' 和 S_r' 中最多各有 4 个。证明过程为：对矩形区域在水平方向上进行四等分、在垂直方向上进行二等分，把这个矩形区域分成 8 个大小为 $(d/2) \times (d/2)$ 的小正方形区。如果 S_r' 中有 5 个以上的点落在 S_r' 的小正方形区中，那么根据鸽舍原理，在这五个点中，至少有 2 个点落在同一个小正方形区。假定这两个点为 u 和 v，它们在水平方向和垂直方向上的坐标分别为 $u.x$ 和 $u.y$ 以及 $v.x$ 和 $v.y$，那么这两个点的距离 $d_{u,v}$ 为

$$d_{u,v} = \sqrt{(u.x - v.x)^2 + (u.y - v.y)^2} \leqslant \sqrt{(d/2)^2 + (d/2)^2} = \frac{d}{2}\sqrt{2} < d$$

这个结果与 $d = \min\{d_l, d_r\}$ 相矛盾。因此，不可能有两个点同时落在一个小正方形区。也由此可知，在 S_r' 中最多只有 4 个点落在其较大的正方形区中。同理可证，在 S_l' 中最多也只有 4 个点落在其较大的正方形区中。所以，最多只有 8 个点落在整个矩形区中。

这样一来，如果可以保证在以 L 为中线的这条长带区域中的点都按 y 坐标方向递增的顺序排列，那么从 y 坐标最小的点开始，每一点最多和它上面的 y 坐标比它大的 7 个点进行比较。这样，计算 d_c 进行的比较次数在最坏情况下可减少为 $7n$，即可找出这条长带区域中的最接近点对。

假定用数组 X 存放平面点集中的元素，为了在组合步中方便地计算 d_c，使用另一个数组 Y 作为辅助数组，这样分治法解平面点集最接近点对的步骤便可叙述如下：

1）预处理

（1）如果 X 中的元素个数 n 小于 2，则直接返回；否则，转步骤②。

（2）按 x 坐标的递增顺序排序 X 中的元素；令 X 中的第一个元素下标为 low，最后一个元素的下标为 high。

（3）把 X 中的元素以及该元素在 X 中的位置（下标）复制到 Y 数组，按 y 坐标的递增顺序排序 Y 中的元素。此时，Y 中的每一个元素都有两项内容，即 X 中的元素及该元素在 X 中的位置（下标）。

（4）以 Y 为辅助数组，调用分治算法，计算 X 中下标为 low～high 的元素的最接近点对及其距离。

2）分治

（1）如果 low～high 的数量小于等于 3，则直接计算；否则，转步骤②。

（2）令 $m=(\text{low}～\text{high})/2$，把数组 X 划分成两个子数组，其下标分别为 low～low＋m，low＋m＋1～high。

（3）分别以 low～low＋m 和 low＋m＋1～high 分配两个新的数组 SL 和 SR，以数组 X 的下标值 low＋m 为界，将数组 Y 中的元素依次复制到 SL，把位置高于 low＋m 的元素依次复制到 SR，则 SL 和 SR 中的元素也按 y 坐标的递增顺序排序。

（4）以 SL 作为辅助数组，递归调用分治算法，计算 X 中下标为 low～low＋m 的元素最接近点及其距离 d_1。

（5）以 SR 作为辅助数组，递归调用分治算法，计算 X 中下标为 low＋m＋1～high 的元素最接近点及其距离 d_r。

3）组合

（1）令 $d=\min\{d_i, d_r\}$。

（2）在辅助数组 Y 中，对 $|X[\text{low}+m].x-Y[i].x|<d$（$0 \leqslant i<n$）的所有元素重新依次存放在数组 Z 中，则数组 Z 的元素仍然按 y 坐标的递增顺序排序。

（3）对于数组 Z 中的每一个元素，判断其下标是否大于相邻 7 个元素，寻找距离最小的点对。

2. 解最接近点对的分治算法的实现

假定存放平面点集 X 的元素的数据结构如下：

```
typedef struct
{
    float x;       /*元素的 x 坐标*/
    float y;       /*元素的 y 坐标*/
}POINT;
```

为了使辅助数组 Y 中的元素方便地与数组中的元素互相对应，另外定义存放辅助数组 Y 的元素的数据结构如下：

```
typedef struct
{
    int index;     /*该元素在 X 数组中的下标*/
    float x;       /*元素的 x 坐标*/
```

```
        float y;          /* 元素的 y 坐标 */
    }A_POINT；
```

求解平面点集最接近点对的算法可以描述如下：

算法 4.7　平面点集最接近点对问题。

输入：存放平面点集元素的数组 X[]，元素个数 n。
输出：最接近的点对 a、b，以及距离 d。

```
1.  void closest_pair(POINT X[], int n, POINT &a, POINT &b, float &d)
2.  {
3.      if (n<2)
4.      d = 0;
5.      else {
6.          merge_sort1(X, n);              /* 按 x 坐标的递增顺序排序 X 中的元素 */
7.          A_POINT * Y = A_POINT[n];
8.          for (int i = 0; i < n; i++) {   /* 把数组 X 中的元素复制到数组 Y */
9.              Y[i]. index = i;
10.             Y[i]. x = X[i]. x;
11.             Y[i]. y = X[i]. y;
12.         }
13.         merge_sort2(Y, n);              /* 按 y 坐标的递增顺序排序 Y 中元素 */
14.         closest(X, Y, 0, n-1, a, b, d)  /* 在数组 X 中寻找最接近的点对 */
15.         d = sqrt(d);
16.         delete Y;
17.     }
18. }
```

算法的第 3、4 行判断点集元素个数，若小于 2，把 0 作为距离直接返回；否则，继续后面的处理。第 6 行对数组 X 中的元素按 x 坐标的递增顺序排列。第 7～12 行分配一个新的数组 Y 作为辅助数组，把 X 中的元素复制到 Y 中。第 13 行按 y 坐标的递增顺序排序 Y 中的元素。第 14 行调用 closest 计算点集 X 中最接近的点对，返回变量 a 和 b，以及距离的平方值 d。第 15 行计算 d 的开平方值，然后释放辅助数组 Y 所占用的空间后返回。

closest 的描述如下：

算法 4.8　分治法计算平面点集的最接近点对。

输入：存放排序过的点集元素的数组 X[]、Y[]，数组 X[] 的起始下标 low、终止下标 high，
　　　存放点对的引用变量 a、b 以及存放距离平方值的引用变量 d。
输出：点对 a、b 以及 a、b 之间的距离的平方值 d。

```
1.  void closest(POINT X[], A_POINT Y[], int low, int high, POINT &a, POINT &b)
2.  {
3.      int i, j, k, m;
4.      POINT al, bl, ar, br;
5.      float dl, dr;
```

```
6.      if ((high-low)==1)                          /*n=2,直接计算*/
7.          (a= X[low], b=X[high], d = dist(X[low], X[high]));
8.      else if ((high-low==2)) {                    /*n=3,直接计算*/
9.          dl = dist(X[low], X[low+1]);
10.         dr = dist(X[low], X[low+2]);
11.         d = dist(X[low+1], X[low+2]);
12.         if((dl<=dr)&&(dl<=d))
13.             (a = X[low], b = X[low+1], d = dl);
14.         else if (dr<=d)
15.             (a = X[low], b = X[low+2], d = dr);
16.         else
17.             (a = X[low+1], b = X[low+2]);
18.     }
19.     else {                                       /*n>3,进行分治*/
20.         m = (high - low) / 2+low;                /*以 m 为界把 X 划分为两半*/
21.         A_POINT * SL = new A_POINT[m+1-low];
22.         A_POINT * SR = new A_POINT[high-m];
23.         j = k = 0;
24.         for(i=0; i<=high-low; i++)
25.             if (Y[i]. index <= m)
26.                 SL[j++] = Y[i];                  /*收集左边子集辅助数组元素*/
27.             else
28.                 SR[k++] = Y[i];                  /*收集右边子集辅助数组元素*/
29.         closest(X, SL, low, m, al, bl, dl);      /*计算左边子集最接近点对*/
30.         closest(X, SR, m+1, high, ar, br, dr);   /*计算右边子集最接近点对*/
31.         if (dl<dr)                               /*组合步*/
32.             (a = al, b = bl, d = dl);
33.         else
34.             (a = ar, b = br, d = dr);
35.         POINT * Z = new POINT[high-low+1];
36.         k = 0;
37.         for (i = 0; i <= high-low; i++) {        /*收集距离中线两侧小于 d 的元素*/
38.             if (fabs(X[m], x-Y[i]. x)<d)
39.                 (Z(k). x = Y[i]. x,   Z[k++]. y=Y[i]. y);
40.         for(i=0; i<k; i++)
41.             for(j=i+1; (j<k)&&(Z[j]. y-Z[i]. y<d); j++) {
42.                 dl = dist(Z[i], Z[j]);
43.                 if(dl<d)
44.                     (a=Z[i], b=Z[j], d=dl);
45.             }
46.         }
47.         delete SL; delete SR;
48.         delete Z;
```

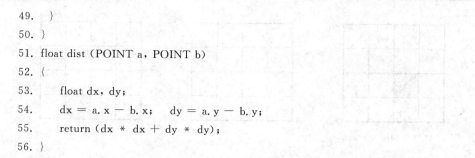

```
49.    }
50.  }
51.  float dist（POINT a, POINT b）
52.  {
53.      float dx, dy;
54.      dx = a. x − b. x;    dy = a. y − b. y;
55.      return (dx * dx + dy * dy);
56.  }
```

　　算法的第 6、7 行处理 $n=2$ 的情况；第 8～18 行处理 $n=3$ 的情况。这两种情况都直接计算，并直接返回结果。第 19 行起开始处理组合过程。

　　在分治过程中，为了能够正确地递归调用 closest，必须保证满足以下条件：

　　（1）closest 所处理的子数组是按 x 坐标的递增顺序排序的。

　　（2）辅助数组是按照 y 坐标的递增顺序排序的。

　　（3）辅助数组的元素与所处理的子数组的元素是相对应的。

　　算法的第 21、22 行分配两个数组 SL 和 SR，以便在递归调用 closest 时作为辅助数组用；在进入 closest 之前，数组 X 和辅助数组 Y 已经分别按照 x 和 y 坐标的递增顺序排序，因此第 20 行把数组 X 划分成为两半，使得以下关系成立：

$$\begin{cases} X[i].x \leqslant X[m].x & \text{low} \leqslant i \leqslant m \\ X[i].x \geqslant X[m].x & m+1 \leqslant i \leqslant \text{high} \end{cases}$$

　　第 24～28 行根据数组 Y 中元素所保存的该元素在 X 中的位置 index，把位置低于 m 的元素依次复制到 SL，把位置高于 m 的元素依次复制到 SR，则 SL 和 SR 中的元素也按 y 坐标递增顺序排列；同时，保持 SL 中的元素与 $X[i]$（$\text{low} \leqslant i \leqslant m$）的元素相对应、SR 中的元素与 $X[i]$（$m+1 \leqslant i \leqslant \text{high}$）的元素相对应。这就为 29、30 行的递归调用 closest 的参数准备了条件。在此基础上，第 29 行计算第 1 个子数组的最接近点对于 al、bl；第 30 行计算第 2 个子数组的最接近点对于 ar、br。

　　在组合步，第 31～34 行综合两个子数组的最接近点对于 a、b 及 d。第 35～39 行，把辅助数组 Y 中位于 $X[m].x \pm d$ 范围内的元素依次收集到 Z 中。在此之前，Y 中的元素是按照 y 坐标的递增顺序排序的，在依次收集之后，Z 中元素仍然按照 y 坐标的递增顺序排序。第 40～44 行，对 Z 中的元素，从最低坐标的元素开始，向上判断与其相邻的最多 7 个元素，若存在距离小于 d 的点对，就把它们复制到 a、b 及 d。

　　在 closest 中所计算的 d 是距离的平方值，对它进行开平方处理，留在 closest_pair 中执行一次。

4.2.5　棋盘覆盖问题

　　残缺棋盘有 $2^k \times 2^k$ 个方格，其中有一个方格残缺。图 4.5 所示为残缺方格位置不同的 3 个 $2^2 \times 2^2$ 棋盘，残缺的方格用阴影表示。给定一种 L 形三角板，形状如图 4.6 所示，它刚好可以覆盖棋盘上的三个格子。要求利用这种 L 形三角板来覆盖残缺棋盘，使得除了残缺的格子外，棋盘上所有的方格都要被覆盖，且 L 形三角板不会重叠。

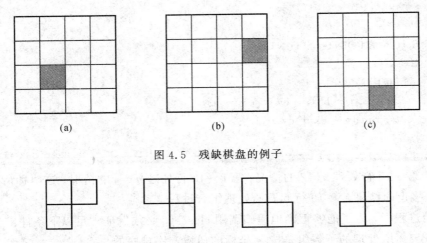

图 4.5　残缺棋盘的例子

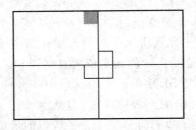

图 4.6　4 种不同方向的 L 形三角板

图 4.7 所示的是一个 $2^k \times 2^k$ 个方格的残缺棋盘，用分治法来覆盖它，把它划分成为 4 个区域，每个区域是一个 $2^{k-1} \times 2^{k-1}$ 个方格的子棋盘，其中有一个是残缺子棋盘。用一个 L 形三角板覆盖在其余 3 个非残缺子棋盘的交界处，如图 4.7 所示，这样就把覆盖一个 $2^k \times 2^k$ 个方格的残缺棋盘问题转换为覆盖 4 个 $2^{k-1} \times 2^{k-1}$ 方格的残缺子棋盘问题。对每一个子棋盘继续进行这样的处理，直到要覆盖的子棋盘转换成为 2×2 个方格的残缺子棋盘为止。

图 4.7　分治法解 $2^k \times 2^k$ 个方格的残缺棋盘问题

为了定位残缺方格和子棋盘的位置，定义下面的变量：

　　int tr;　　　/* 棋盘左上角方格所在行号 */

　　int tc;　　　/* 棋盘左上角方格所在列号 */

　　int dr;　　　/* 残缺方格所在行号 */

　　int dc;　　　/* 残缺方格所在列号 */

　　int size;　　/* 棋盘行、列数 */

　　int s;　　　 /* 子棋盘行、列数 */

　　int t;　　　 /* 用于覆盖子棋盘交界处的格板编号 */

用全局变量 tile 表示用于覆盖的 L 形三角板的编号，用全局数组 B 表示棋盘上每个方格上覆盖的 L 形三角板的编号内容。

　　int tile;　　　/* 用于覆盖 L 形三格板的编号 */

　　int B[n][n];　/* 棋盘上每个方格覆盖的 L 形三格板的编号，其中 $n = 2^k \times 2^k$ */

这样 1 个 L 形三格板将由 3 个相同编号的方格板构成。开始时，变量 tile 的初值置为 0。覆盖一个 $2^k \times 2^k$ 残缺棋盘的步骤如下：

（1）如果棋盘行列数 size＝1，则算法结束，直接返回；否则，转至步骤（2）。

（2）按象限将棋盘分割为 4 个子棋盘，即子棋盘行列数 $s=size/2$；用一个新的 L 形三格板来覆盖，即 tile＝tile＋1，并使 $t=$ tile，子棋盘交界处的方格用编号为 t 的格板来覆盖。

（3）分别按下面的步骤处理 4 个象限及其交界处的方格：

① 如果残缺方格位于本象限，则本象限是一个残缺棋盘，递归调用本算法来覆盖它；否则，转步骤②。

② 用编号为 t 的格板覆盖象限交界处的方格，把本象限其余方格作为一个残缺棋盘，递归调用本算法来覆盖它。

于是，实现残缺棋盘覆盖问题的算法可描述如下：

算法 4.9 残缺棋盘覆盖问题。

输入：子棋盘左上角所在行、列号 tr、tc，残缺方格所在行、列号 dr、dc，子棋盘行列数 size。
输出：棋盘每个方格覆盖的 L 形三格板的编号。

```
1.  void tileboard(int tr, int tc, int dr, int dc, int size)
2.  {
3.      int t, s;
4.      if(size == 1) return;
5.      tile = tile + 1;      t = tile;
6.      s = size/2;
7.      if  ((dr<tr+s) && (dc<tc+s))          /*处理左上象限*/
8.          tileboard(tr, tc, dc, s);          /*残缺方格位于本象限，覆盖其他方格*/
9.      else{
10.         B[tr+s-1][tc+s-1] = t;             /*否则，右下角方格置三格板 t*/
11.         tileboard(tr, tc, tr+s-1, tc+s-1);/*覆盖其余方格*/
12.     }
13.     if  ((dr<tr+s) && (dc>=tc+s))         /*处理右上象限*/
14.         tileboard(tr, tc+s, dr, dc, s);    /*残缺方格位于本象限，覆盖其他方格*/
15.     else {
16.         B[tr+s-1][tc+s] = t;               /*否则，左下角方格置三格板 t*/
17.         tileboard(tr, tc+s, tr+s-1, tc+s, s); /*覆盖其余方格*/
18.     }
19.     if  ((dr>=tr+s) && (dc<tc+s))         /*处理左下象限*/
20.         tileboard(tr+s, tc, dr, dc, s);    /*残缺方格位于本象限，覆盖其他方格*/
21.     else {
22.         B[tr+s][tc+s-1] = t;               /*否则，右上角方格置三格板 t*/
23.         tileboard(tr+s, tc, tr+s, tc+s-1, s); /*覆盖其余方格*/
24.     }
25.     if  ((dr>=tr+s) && (dc>=tc+s))        /*处理右下象限*/
26.         tileboard(tr+s, tc+s, dr, dc, s);  /*残缺方格位于本象限，覆盖其他方格*/
27.     else {
28.         B[tr+s][tc+s] = t;                 /*否则，左上角方格置三格板 t*/
29.         tileboard(tr+s, tc+s, tr+s, tc+s, s); /*覆盖其余方格*/
30.     }
31. }
```

习 题 4

1. 试叙述基于归纳的递归算法的思想方法。

2. 设计一个递归算法求解 Hanoi 塔问题。

3. 设计一个递归算法计算斐波那契数列。

4. 用递归算法求解如下问题：

$$f(x) = \frac{x}{2} + \frac{x^2}{4} + \cdots + \frac{x^n}{2^n}$$

5. 用递归算法计算如下问题，计算到第 n 项为止：

$$f(x) = x - \frac{x^3}{2!} + \frac{x^5}{5!} - \frac{x^7}{7!} + \cdots$$

6. 数组 A 中有一半以上的元素相同，设计一个递归算法，以 $O(n)$ 时间找到该元素。

7. 说明求整数 5 的划分数的递归算法 $q(5,5)$ 的工作过程。

8. 试叙述分治法的设计思想。为什么说分治算法中的组合步确定了分治算法的实际性能？

9. 求对某个非负数 b、d，下面递归方程解的上界与下界。

$$f(n) = \begin{cases} d & n=1 \\ f(\lfloor n/2 \rfloor) + f(\lceil n/2 \rceil) + bn & n \geq 2 \end{cases}$$

10. 令 b、d 和 c_1、c_2 是非负数，证明下面的递归方程。

$$f(n) = \begin{cases} d & n=1 \\ f(\lfloor c_1 n \rfloor) + f(\lceil c_2 n \rceil) + bn & n \geq 2 \end{cases}$$

11. 设计一个分治算法计算二叉树的高度。

12. 用分治法重新设计二分检索算法。

13. 证明残缺棋盘覆盖问题算法 tileboard 的时间复杂性是 $f(n) = \frac{c}{3}(4^n - 1)$。

14. 说明用快速排序算法对下面的数组元素进行排序的工作过程。

(1) 24, 23, 24, 45, 12, 12, 24, 12。

(2) 3, 4, 5, 6, 7。

15. 说明快速排序算法的基本思想，以及对下面数组元素进行排序的过程。

(1) 9, 4, 7, 2, 1, 6, 5, 3。

(2) 3, 7, 2, 1, 9, 8, 6, 4。

(3) 3562, 6381, 0356, 2850, 9136, 3715, 8329, 7481。

16. 试说明以下哪些算法采用了分治策略。

(1) 堆排序算法。

(2) 二路归并排序算法。

(3) 折半查找算法。

(4) 顺序查找算法。

第 5 章 贪 婪 法

对于有些问题，要想找出它们的最佳解，可以采用首先列出问题的全部解，然后寻找最佳解的方法。贪婪法就是这样一种能够更加直接地找到问题的最佳解的方法。由于贪婪法的时间复杂度通常是线性的，而且非常易于程序实现，因此其应用非常广。

【例 5.1】 货币兑付问题：银行出纳员支付一定数量的现金，在他的手中有各种面额的货币，要求用最少的货币张数支付现金。

解 用集合 $P = \{p_1, p_2, \cdots, p_n\}$ 表示 n 张面值为 p_i 的货币，$1 \leqslant i \leqslant n$。出纳员需支付的现金为 A，从 P 中选取一个最小的子集 S，使得

$$\begin{cases} p_i \in S \\ \sum p_i = A \end{cases}$$

如果用向量 $X = (x_1, x_2, \cdots, x_n)$ 表示 S 中所选取的货币，使得

$$x_i = \begin{cases} 1 & p_i \in S \\ 0 & p_i \notin S \end{cases}$$

那么，出纳员支付的现金必须满足

$$\sum_{i=1}^{n} x_i p_i = A \tag{5.1}$$

并且使得

$$d = \min \sum_{i=1}^{n} x_i \tag{5.2}$$

最小。把向量 X 称为问题的解向量，因为有 n 个不同的对象，且每个对象的取值为 0 或 1，所以这种情况下有 2^n 个不同的向量，我们把所有向量的全体称为问题的解空间。把式(5.1)称为问题的约束方程，把式(5.2)称为问题的目标函数，把满足约束方程的向量称为问题的可行解，把满足目标函数的向量称为问题的最优解。

在例 5.1 的货币支付问题中，如果出纳员手中有 10 元、5 元、1 元、5 角、2 角、1 角各 10 张，他需要付给客户 47 元 8 角。为使付出的货币张数最少，他要拿出 4 张 10 元、1 张 5 元、2 张 1 元、1 张 5 角、3 张 1 角。出纳员的这种货币兑付顺序能够让付出的货币最快地满足支付要求，并且尽可能使付出的货币张数增加最慢，这正体现了贪婪法的思想方法。

5.1 贪婪法的设计思想

贪婪法的设计方法描述如下：

```
greedy(A, n)
{
    solution = φ;
    for (i=1; i<n; i++) {
        x = select(A);
        if (feasible(solution, x))
            solution = union(solution, x);
    }
    return solution;
}
```

在初始状态下，解向量 solution 为空，使用 select 按照某种决策标准（通常按照最优度量标准）从 A 中选择一个分量 x，用 feasible 进行判断解向量 solution 加入 x 后是否可行，如果可行，把 x 合并到解向量 solution 中，并把它从 A 中删去；如果不可行，丢弃 x，重新从 A 中选择另一个输入，重复上述步骤，逐步形成一个满足问题的解向量 $(x_0, x_1, \cdots, x_{n-1})$。

适于贪婪法求解的问题具有两个重要性质：贪婪选择性质和最优子结构性质。

贪婪选择性质，是指可以根据某度量标准得到所求问题的全局最优解，可以通过一系列局部最优的选择来达到，每进行一次选择，就得到一个局部的解，把所求解的问题简化为一个规模更小的类似子问题。

例如，从 10 张 10 元、10 张 5 元、10 张 1 元、10 张 5 角、10 张 2 角、10 张 1 角的货币中兑付 57 元 8 角。集合 $P = \{p_1, p_2, \cdots, p_{60}\}$ 顺序表示货币，向量 $\boldsymbol{X} = (x_1, x_2, \cdots, x_{60})$ 表示支付给客户的货币。

第一步挑出的货币集合 $S_1 = \{p_1\}$，得到一个局部解 $Y_1 = (1, 0, \cdots)$，并把问题简化为在集合 $P_1 = \{p_2, \cdots, p_{60}\}$ 中挑选货币，付出 47 元 8 角。在以后的步骤中，可以用同样的方法进行挑选，就能得到问题的全局最优解。

最优子结构是指局部最优解能够决定全局最优解，即问题的最优解中包含它的子问题的最优解。

付给客户的货币集合的最优解 $S_n = \{p_1, p_2, p_3, p_4, p_5, p_{11}, p_{21}, p_{22}, p_{31}, p_{41}, p_{51}\}$。第一步所简化的子问题的最优解 $S_{n-1} = \{p_2, p_3, p_4, p_5, p_{11}, p_{21}, p_{22}, p_{31}, p_{41}, p_{51}\}$，$S_{n-1} \subset S_n$，并且 $S_{n-1} \bigcup \{p_1\} = S_n$。所以，出纳员付钱问题具有最优子结构性质。

5.2 背包问题

已知有 n 件可拆卸的物品和一个背包，物品 i 的质量为 w_i，价值为 p_i，而背包的承重大小为 M，其中 $1 \leqslant i \leqslant n$。如果将物品 i 的整体看作 1，则物品 i 的一部分可看作是 $x_i (0 \leqslant x_i \leqslant 1)$。现将物品 i 的一部分 x_i 装入背包中，就会得到价值 $p_i x_i$。要求把物品装满背包，且使背包内的物品价值最大，这类问题称为背包问题。

5.2.1　背包问题贪婪法的实现

显然，只要采取某种填充办法使得装入背包里的物品的总重量不超过 M，那么这种选择方法就是可行的。我们想要在众多可行办法中找到一种使背包中物品具有最大价值的方法，所以，背包问题也是一个最优化问题。假设 x_i 是物品 i 被装入背包的部分，$0 \leqslant x_i \leqslant 1$。当 $x_i = 0$ 时，表示物体 i 没有被装入背包；当 $x_i = 1$ 时，表示物体 i 被全部装入背包。根据问题的要求，可以列出对应的约束方程为

$$\sum_{i=1}^{n} w_i x_i = M \quad 0 \leqslant x_i \leqslant 1, w_i > 0, 1 \leqslant i \leqslant n \tag{5.3}$$

对应的目标函数为

$$d = \max \sum_{i=1}^{n} p_i x_i \quad 0 \leqslant x_i \leqslant 1, p_i > 0, 1 \leqslant i \leqslant n \tag{5.4}$$

所以，这个问题归结为寻找一个满足约束方程(5.3)，并能够使目标函数(5.4)达到最大的解向量 $\boldsymbol{X} = (x_1, x_2, \cdots, x_n)$。为了使目标函数的值增加得更快，我们可以优先选择 p_i 最大的物品放入背包，直到最后一个物品放不下时，选择一个适当的 $x_i < 1$ 的物品放入，把背包装满。但是，这种方法并不一定能够达到最佳的目的。如果之前选择的物品重量很大，使得背包载重量的消耗速度太快，后续能够装入背包的物品重量快速减少，则导致继续装入背包的物品在满足了约束方程的要求以后无法达到目标函数的要求。因此，最好是选择既能够让目标函数的值增加最快又使背包载重量消耗较慢的物品放入背包，即优先选择价值重量比最大的物品放入背包。

综上考虑，定义如下的结构体：

```
typedef struct {
    float p;        /* n 个物体的价值 */
    float w;        /* n 个物体的重量 */
    float v;        /* n 个物体的价值重量比 */
} OBJECT;
OBJECT instance[n];
float x[n];         /* n 个物体装入背包的分量 */
```

所以，贪婪法求解背包问题可以用算法 5.1 描述。

算法 5.1　贪婪法求解背包问题。

输入：背包载重量 M，存放 n 个物体的价值 p、重量 w 信息的数组 instance[]。
输出：n 个物体被装入背包的分量 x[]，背包中物体的总价值。

```
1. float knapsack_greedy(float M, OBJECT instance[], float x[], int n)
2. {
3.     int i;
4.     float m, p = 0;
5.     for (i=0; i<n; i++) {          /* 计算物体的价值重量比 */
6.         instance[i].v = instance[i].p / instance[i].w;
7.         x[i] = 0;                   /* 解向量赋初值 */
8.     }
```

```
9.          merge_sort(instance, n);           /* 按关键值 v 的递减顺序排序物体 */
10.         m = M;                             /* 背包的剩余载重量 */
11.         for (i=0; i<n; i++) {
12.             if (instance[i].w<=m) {        /* 优先装入价值重量比大的物体 */
13.                 x[i] = 1;    m -= instance[i].w;
14.                 p += instance[i].p;
15.             }
16.             else {                         /* 最后一个物体的装入分量 */
17.                 x[i] = m / instance[i].w;
18.                 p += x[i] * instance[i].p;
19.                 break;
20.             }
21.         }
22.         return p;
23. }
```

5.2.2 背包问题贪婪法的分析

物品 i 的价值质量比为 p_i/w_i，在算法 5.1 中，如果不考虑将 p_i/w_i 排成非递增次序所需的时间，则算法需要的时间为 $\Theta(n)$。因此，该算法的主要时间耗费在对 p_i/w_i 的分类上，对 n 个元素耗费的时间取决于所采用的排序方法，如快速分类时间复杂度为 $\Theta(n\lg n)$。下面的定理 5.1 说明算法 5.1 的确可以得到问题的最优解。

定理 5.1 假定 $p_1/w_1 \geqslant p_2/w_2 \geqslant \cdots \geqslant p_n/w_n$，则算法 5.1 可以求得背包问题的一个最优解。

证明 设解向量 $\boldsymbol{X}=(x_1, x_2, \cdots, x_n)$，下面分两种情况讨论。

(1) 若在解向量 $\boldsymbol{X}$ 中，$x_i=1(i=1\sim n)$，物品已全部装入，则 $\boldsymbol{X}$ 就是最优解；

(2) 若在解向量 $\boldsymbol{X}$ 中存在 $j(1\leqslant j<n)$ 使得 $x_1=x_2=\cdots=x_{j-1}=1(0\leqslant x_j<1)$，$x_{j+1}=\cdots=x_n=0$，则根据算法的实现，有

$$\sum_{i=1}^{n}w_ix_i=M_1=M \tag{5.5}$$

假定算法的最优解 $\boldsymbol{Y}=(y_1, y_2, \cdots, y_n)$，并且满足

$$\sum_{i=1}^{n}w_iy_i=M_2=M \tag{5.6}$$

若 $\boldsymbol{X}\neq\boldsymbol{Y}$，则必存在 $k(1\leqslant k<n)$，对 $1\leqslant i<k$，有 $x_i=y_i$；对 k，有 $x_k\neq y_k$。这时有如下两种情况：

① 若 $x_k<y_k$，则因为 $y_k\leqslant1$，所以必有 $x_k<1$。根据算法的执行，有 $x_{k+1}=\cdots=x_n=0$。所以，$M_1<M_2$，与式(5.5)、(5.6)矛盾。因此，只有 $\boldsymbol{X}=\boldsymbol{Y}$。

② 若 $x_k>y_k$，则有

$$M=\sum_{i=1}^{n}w_ix_i \geqslant \sum_{i=1}^{k}w_ix_i > \sum_{i=1}^{k}w_iy_i$$

所以，$y_{k+1}, \cdots, y_n$ 不会全为 0。

令 $y_k + \Delta y_k = x_k$，并使 $y_{k+1}, \cdots, y_n$ 都相应减少，则得到新的解 $\boldsymbol{Z} = (z_1, z_2, \cdots, z_n)$。当 $1 \leqslant i < k$ 时，$z_i = y_i = x_i$；当 $i = k$ 时，$y_k < z_k = x_k$；当 $k < i \leqslant n$ 时，$z_i < y_i$，并且满足

$$(z_k - y_k)w_k - \sum_{i=k+1}^{n}(y_i - z_i)w_i = 0$$

令

$$\delta = \frac{p_k}{w_k}(z_k - y_k)w_k - \frac{p_{k+1}}{w_{k+1}}(y_{k+1} - z_{k+1})w_{k+1} - \cdots - \frac{p_n}{w_n}(y_n - z_n)w_n$$

$$\geqslant \frac{p_k}{w_k}((z_k - y_k)w_k - (y_{k+1} - z_{k+1})w_{k+1} - \cdots - (y_n - z_n)w_n)$$

$$= 0$$

若 $\delta > 0$，则 $\boldsymbol{Z}$ 是一个新的最优解；若 $\delta = 0$，则 $\boldsymbol{Z}$ 与 $\boldsymbol{Y}$ 同为最优解。在这两种情况下，都用 $\boldsymbol{Z}$ 取代 $\boldsymbol{Y}$，并且对所有的 $1 \leqslant i \leqslant k$，都有 $z_i = x_i$；而对 $k+1 \leqslant i \leqslant n$，有 $z_i \neq x_i$。

对向量 $\boldsymbol{Z}$ 重复上述①②步骤，最终必有：对所有的 $1 \leqslant i \leqslant n$，都有 $z_i = x_i$。因此，$\boldsymbol{X}$ 是最优解。

5.3 最小生成树问题

在实际生活中，赋权图的最小生成树问题有着广泛的应用。我们设无向连通带权图 $G = \langle V, E, W \rangle$，$w(e) \in W$ 是边 e 的权。用该赋权图的顶点代表城市，顶点与顶点之间的边代表城市之间的道路或者通信线路，用边的权代表道路的长度或通信的费用，那么 G 的最小生成树问题就是能使这些城市之间的道路最短或费用最少的问题。

5.3.1 最小生成树引言

定义 5.1 设图 $G = \langle V, E \rangle$，图 $G' = \langle V', E' \rangle$。若 $G' \subseteq G$ 且 $V' = V$，则称 G' 是 G 的生成子图。

例如，图 5.1(a)是一个无向完全图，图 5.1(b)、(c)、(d)、(e)是图(a)的生成子图。

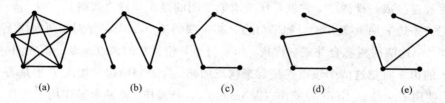

(a)　　　　(b)　　　　(c)　　　　(d)　　　　(e)

图 5.1　无向完全图和它的生成子图

定义 5.2 若无向图 G 的生成子图 T 是树，则称 T 是 G 的生成树或支撑树。生成树 T 中的边称为树枝。

例如，图 5.1(b)不是图 5.1(a)的生成树，而图 5.1(c)、(d)、(e)都是图 5.1(a)的生成树。

若连通图 $G = (V, E)$，T 是 G 的生成树，则生成树 T 有如下性质：

性质 1　T 是不含简单回路的连通图。

性质 2　T 中的每一对顶点 u 和 v，恰好有一条从 u 到 v 的基本通路。

性质 3　若 $|V| = n$，$|E| = m$，则 $m = n - 1$。

性质 4　在 T 中的任何两个不相邻接的顶点之间增加一条边，则可得到 T 中唯一的一条基本回路。

定义 5.3　若图 $G = \langle V, E, W \rangle$ 是赋权图，则 T 是 G 的生成树。T 的每个树枝上的权之和称为 T 的权。G 中权最小的生成树称为 G 的最小花费生成树或最小生成树。

定义 5.3 假定图都是连通的。如果图不连通，可以把算法应用于图的每一个连通分支。

5.3.2　克鲁斯卡尔算法

1. 克鲁斯卡尔算法的思想方法

克鲁斯卡尔算法俗称避环法，该算法基于一条非常简单的贪心原则：将所有边按权值从小到大排列，依次选择权值最小的边加入当前的局部最小生成树中。由于克鲁斯卡尔算法基于边权的大小来决定边的加入，因此当前已经选中的边形成的子图不一定连通。严格来说，该算法逐步得到的是图 G 的一个局部最小生成森林。在加边过程中，克鲁斯卡尔算法始终保持所选择的边不成环，直至最小生成森林中的所有连通片全部连通，形成整个图 G 的最小生成树。

克鲁斯卡尔算法的详细思想方法描述如下：

(1) 所有顶点都作为孤立顶点，每个顶点构成一棵只有根结点的树，这些树构成森林 T。

(2) 所有边按权的非降序排序，构成边集的一个非降序列。

(3) 从边集中取出权最小的边，如果把这条边加入森林 T 中不会使 T 构成回路，就把它加入森林中（或者把森林中某两棵树连接成一棵树）；否则，就放弃它。在这两种情况下，都把最小的边从边集中删去。

(4) 重复这个过程，直到把 $n - 1$ 条边都放到森林以后，结束这个过程，这时森林中所有的树就被连接成一棵树 T，它就是所要求取的图的最小花费生成树。

在把一条边 e 加入 T 中时，如果与边 e 相关联的顶点 u 和 v 分别在两棵树上，则随着边 e 的加入，这两棵树将合并成一棵树；如果与边 e 相关联的顶点 u 和 v 都在同一棵树上，则新加入的边 e 将把这两个顶点连接起来构成回路。为了判断边 e 加入 T 中是否会构成回路，我们使用 find(u)、find(v) 操作以及 union(u, v) 操作。前两个操作用于寻找 u 和 v 在树上的根结点，如果 find(u)、find(v) 操作表明 u 和 v 的根结点不相同，则继续执行 union(u, v) 操作，把边 e 加入 T 中，并使 u 和 v 所在的两棵树合并成一棵树；如果 find(u)、find(v) 操作表明 u 和 v 的根结点相同，则 u 和 v 的根结点在同一棵树上，这时选择不执行 union(u, v) 操作，并丢弃边 e。

因此，对于无向连通赋权图 $G = \langle V, E, W \rangle$，它的最小花费生成树的克鲁斯卡尔算法可描述如下：

(1) 按权的非降序排序 E 中的边。

(2) 令最小花费生成树的边集为 T，T 初始化为 $T = \varphi$。

(3) 把每个顶点都初始化为树的根结点。

(4) 令 $e = (u, v)$ 是 E 中权最小的边，则有 $E = E - \{e\}$。

(5) 如果 $\text{find}(u) \neq \text{find}(v)$，则执行 $\text{union}(u, v)$ 操作，$T = T \bigcup \{e\}$。

(6) 如果 $|T| < n - 1$，则转(4)；否则，算法结束。

【例 5.2】 图 5.2 为克鲁斯卡尔算法的执行过程。图 5.2(a)表示一个无向赋权图；第 1、2 两步分别把权为 1 和 2 的边加入 T 中，如图 5.2(b)、(c)所示；第 3 步中，权为 3 的边与 T 中的边构成回路，被丢弃；第 4、5 步把权为 4 和 5 的边加入 T 中，如图 5.2(d)、(e) 所示；第 6～8 步中，权为 6～8 的边与 T 中的边构成回路，被丢弃；第 9 步把权为 9 的边加入 T 中，如图 5.2(f)所示。至此，已有 5 条边被加入 T 中，而顶点个数是 6 个，所以至此算法结束。

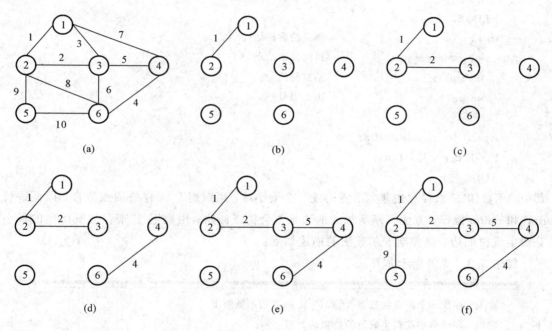

图 5.2 克鲁斯卡尔算法的执行过程

2. 克鲁斯卡尔算法的实现

首先给出算法的伪码。

算法 5.2 Kruskal。

输入：连通图 $G = \langle V, E, W \rangle$。

输出：G 的最小生成树。

1. 按照权从小到大顺序排序 G 中的边，使得 $E = \{e_1, e_2, \cdots, e_m\}$

2. $T \leftarrow \varnothing$

3. Repeat

4. e←E 中的最短边

5. if e 的两端点不在同一个连通分支

6. thenT←T∪{e}   //把 e 加入树中，合并连通分支

7. E←E−{e}

8. Until T 包含了 n−1 条边

其中，第一步对边进行排序时不考虑环，如果两个顶点之间有平行边，那么取其中最短的一条。

为简单起见，将顶点用数字编号，定义下面的数据结构：

```
typedef struct {              /* 边的数据结构 */
    float key;                /* 边的权 */
    int u;                    /* 与边关联的顶点编号 */
    int v;                    /* 与边关联的顶点编号 */
} EDGE;
struct node {                 /* 顶点的数据结构 */
    struct node * p;          /* 指向父亲结点 */
    int rank;                 /* 结点的秩 */
    int u;                    /* 顶点编号 */
};
typedef struct node NODE;
EDGE E[m+1], T[n];
NODE V[n];
```

其中，用数组 E 来存放边集，以便构成一个最小堆；用数组 V 来存放顶点集合，以便进行 find 和 union 操作，方便判断所加入的边是否会构成回路；用数组 T 来存放所产生的最小花费生成树的边。克鲁斯卡尔算法的描述如下：

算法 5.3 克鲁斯卡尔算法。

输入：存放 n 个顶点的数组 V[]，存放 m 条边的数组 E[]。

输出：存放最小花费生成树的边集的数组 T[]。

```
1. void kruskal(NODE V[], EDGE E[], EDGE T[], int n, int m)
2. {
3.     int i, j, k;
4.     EDGE e;
5.     NODE * u, * v;
6.     make_heap(E, m);              /* 用边集构成最小堆 O(mlbm) */
7.     for (i=0; i<n; i++) {         /* 每个顶点都作为树的根结点，构成森林 */
8.         V[i].rank = 0;    V[i].p = NULL;
9.     }                             /* Θ(n) */
```

```
10.        i = j = 0;
11.        while ((i<n-1)&&(m>0)) {
12.            e = delete_min(E, &m);        /* 从最小堆中取下权最小的边 */
13.            u = find(&V[e.u]);            /* 检索与边邻接的顶点所在树的根结点 */
14.            v = find(&V[e.v]);
15.            if (u! =v) {                  /* 两个根结点不在同一棵树上 */
16.                union(u, v);              /* 连接它们 */
17.                T[j++] = e;               /* 把边加入最小花费生成树 */
18.                i++;
19.            }
20.        }
21. }
```

第 6 行把数组 E 按边的权构成一个最小堆。第 7～8 行把每个顶点都作为树的根结点，构成森林。第 11～20 行执行一个循环，从最小堆中取下权最小的边 e，并使边数 m 减 1；用 find 操作取得与边邻接的两个顶点所在树的根结点，如果这两个根结点不是同一棵树的根结点，就用 union 操作把这两棵树合并成一棵树，并把边 e 加入最小花费生成树 T 中。这个循环一直执行，直到产生 $n-1$ 条边的最小花费生成树或者 m 条边已全部处理完毕。

算法 5.4 集合 find 的操作。

输入：指向结点 x 的指针 xp。

输出：指向结点 x 所在集合的根结点的指针 yp。

```
1. NODE * find(NODE  * xp)
2. {
3.      NODE * wp, * yp=xp, * zp=xp;
4.      while (yp->p! =NULL)              /* 寻找 xp 所在集合的根结点 */
5.          yp=yp->p;
6.      while (zp->p! =NULL)              /* 路径压缩 */
7.      {
8.          wp=zp->p;
9.          zp->p=yp;
10.         zp=wp;
11.     }
12.     Return yp ;
13. }
```

算法 5.5 集合 union 的操作。

输入：指向结点 x 和结点 y 的指针 xp 和 yp。

输出：结点 x 和结点 y 所在集合的并集，指向该并集根结点的指针。

```
1. NODE * union(NODE   * xp, NODE * yp)
```

```
2. {
3.        NODE   * up, * vp;
4.        up=find(xp);
5.        vp=find(yp);
6.        if(up->rank<=vp->rank) {
7.          up->=vp;
8.          if(up->rank==vp->rank)
9.            vp->rank++;
10.         up=vp;
11.       }
12.       else
13.         vp->=up;
14.       return up;
15. }
```

3. 克鲁斯卡尔算法的分析

算法 5.3 的第 6 行用 m 条边构成最小堆,需花费 $O(m\,\mathrm{lb}m)$ 的时间。第 7～8 行初始化 n 个根结点,需要 $\Theta(n)$ 时间。第 11～20 行的循环最多执行 $n-1$ 次,在循环体中,第 12 行从最小堆中删去权最小的边,每一次执行需花费 $O(\mathrm{lb}m)$ 的时间,共花费 $O(n\,\mathrm{lb}m)$ 的时间;循环体中的 find 操作至多执行 $2m$ 次,总花费至多为 $O(m\,\mathrm{lb}n)$ 的时间。因此,算法的运行时间由第 6 行决定,所花费的时间为 $O(m\,\mathrm{lb}m)$。 如果所处理的图是一个完全图,那么将有 $m = n(n-1)/2$,这时用顶点个数来衡量,所花费的时间为 $O(n^2\mathrm{lb}n)$;如果所处理的图是一个平面图,那么将有 $m = O(n)$,这时所花费的时间为 $O(n\,\mathrm{lb}n)$。此外,算法用来存放最小花费生成树的边集所需要的空间为 $\Theta(n)$,其余需要的工作单元为 $\Theta(1)$。

下面的定理可证明算法的正确性。

定理 5.2   克鲁斯卡尔算法正确地得到了无向赋权图的最小花费生成树。

证明 G 是无向连通图,T^* 是 G 的最小花费生成树边集,T 是由克鲁斯卡尔算法所产生的生成树边集,则 G 中的顶点既是 T^* 中的顶点,也是 T 中的顶点。若 G 的顶点数为 n,则 $|T^*|=|T|=n-1$。下面用归纳法证明 $T=T^*$。

(1)设 e_1 是 G 中权最小的边,根据克鲁斯卡尔算法,有 $e_1\in T$。若 $e_1\notin T^*$,因为 T^* 是 G 的最小花费生成树,所以和 e_1 关联的顶点必是 T^* 中的两个不相邻接的顶点,把 e_1 加入 T^*,将使 T^* 构成唯一的一条回路。假定回路是 $e_1, e_{a1}, \cdots, e_{ak}$,且 e_1 是这条回路中权最小的边。令 $T^{**} = T \cup \{e_1\} - \{e_{ai}\}$,$e_{ai}$ 是回路 $e_1, e_{a1}, \cdots, e_{ak}$ 中除 e_1 外的任意一条边。边集 T^{**} 仍然是 G 的生成树,且 T^{**} 的权小于或等于 T^* 的权。若 T^{**} 的权小于 T^* 的权,则与 T^* 是 G 的最小花费生成树的边集矛盾,所以 $e_1\in T^*$;若 T^{**} 的权等于 T^* 的权,则 T^{**} 也是 G 的最小花费生成树的边集,且 $e_1\in T^{**}$。可用新的 T^* 来标记 T^{**}。在这两种情况下,都有 $e_1\in T^*$。

(2)若 e_2 是 G 中权第二小的边,同理可证 $e_2\in T$,且 $e_2\in T^*$。

（3）设 $e_1,\cdots,e_k$ 是 T 中前面 k 条权最小的边，且它们也属于 T^*，令 e_{k+1} 是 T 中第 $k+1$ 条权最小的边，$e_{k+1}\in T$，但 $e_{k+1}\notin T^*$。和 e_{k+1} 关联的顶点也是 T^* 中的两个不相邻接的顶点。把 e_{k+1} 加入 T^*，将使 T^* 构成唯一的一条回路。假定回路 $e_{k+1},e_{a1},\cdots,e_{am}$ 在 $e_{a1},\cdots,e_{am}$ 中，则必有一条边 $e_{ai}\in T^*$，但 $e_{ai}\notin T$，否则，据性质 4 T 将存在回路。$e_1,\cdots,e_{k+1}$ 是 G 中前面 $k+1$ 条权最小的边，并且 $e_1,\cdots,e_k$ 都属于 T，所以 e_{ai} 的权大于或等于 e_{k+1} 的权。令 $T^{**}=T^*\cup\{e_{k+1}\}-\{e_{ai}\}$，则 T^{**} 仍然是 G 的生成树，且 T^{**} 的权小于等于 T^* 的权。同理，必有 $e_{k+1}\in T^*$。

（4）设 $e_1,\cdots,e_k$ 是 G 中前面 k 条权最小的边，且它们都属于 T，也属于 T^*，令 e_{k+1} 是 G 中第 $k+1$ 条权最小的边，且 $e_{k+1}\notin T$，但 $e_{k+1}\in T^*$。因为 $e_1,\cdots,e_k$ 都属于 T，而 $e_{k+1}\notin T$，所以根据克鲁斯卡尔算法，必有 $e_1,\cdots,e_k,e_{k+1}$ 构成回路。因为 $e_1,\cdots,e_k$ 也属于 T^*，若 $e_{k+1}\in T^*$，将使 T^* 存在回路。因此只有 $e_{k+1}\notin T^*$。

综上所述，有 $T=T^*$。所以，克鲁斯卡尔算法正确地得到了无向赋权图的最小花费生成树。

5.3.3　普里姆算法

1. 普里姆算法的思想方法

普里姆（prim）算法也是采用贪婪策略进行设计的一种算法，但它和克鲁斯卡尔算法完全不同，有点类似于求最短路径的狄斯奎诺算法。此处也假定图 G 是连通的。

令 $G=\langle V,E,W\rangle$，顶点集为 $V=\{0,1,\cdots,n-1\}$。假定与顶点 i、j 相关联的边为 $e_{i,j}$，$e_{i,j}$ 的权用 $c[i][j]$ 表示，T 是最小花费生成树的边集。普里姆算法维护两个顶点集合 S 和 N，开始时令 $T=\varphi,S=\{0\},N=V-S$。然后，进行贪婪选择，选取 $i\in S$，$j\in N$，并且 $c[i][j]$ 最小的 i 和 j，并使 $S=S\cup\{j\},N=N-\{j\},T=T\cup\{e_{i,j}\}$。重复上述步骤，直到 N 为空或找到 $n-1$ 条边为止。于是 T 中的边集就是所要求取的 G 中的最小花费生成树。

普里姆算法的步骤可描述如下：
（1）$T=\varphi,S=\{0\},N=V-S$。
（2）如果 N 为空，算法结束；否则，转（3）。
（3）寻找使 $i\in S$，$j\in N$，并且 $c[i][j]$ 最小的 i 和 j。
（4）$S=S\cup\{j\},N=N-\{j\},T=T\cup\{e_{i,j}\}$，转（2）。

【**例 5.3**】 图 5.3 表示普里姆算法的工作原理。其中虚线一侧表示顶点集合 S，另一侧表示顶点集合 N，细线表示与顶点关联的边，粗线表示所产生的最小花费生成树。开始时，如图 5.3(a)所示，$S=\{1\},N=\{2,3,4,5,6\}$。在集合 N 中，有 3 个顶点 2～4 与集合 S 邻接，边 $e_{1,2}$ 的权最小；在图 5.3(b)中，把顶点 2 并入集合 S，把边 $e_{1,2}$ 并入 T，此时，顶点 3～6 都与集合 S 邻接，而边 $e_{2,3}$ 的权最小；在图 5.3(c)中，把顶点 3 并入集合 S，把边 $e_{2,3}$ 并入 T，此时，顶点 4，5，6 与集合 S 邻接，而边 $e_{3,4}$ 的权最小；在图 5.3(d)中，把顶点 4 并入集合 S 中，把边 $e_{3,4}$ 并入 T，此时剩下顶点 5、6 与集合 S 邻接，而边 $e_{4,6}$ 的权最小；在图 5.3(e)中，把顶点 6 并入集合 S，把边 $e_{4,6}$ 并入 T，此时剩下最后一个顶点 5 与集合 S 邻接，而边 $e_{2,5}$ 的权最小；在图 5.3(f)中，把顶点 5 并入集合 S，把边 $e_{2,5}$ 并入 T，最后所产生的最小花费生成树如图 5.3(f)中的粗线所示。

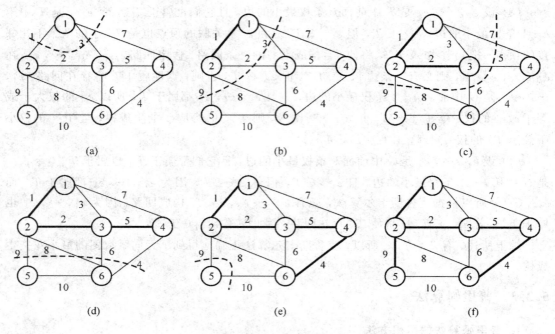

图 5.3　普里姆算法的工作过程

2. 普里姆算法的实现

在有向赋权图 $G = \langle V, E \rangle$ 中，顶点用数字编号，令顶点集合为 $V = \{0, 1, \cdots, n-1\}$；用邻接矩阵 $c[i][j]$ 来表示图 $G = \langle V, E \rangle$ 中顶点 i 和 j 之间的邻接关系及边 $e_{i,j}$ 的权；如果 i 和 j 之间不相邻接，则把 $c[i][j]$ 置为 MAX_FLOAT_NUM；用布尔数组 s 来表示 S 中的顶点，$s[i]$ 为真，表示顶点 i 在 S 中，否则不在 S 中。若边 $e_{i,j}$ 存在，且 $i \in S$，$j \in N$，则 j 称为边界点。边界点是由集合 N 转移到集合 S 的候选者。若 j 是边界点，则 S 中至少有一个顶点 i 和 j 相邻接。把 S 中与 j 相邻接、且权 $c[i][j]$ 最小的顶点 i，称为顶点 j 的近邻，用数组 $neig[j]$ 来存放顶点 j 的近邻。我们可得到如下的数据结构：

```
float    c[n][n];        /* 图的邻接矩阵 */
BOOL     s[n];           /* 集合 S */
EDGE     T[n];           /* 最小花费生成树的边集 */
int      neig[n];        /* 顶点 j 的近邻 */
float    w[n];           /* 顶点 j 与近邻相关联的边的权 */
```

普里姆算法的描述如下：

算法 5.6　prim 算法。

输入：无向连通赋权图的邻接矩阵 c[][]，顶点个数 n。

输出：图的最小花费生成树 T[]，T 中边的数目 k。

1. #define MAX_FLOAT_NUM ∞
2. void prim(float c[][], int n, EDGE T[], int &k)
3. {
4. 　　int i, j, k, u;

```
5.      BOOL * s = new BOOL[n];
6.      int * neig = new int[n];
7.      float min , * w = new float[n];
8.      s[0] = TRUE;                        /* S = {0} */
9.      for (i=1; i<n; i++) {               /* 初始化集合 N 中各顶点的初始状态 */
10.         w[i] = c[0][i];                 /* 顶点 i 与近邻的关联边的权 */
11.         neig[i] = 0;                    /* 顶点 i 的近邻 */
12.         s[i] = FALSE;                   /* N = {1, 2, …, n-1} */
13.     }
14.     k = 0;                              /* 最小生成树的边集 T 为空 */
15.     for (i=1; i<n; i++) {
16.         u = 0;
17.         min = MAX_FLOAT_NUM;
18.         for (j=1; j<n; j++)             /* 在 N 中检索与 S 最接近的顶点 u */
19.             if (!s[j] && w[j]<min) {
20.                 u = j;    min = w[j];
21.             }
22.         if (u==0) break;                /* 图非连通, 退出循环 */
23.         T[k].u = neig[u];               /* 登记最小生成树的边 */
24.         T[k].v = u;
25.         T[k++].key = w[u];
26.         s[u] = TRUE;                    /* S = SU{u} */
27.         for (j=1; j<n; j++) {           /* 更新 N 中顶点的近邻信息 */
28.             if (!s[j] && c[u][j]<w[j]) {
29.                 w[j] = c[u][j];
30.                 neig[j] = u;
31.             }
32.         }
33.     }
34.     delete s;    delete w;    delete neig;
35. }
```

　　该算法针对顶点集合 $V=\{0, 1, …, n-1\}$ 进行处理, 用布尔数组 S 来表示顶点集合, 而数组的相应元素表示对应编号的顶点, 若数组元素为真, 则表示对应顶点在集合 S 中; 否则对应顶点在集合 N 中。算法 5.4 的第 8～14 行是初始化部分: 其中第 8 行设置集合 S 的初始元素 $S=\{0\}$; 第 9～13 行设置 N 中所有顶点的近邻信息, 初始化近邻信息表把集合 N 中所有顶点 i 的近邻都置为顶点 0, 与近邻相关联的边的权都置为 $c[0][i]$, 在以后的处理中, 只要检索近邻的信息, 就可以找到使 $i \in S, j \in N$, 并且 $c[i][j]$ 最小的 i 和 j; 第 14 行设置最小花费生成树边集的初始存放位置。

　　第 15～33 行是算法的核心部分, 这是一个循环, 循环体共执行 $n-1$ 次, 每一次产生一条最小花费生成树的边, 并把集合 N 中的一个顶点并入集合 S。第 16～17 行为在 N 中检索与 S 最接近的顶点做准备。第 18～21 行进行检索, 这时只要检索近邻信息表, 从集合

N 中找出使权 $w[j]$ 最小的 j 即可。第 22 行进一步判断是否找到这样的 j，如果找不到，则集合 N 中所有的 $w[j]$ 的值都为 MAX_FLOAT_NUM，说明 N 中的所有顶点与 S 中的顶点不连通，于是算法结束；如果找到，它与它的近邻所关联的边就是最小花费生成树中的一条边，第 23～25 行把这条边的信息登记在最小花费生成树的边集 T 中。第 26 行把该顶点并入集合 S。第 27～32 行更新 N 中顶点的近邻信息，转到循环的开始部分，继续下一轮的循环。

3. 普里姆算法的分析

普里姆算法的时间复杂性估算如下：第 8～14 行初始化近邻信息表和顶点集，花费 $\Theta(n)$ 时间；第 15～33 行的循环体共执行 $n-1$ 次，第 16、17 行及 22～26 行，每一轮循环花费 $\Theta(1)$ 时间，共执行 $n-1$ 次，总花费 $\Theta(n)$ 时间；第 18～20 行，在 N 中检索与 S 最接近的顶点，用一个内部循环来完成，循环体需执行 $n-1$ 次，因此，共花费 $\Theta(n^2)$ 时间；第 27～32 行更新近邻信息表，也用一个内部循环来完成，循环体需执行 $n-1$ 次，因此，共花费 $\Theta(n^2)$ 时间；由此得出该算法的时间复杂度为 $\Theta(n^2)$。同时，从算法中可以看到，用于工作单元的空间为 $\Theta(n)$。

以下定理证明了该算法的正确性。

定理 5.3 在无向赋权图中寻找最小花费生成树的普里姆算法是正确的。

证明 普里姆算法所产生的最小花费生成树的边集是 T，无向赋权图 G 的最小花费生成树的边集是 T^*，用归纳法证明 $T=T^*$。

(1) 开始时 $T=\varphi$，上述论点为真。

(2) 把边 $e=(i,j)$ 加入 T 之前，论点为真，令 $\bar{G}=(S,T)$ 是 G 的最小花费生成树的子树。按照算法选择 $e=(i,j)$ 加入 T 时，$i\in S$，$j\in N$，且 $c[i][j]$ 最小。令 $S'=S\cup\{j\}$，$T'=T\cup\{e\}$，$G'=(S',T')$，此时有

① G' 是树。因为 e 只和 S 中的一个顶点关联，加入 e 后不会使 G' 构成回路，且 G' 仍然连通。

② G' 是 G 的最小花费生成树的子树。因为，如果 $e\in T^*$，这个结论成立；如果 $e\notin T^*$，那么与 e 关联的顶点必是 T^* 中两个不相邻接的顶点。根据性质 4，$T^*\cup\{e\}$ 将包含回路。e 是回路的一条边，且 $e=(i,j)(i\in S,j\in N)$，则回路中必存在另一条边 $e'=(x,y)(x\in S,y\in N)$。按算法的选择，e 的权小于或等于 e' 的权。令 $T^{**}=T^*\cup\{e\}-\{e'\}$，则 T^{**} 的权小于或等于 T^* 的权。若 T^{**} 的权小于 T^* 的权，与 T^* 是最小花费生成树的边集相矛盾，所以 $e\in T^*$；若 T^{**} 的权等于 T^* 的权，这时用新的 T^* 来标记 T^{**}。在这两种情况下，都有 $e\in T^*$。

综上所述，$T=T^*$，普里姆算法所产生的生成树是 G 的最小花费生成树。

5.4 最短路径问题

我们这里讨论的主要是单源最短路径问题，给定有向赋权图 $G=\langle V,E\rangle$，图中每一条边都具有非负长度，其中有一个顶点 u 称为源顶点，单源最短路径问题就是确定由源顶点 u 到其他所有顶点的距离。我们将顶点 u 到顶点 x 的距离定义为由 u 到 x 的最短路径的长度。这类问题可以由狄斯奎诺(Dijkstra)算法来实现，它基于贪婪法。

5.4.1　解最短路径的狄斯奎诺算法

假定 (u,v) 是 E 中的边，$c_{u,v}$ 是边的长度。将 V 划分为两个集合 S 和 T：S 中包含的顶点到 u 的距离已经确定，T 中包含的顶点到 u 的距离尚未确定。如果令 $p(x)$ 是从顶点 u 到顶点 x 的最短路径中 x 的前一顶点，那么狄斯奎诺算法的步骤描述如下：

（1）置 $S=\{u\}$，$T=V-\{u\}$。

（2）$\forall x\in T$，若 $(u,x)\in E$，则 $d_{u,x}=c_{u,x}$，$p(x)=u$；否则，$d_{u,x}=\infty$，$p(x)=-1$。

（3）寻找 $t\in T$，使得 $d_{u,t}=\min\{d_{u,x}|x\in T\}$，则 $d_{u,t}$ 就是 t 到 u 的距离。

（4）$S=S\cup\{t\}$，$T=T-\{t\}$。

（5）若 $T=\varphi$，算法结束；否则转（6）。

（6）对与 t 相邻接的所有顶点 x，如果 $d_{u,x}\leqslant d_{u,t}+c_{t,x}$，则直接转（3）；否则令 $d_{u,x}=d_{u,t}+c_{t,x}$，$p(x)=t$，转（3）。

【例 5.4】　在图 5.4 的有向赋权图中，求顶点 a 到其他所有顶点的距离。如果用邻接表来存放顶点之间的距离，则邻接表如图 5.5 所示。

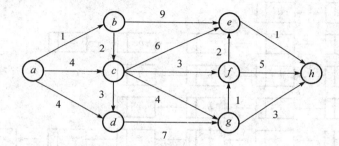

图 5.4　顶点 a 到其他所有顶点的最短距离的有向赋权图

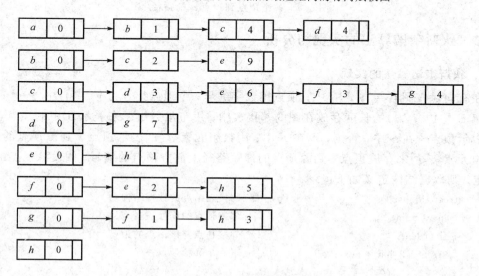

图 5.5　图 5.4 中表示的赋权图的邻接表

表 5.1 表示对上面的有向赋权图执行狄斯奎诺算法时，每一轮循环的执行过程。从顶点 a 到其他所有顶点的路径如图 5.6 所示。

表 5.1　狄斯奎诺算法的执行过程

	S	$d_{a,b}$	$d_{a,c}$	$d_{a,d}$	$d_{a,e}$	$d_{a,f}$	$d_{a,g}$	$d_{a,h}$	$d_{a,t}$	t
1	a	1	4	4	∞	∞	∞	∞	1	b
2	a,b		3	4	10	∞	∞	∞	3	c
3	a,b,c			4	9	6	7	∞	4	d
4	a,b,c,d				9	6	7	∞	6	f
5	a,b,c,d,f				8		7	11	7	g
6	a,b,c,d,f,g				8			10	8	e
7	a,b,c,d,f,g,e							9	9	h
8	a,b,c,d,f,g,e,h									

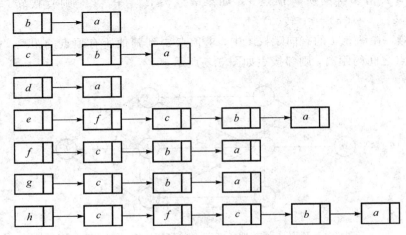

图 5.6　各个顶点到顶点 a 的路径

5.4.2　狄斯奎诺算法的实现与分析

1. 狄斯奎诺算法的实现

在有向赋权图 $G=\langle V,E\rangle$ 中，顶点用数字编号，令顶点集合为 $V=\{0,1,\cdots,n-1\}$；把边集 E 中边 (i,j) 的长度存放在图的邻接表中；用布尔数组 s 来表示 S 中的顶点，$s[i]$ 为真表示顶点 i 在 S 中，否则，不在 S 中；用数组元素 $d[i]$ 表示顶点 i 到源顶点的距离；用数组元素 $p[i]$ 来存放顶点 i 到源顶点的最短路径上前方顶点的编号；假设源顶点由变量 u 给定。则数据结构定义如下：

```
struct adj_list {              /* 邻接表结点的数据结构 */
    int v_num;                 /* 邻接顶点的编号 */
    float len;                 /* 邻接顶点与该顶点的距离 */
    struct adj_list * next;    /* 下一个邻接顶点 */
};
typedef struct adj_list NODE;
NODE node[n];                  /* 邻接表头结点 */
float   d[n];                  /* 顶点 i 到源顶点的距离 */
```

```
    intp[n];                          /* 顶点 i 到源顶点的最短路径上前方顶点的编号 */
    BOOL  s[n];                       /* s[i] 为真表示顶点 i 在 S 中，否则不在 S 中 */
```

狄斯奎诺算法的描述如下：

算法 5.7　狄斯奎诺算法。

输入：顶点个数 n，有向图的邻接表头结点 node[]，源顶点 u。
输出：其他顶点与源顶点 u 的距离 d[]，到源顶点的最短路径上的前方顶点编号 p[]。

```
1.  # define MAX_FLOT_NUM ∞                    /* 最大的浮点数 */
2.  void dijkstra(NODE node[], int n, int u, float d[], int p[])
3.  {
4.      float temp;
5.      int i, j, t;
6.      BOOL * s = new BOOL[n];
7.      NODE * pnode;
8.      for (i=0; i<n; i++) {                   /* 初始化 */
9.          d[i] = MAX_FLOAT_NUM;    s[i] = FALSE;    p[i] = -1;
10.     }
11.     if (!(pnode = node[u].next))            /* 源顶点与其他顶点不相邻接 */
12.         return;
13.     while (pnode) {                         /* 预置与源顶点相邻接的顶点距离 */
14.         d[pnode->v_num] = pnode->len;
15.         p[pnode->v_num] = u;
16.         pnode = pnode->next;
17.     }
18.     d[u] = 0;    s[u] = TRUE;               /* 开始时，集合 S 仅包含顶点 u */
19.     for (i=1; i<n; i++) {
20.         temp = MAX_FLOAT_NUM;    t = u;
21.         for (j=0; j<n; j++)                 /* 在 T 中寻找距离 u 最近的顶点 t */
22.             if (! s[j] && d[j]<temp) {
23.                 t = j;    temp = d[j];
24.             }
25.         if (t==u) berak;                    /* 找不到，跳出循环 */
26.         s[t] = TRUE;                        /* 否则，把 t 并入集合 s */
27.         pnode = node[t].next;               /* 更新与 t 相邻接的顶点到 u 的距离 */
28.         while (pnode) {
29.             if (!s[pnode->v_num] && d[pnode->v_num]>d[t]+pnode->len) {
30.                 d[pnode->v_num] = d[t] + pnode->len;
31.                 p[pnode->v_num] = t;
32.             }
33.             pnode = pnode->next;
34.         }
35.     }
36.     delete s;
37. }
```

开始时，有向图邻接表的头结点存放在数组 node[] 中，因此，与顶点 i 相关联的所有边的长度以及与顶点 i 相邻接的所有顶点编号，都存放在 node[i] 所指向的链表中。算法分为两个阶段进行：初始化阶段和选择具有最短距离的顶点阶段。在初始化阶段，算法的第 8～10 行把源顶点到其他顶点的距离都置为无限大，把集合 S 置为空，把所有顶点到源顶点最短路径上的前方顶点的编号都置为 −1；第 11～12 行判断源顶点是否有邻接顶点，如果没有，表明源顶点到其他顶点均不可达，此时算法结束；否则，第 13～17 行预置源顶点到邻接顶点的距离，此时只有这些邻接顶点 x，它们到源顶点的距离 $d[x]$ 被赋值，而其他顶点到源顶点的距离都还是无限大；第 18 行把源顶点 u 并入集合 S，结束初始化阶段。

在选择具有最短距离的顶点阶段，因为有 n 个顶点，所以算法执行一个具有 $n-1$ 轮的循环。第 20～24 行在 T 中寻找距离 u 最近的顶点 t，如果找不到，则顶点 u 到 T 中的顶点不可达，算法结束，否则，它就是要找的顶点，把它并入 S。第 27～34 行更新与 t 相邻接的顶点到 u 的距离，然后进入新的一轮循环。最后，或者 $n-1$ 个顶点均处理完毕，或者有若干个顶点不可达。

2. 狄斯奎诺算法的分析

狄斯奎诺算法的时间复杂性分析如下：第 8～10 行花费 $\Theta(n)$ 时间；第 13～17 行花费 $\Theta(n)$ 时间；第 19～35 行是一个二重循环，外部循环的循环体最多执行 $n-1$ 轮，第 21～24 行的内循环中，在 T 中寻找距离 u 最近的顶点 t，最多花费 $O(n)$ 时间，这两个内循环最多需要执行 $n-1$ 轮，因此第 19～35 行需花费 $O(n^2)$ 时间。所以，算法的时间复杂性为 $O(n^2)$。此外，狄斯奎诺算法需要 $\Theta(n)$ 的工作空间。

定理 5.4 设 $G=\langle V,E\rangle$ 是有向赋权图，$S\subseteq V$，$u\subseteq S$，$T=V-S$，若 $t\in T$，$d_{u,t}=\min\{d_{u,x}|x\in T\}$，则 $d_{u,t}$ 就是顶点 u 到顶点 t 的距离。

定理 5.5 设 $G=\langle V,E\rangle$ 是有向赋权图，$S\subseteq V$，$u\subseteq S$，$T=V-S$，若 $t\in T$，$d_{u,t}=\min\{d_{u,x}|x\in T\}$，令 $\bar{S}=S\cup\{t\}$，$\bar{T}=T-\{t\}$，则对任意的 $x\in\bar{T}$，都有 $d_{u,x}=\min\{d_{u,x},d_{u,t}+c_{t,x}\}$。

综上所述，狄斯奎诺算法是正确的。

5.5 图的着色问题

问题：给定无向连通图 $G=\langle V,E\rangle$，图的着色问题（graph coloring problem）为求图 G 的最小色数 k，使得用 k 种颜色对 G 中的顶点着色，且任意两个相邻顶点，着不同颜色。例如，图 5.7 所示的无向图可以只用两种颜色着色，将顶点 1、3 和 4 着一种颜色，将顶点 2 和 5 着另外一种颜色。

想法：简单起见，假定 k 个颜色的集合为 $\{1,2,\cdots,k\}$。一种显然的贪婪策略是选择一种颜色，用该颜色为尽可能多的顶点着色。具体地，选取颜色 1，依次考察图中的未被着色的每个顶点，如果某个顶点可以用颜色 1 着色，换言之该顶点的邻接点都还未被着色，则用颜色 1 为该顶点着色；再选择颜色 2，依次考察图中的未被着色的每个顶点，如果某顶

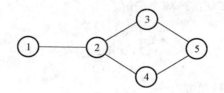

图 5.7　图着色问题的最优解

点着颜色 2 与其相邻顶点的着色不发生冲突，则用颜色 2 为该顶点着色；如果还有未着色的顶点，则选取颜色 3 并为尽可能多的顶点着色，依此类推。

算法：设数组 color[n] 表示顶点的着色情况，贪婪法求解图着色问题的算法如下：

算法 5.8　贪婪法求解图着色问题。

输入：无向连通图 G=〈V，E〉。

输出：最小色数 k。

1. 所有顶点置未着色状态；
2. 颜色 k 初始化为 0；
3. 循环直到所有顶点均着色
   3.1　取下一种颜色 k++；
   3.2　依次考察所有顶点；
      3.2.1　若顶点 i 已着色，则转步骤 3.2，考察下一个顶点；
      3.2.2　若顶点 i 着颜色 k 不冲突，则 color[i]=k；
4. 输出各顶点的着色。

算法分析：算法 5.8 需要试探 k 种颜色，每种颜色需要对所有顶点进行冲突测试，设无向图有 n 个顶点，则算法的时间复杂性是 $O(k \times n)$。

需要说明的是，贪婪法求解图着色问题得到的不一定是最优解。考虑一个具有 $2n$ 个顶点的无向图，顶点的编号从 1 到 $2n$，当 i 是奇数时，顶点 i 与除了顶点 $i+1$ 之外的其他编号为偶数的顶点邻接；当 i 是偶数时，顶点 i 与除了顶点 $i-1$ 之外的其他所有编号为奇数的顶点邻接，这样的图称为二部图（bipartite graph）。在二部图中，顶点可以分成两个集合 V_1（编号为奇数的顶点集合）和 V_2（编号为偶数的顶点集合），并且每一条边都连接 V_1 中的一个顶点和 V_2 中的一个顶点。图 5.8 就是一个具有 8 个顶点的二部图。

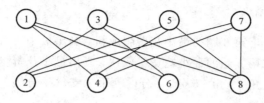

图 5.8　具有 8 个顶点的二部图

显然，二部图只用两种颜色就可以完成着色，如可以将奇数顶点全部着成颜色 1，将偶数顶点全部着成颜色 2。如果贪婪法以 1，3，…，$2n-1$，2，4，…，$2n$ 的顺序为二部图着色，则算法可以得到这个最优解；但是如果贪婪法以 1，2，…，n 的自然顺序为二部图着色，则算法找到的是一个需要 n 种颜色的解。

习 题 5

1. 求如下背包问题的最优解。

$n = 7$，$M = 15$，$P = \{10, 5, 15, 7, 6, 18, 3\}$，$w = (2, 3, 5, 7, 1, 4, 1)$

2. 用狄斯奎诺算法求解图 5.9 所示的单源最短路径问题。

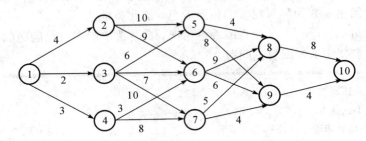

图 5.9 单源最短路径问题

3. 把第 2 题的图改为无向赋权图，用克鲁斯卡尔算法求该图的最小花费生成树，画出最小花费生成树的生成过程。

4. 把第 2 题的图改为无向赋权图，用普里姆算法求该图的最小花费生成树，画出最小花费生成树的生成过程。

5. 何为数字图像？矢量图像与点阵图图像有什么区别？

6. 求图 5.10 中网络各点距 A 点的最短路径问题。

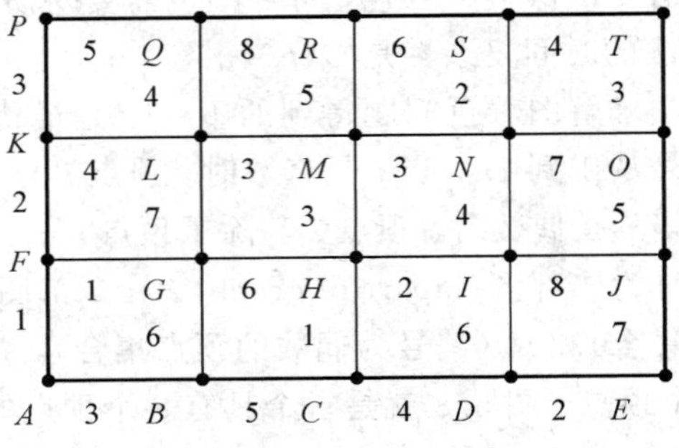

图 5.10 已知网络

7. 用克鲁斯卡算法求第 6 题的最小花费生成树，画出最小花费生成树的生成过程。

8. 用普里姆算法求第 6 题的最小花费生成树，画出最小花费生成树的生成过程。

9. 假定用面值为 2 角、1 角、5 分、1 分的硬币来支付 n 分钱。设计一个算法，使付出硬币的枚数最少。

10. 在第 9 题中，假定硬币的币值是 $1, 2, 4, 8, 16, \cdots, 2^k$（$k$ 为正整数）。如果所支付的钱 $n < 2^{k+1}$，则设计一个时间复杂度 $O(\text{lb}n)$ 的算法来解这个问题。

11. 令 $G = \langle V, E \rangle$ 是一个无向图，G 的顶点覆盖集 S 是 G 的一个子集，且 $S \subseteq V$，而且 E 中的每一条边至少和 S 中的一个顶点相关联。考虑下面寻找 G 的顶点覆盖算法：首先，按顶点度的递减顺序排序 V 中的顶点；接着执行下面的步骤，直到所有的边全被覆盖：挑出度最高的顶点，且至少和其余图中的一条边相关联，把这个顶点加入顶点覆盖集中，并删去和这个顶点相关联的所有的边。设计这个算法，并说明这个算法不总能得到最小顶点覆盖集。

12. 令 $G = \langle V, E \rangle$ 是一个无向图，G 中的团 C 是 G 的一个完全子图。如果在 G 中不存在另一个顶点个数多于 C 的顶点个数的团 C'，就称 C 为 G 的最大团。开始时，令 $C = G$，然后反复地从 C 中删去与其他顶点不相邻接的顶点，直到 C 是一个团。设计这个算法，并说明这个算法不总能得到 G 的最大团。

13. 令 $G = \langle V, E \rangle$ 是一个无向图，图的着色问题是：给 V 中的每一个顶点赋予一种颜色，使得每一对邻接顶点不会具有相同颜色。G 的着色问题是确定为 G 着色需要的最少颜色数。考虑下面的方法，令颜色为 $1, 2, 3, \cdots$，首先用颜色 1 为尽可能多的顶点着色，然后用颜色 2 为尽可能多的顶点着色，依次类推。设计这个算法，说明这个方法不总能用最少的颜色数为图着色。

第 6 章 动 态 规 划

第 5 章叙述的最优化问题在求解最优解的过程中使用的是贪婪算法。贪婪算法主要是将求解的问题划分为若干步，每一步按照一定的贪婪策略进行选择，在面对一些比较简单的最优化问题时，按照这种算法可以获得最优解。但是，对于约束条件比较多或者约束条件比较复杂的最优化问题，使用贪婪算法求解往往不能获得最优解，而只能得到贪婪解。例如，对于 0/1 背包问题、货郎担问题（或旅行商问题）等最优化问题的求解，不能使用贪婪算法，即找不到一种贪婪策略使得根据这种贪婪策略设计的贪婪算法能够得到这个问题的最优解。这样就不得不寻找求解最优化问题的新算法，本章我们将讨论针对另一种最优化问题的求解新算法——动态规划算法。

6.1 动态规划的示例——货郎担问题

【例 6.1】 货郎担问题。

如果对任意数目的 n 个城市，分别用 $1 \sim n$ 的数字编号，则这个问题可归结为在有向赋权图 $G = \langle V, E \rangle$ 中寻找一条路径最短的哈密尔顿回路的问题。其中，$V = \{1, 2, \cdots, n\}$ 表示城市顶点；边 $(i, j) \in E$ 表示城市 i 到城市 j 的距离，$i, j = 1, 2, \cdots, n$。这样，可以用图的邻接矩阵 C 来表示各个城市之间的距离，这个矩阵称为费用矩阵。如果 $(i, j) \in E$，则 $c_{ij} > 0$；否则，$c_{ij} = \infty$。

令 $d(i, \overline{V})$ 表示从顶点 i 出发，经 $\overline{V}$ 中各顶点一次，最终回到初始出发点顶点 i 的最短路径的长度。开始时，$\overline{V} = V - \{i\}$。所以，我们可以定义下面的动态规划函数：

$$d(i, V - \{i\}) = d(i, \overline{V}) = \min_{k \in \overline{V}}\{c_{ik} + d(k, \overline{V} - \{k\})\} \tag{6.1}$$

$$d(k, \phi) = c_{ki}, \; k \neq i \tag{6.2}$$

我们用 4 个城市的例子来说明采用动态规划方法解决货郎担问题的工作过程。假定 4 个城市的费用矩阵为

$$C = (c_{ij}) = \begin{bmatrix} \infty & 3 & 6 & 7 \\ 5 & \infty & 2 & 3 \\ 6 & 4 & \infty & 2 \\ 3 & 7 & 5 & \infty \end{bmatrix}$$

根据式(6.1)，由城市 1 出发，经城市 2、3、4 然后返回 1 的最短路径长度为

$$d(1, \{2, 3, 4\}) = \min\{c_{12} + d(2, \{3, 4\}), c_{13} + d(3, \{2, 4\}), c_{14} + d(4, \{2, 3\})\}$$

这是最后一个阶段的决策,必须依据 $d(2, \{3, 4\})$、$d(3, \{2, 4\})$、$d(4, \{2, 3\})$ 的计算结果确定。所以有

$$d(2, \{3, 4\}) = \min\{c_{23} + d(3, \{4\}), c_{24} + d(4, \{3\})\}$$

$$d(3, \{2, 4\}) = \min\{c_{32} + d(2, \{4\}), c_{34} + d(4, \{2\})\}$$

$$d(4, \{2, 3\}) = \min\{c_{42} + d(2, \{3\}), c_{43} + d(3, \{2\})\}$$

同样,这一阶段的决策又必须依据下面的计算结果确定:

$$d(3, \{4\}), d(4, \{3\}), d(2, \{4\}), d(4, \{2\}), d(2, \{3\}), d(3, \{2\})$$

再向前倒推,有

$$d(3, \{4\}) = c_{34} + d(4, \phi) = c_{34} + c_{41} = 2 + 3 = 5$$

$$d(4, \{3\}) = c_{43} + d(3, \phi) = c_{43} + c_{31} = 5 + 6 = 11$$

$$d(2, \{4\}) = c_{24} + d(4, \phi) = c_{24} + c_{41} = 3 + 3 = 6$$

$$d(4, \{2\}) = c_{42} + d(2, \phi) = c_{42} + c_{21} = 7 + 5 = 12$$

$$d(2, \{3\}) = c_{23} + d(3, \phi) = c_{23} + c_{31} = 2 + 6 = 8$$

$$d(3, \{2\}) = c_{32} + d(2, \phi) = c_{32} + c_{21} = 4 + 5 = 9$$

有了这些结果,再向后计算,则有

$$d(2, \{3, 4\}) = \min\{2 + 5, 3 + 11\} = 7 \quad \text{路径顺序是 2, 3, 4, 1}$$

$$d(3, \{2, 4\}) = \min\{4 + 6, 2 + 12\} = 10 \quad \text{路径顺序是 3, 2, 4, 1}$$

$$d(4, \{2, 3\}) = \min\{7 + 8, 5 + 9\} = 14 \quad \text{路径顺序是 4, 3, 2, 1}$$

最后有

$$d(1, \{2, 3, 4\}) = \min\{3 + 7, 6 + 10, 7 + 14\} = 10 \quad \text{路径顺序是 1, 2, 3, 4, 1}$$

这个结果就是从城市 1 出发,经其他各个城市后返回城市 1 的最短路径。其计算过程如图 6.1 所示,它是一种自下而上的计算过程。用同样的方法可以分别计算从城市 2、3、4 出发,经其他各个城市后分别返回城市 2、3、4 的最短路径。从中选取一条最短路径,即为 4 城市货郎担问题的解。

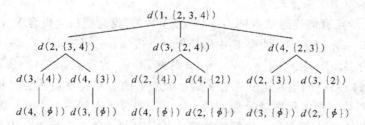

图 6.1　货郎担问题求解过程示意图

令 N_i 是计算式(6.1)时从顶点 i 出发后返回顶点 i 所需计算的形式为 $d(k, \overline{V} - \{k\})$ 的个数。开始计算 $d(i, V - \{i\})$ 时,集合 $V - \{i\}$ 中有 $n - 1$ 个城市。以后,在计算 $d(k, \overline{V} - \{k\})$ 时,集合 $\overline{V} - \{k\}$ 的城市数目在不同的决策阶段分别为 $n - 2, \cdots, 0$。在整个计算中,需要计算大小为 j 的不同城市集合的个数为 C_{n-1}^{j},$j = 0, 1, \cdots, n - 1$。因此,总个数为

$$N_i = \sum_{j=0}^{n-1} C_{n-1}^j$$

当 $\overline{V}-\{k\}$ 集合中的城市个数为 j 时，为了计算 $d(k, \overline{V}-\{k\})$，需要进行 j 次加法运算和 $j-1$ 次比较运算。因此，从 i 城市出发，经其他城市再回到 i，总的运算时间 T_i 为

$$T_i = \sum_{j=0}^{n-1} j \cdot C_{n-1}^j < \sum_{j=0}^{n-1} n \cdot C_{n-1}^j = n \sum_{j=0}^{n-1} C_{n-1}^j$$

由二项式定理

$$(x+y)^n = \sum_{j=0}^{n} C_n^j x^j y^{n-j}$$

令 $x=y=1$，可得

$$T_i < n \cdot 2^{n-1} = O(n\,2^n)$$

则用动态规划方法求解货郎担问题总的花费 T 为

$$T = \sum_{i=1}^{n} T_i < n^2 \cdot 2^{n-1} = O(n^2 2^n)$$

与穷举法比较起来，用动态规划方法求解货郎担问题是把原来的排列问题转换为组合问题，从而降低了算法的时间复杂性。但从上面的结果可以看到，它仍然需要指数时间。

6.2　多段图的动态规划法

6.2.1　多段图的最短路径问题

尽管用动态规划方法求解货郎担问题仍然需要指数时间，但是有大量问题可以用动态规划方法以低于多项式的时间来求解。本节将介绍用动态规划方法求解多段图的最短路径问题。

下面分析多段图的决策过程。

定义 6.1　给定有向连通赋权图 $G=\langle V, E, W \rangle$，我们把顶点集合 V 划分成 k 个不相交的子集 $V_i (1 \leqslant i \leqslant k, k \geqslant 2)$，使得 E 中的任何一条边 (u, v) 必有 $u \in V_i$，$v \in V_{i+m} (m \geqslant 1)$，则称这样的图为多段图。令 $|V_1|=|V_k|=1$，则称 $s \in V_1$ 为源点，$t \in V_k$ 为收点。

多段图的最短路径问题是求从源点 s 到达收点 t 的最小花费的通路。根据多段图的 k 个不相交的子集 V_i，把多段图划分为 k 段，每一段包含顶点的一个子集。为了便于进行决策，把顶点集合 V 中的所有顶点按照段的顺序进行编号。首先对顶点 s 进行编号，然后对顶点集 V_2 进行编号。根据多段图的定义，顶点集 V_2 中的顶点互不邻接，它们之间的相互顺序无关紧要。以此类推，直到所有顶点都编号完毕。假定赋权图中的顶点个数为 n，顶点 s 的编号为 0，则收点 t 的编号为 $n-1$，对 E 中的任何一条边 (u, v)，顶点 u 的编号小于顶点 v 的编号。

决策过程如下：

(1) 确定图中第 $k-1$ 段的所有顶点到达收点 t 的花费最小的通路。我们用数组元素

cost[i]来存放顶点 i 到达收点 t 的最小花费，用数组元素 path[i]存放顶点 i 到达收点 t 的最小花费通路上的前方顶点编号，用数组 route[n]存放从源点 s 出发到达收点 t 的最短通路上的顶点编号。

（2）确定第 $k-2$ 段的所有顶点到达收点 t 的花费最小的通路。利用第（1）阶段的信息，确定第 $k-2$ 段的所有顶点到达收点 t 的花费最小的通路。这时利用第 1 阶段形成的信息来进行决策，并把决策的结果存放在数组 cost 和 path 的相应元素中。如此依次进行，直到最后确定源点 s 到达收点 t 的花费最小的通路。

（3）从源点 s 的 path 信息中确定它的前方顶点编号 p_1，从 p_1 的 path 信息中确定 p_1 的前方顶点编号 p_2，如此递推，直到收点 t，最终形成了一个最优决策序列。

对 E 中的边(u,v)，用 c_{uv} 表示边的权。如果顶点 u 和 v 之间不存在关联边，则 $c_{uv}=\infty$，于是可以列出如下动态规划函数：

$$\text{cost}[i]=\min_{i<j\leqslant n}\{c_{ij}+\text{cost}[j]\} \tag{6.3}$$

$$\text{path}[i]=使 c_{ij}+\text{cost}[j] 最小的 j \quad i<j\leqslant n \tag{6.4}$$

用数组 route[n]来存放从源点 s 出发到达收点 t 的最短通路上的顶点编号，则动态规划方法求解多段图的最短路径的步骤可叙述如下：

（1）对所有的 $i(0\leqslant i<n)$，把 cost[i]初始化为最大值，path[i]初始化为-1，cost[$n-1$]初始化为 0。

（2）令 $i=n-2$。

（3）根据式（6.3）和式（6.4）计算 cost[i]和 path[i]。

（4）$i=i-1$，若 $i\geqslant 0$，则转（3）；否则，转（5）。

（5）令 $i=0$，route[i]=0。

（6）如果 route[i]=$n-1$，则算法结束；否则，转（7）。

（7）$i=i+1$，route[i]=path[route[$i-1$]]；转（6）。

【例 6.2】 求解图 6.2 所示的最短路径问题。

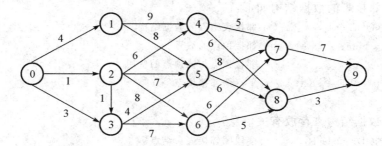

图 6.2 动态规划方法求解多段图的例子

在图 6.2 中，顶点编号已按照多段图的分段顺序编号。用动态规划方法求解图 6.2 所示多段图的过程如下：

$i=8$：cost[8]=c_{89}+cost[9]=3+0=3

path[8]=9

$i=7$：cost[7]=c_{79}+cost[9]=7+0=7

path[7]=9

$i = 6$：$\text{cost}[6] = \min\{c_{67} + \text{cost}[7], c_{68} + \text{cost}[8]\} = \min\{6 + 7, 5 + 3\} = 8$

$\qquad \text{path}[6] = 8$

$i = 5$：$\text{cost}[5] = \min\{c_{57} + \text{cost}[7], c_{58} + \text{cost}[8]\} = \min\{8 + 7, 6 + 3\} = 9$

$\qquad \text{path}[5] = 8$

$i = 4$：$\text{cost}[4] = \min\{c_{47} + \text{cost}[7], c_{48} + \text{cost}[8]\} = \min\{5 + 7, 6 + 3\} = 9$

$\qquad \text{path}[4] = 8$

$i = 3$：$\text{cost}[3] = \min\{c_{35} + \text{cost}[5], c_{36} + \text{cost}[6]\} = \min\{4 + 9, 7 + 8\} = 13$

$\qquad \text{path}[3] = 5$

$i = 2$：$\text{cost}[2] = \min\{c_{23} + \text{cost}[3], c_{24} + \text{cost}[4], c_{25} + \text{cost}[5], c_{26} + \text{cost}[6]\}$

$\qquad\qquad = \min\{1 + 13, 6 + 9, 7 + 9, 8 + 8\} = 14$

$\qquad \text{path}[2] = 3$

$i = 1$：$\text{cost}[1] = \min\{c_{14} + \text{cost}[4], c_{15} + \text{cost}[5]\} = \min\{9 + 9, 6 + 9\} = 15$

$\qquad \text{path}[1] = 5$

$i = 0$：$\text{cost}[0] = \min\{c_{01} + \text{cost}[1], c_{02} + \text{cost}[2], c_{03} + \text{cost}[3]\}$

$\qquad\qquad = \min\{4 + 15, 1 + 14, 3 + 13\} = 15$

$\qquad \text{path}[0] = 2$

$$\text{route}[0] = 0$$
$$\text{route}[1] = \text{path}[\text{route}[0]] = \text{path}[0] = 2$$
$$\text{route}[2] = \text{path}[\text{route}[1]] = \text{path}[2] = 3$$
$$\text{route}[3] = \text{path}[\text{route}[2]] = \text{path}[3] = 5$$
$$\text{route}[4] = \text{path}[\text{route}[3]] = \text{path}[5] = 8$$
$$\text{route}[5] = \text{path}[\text{route}[4]] = \text{path}[8] = 9$$

最后得到最短的路径为 $0, 2, 3, 5, 8, 9$，费用是 15。

下面看一下多段图动态规划算法的实现。

定义图的邻接表的数据结构如下：

```
struct NODE {              /* 邻接表结点的数据结构 */
    int   v_num;           /* 邻接顶点的编号 */
    Type  len;             /* 邻接顶点与该顶点的费用 */
    struct NODE * next;    /* 下一个邻接顶点 */
};
```

用下面的数据结构来存放有关信息：

```
struct NODE node[n];       /* 多段图邻接表头结点 */
Type   cost[n];            /* 在阶段决策中，各个顶点到收点的最小费用 */
int    route[n];           /* 从源点到收点的最短路径上的顶点编号 */
int    path[n];            /* 在阶段决策中，各个顶点到收点的最短路径上的前方顶点编号 */
```

于是，多段图最短路径问题的动态规划算法可以描述如下：

算法 6.1 多段图的动态规划算法。

输入：多段图邻接表头结点 node[]，顶点个数 n。

输出：最短路径费用，最短路径上的顶点编号顺序 route[]。

```
1.  template <class Type>
2.  #define MAX_TYPE max_value_of_Type
3.  #define ZERO_TYPE zero_value_of_Type
4.  Type fgraph(struct NODE node[], int route[], int n)
5.  {
6.      int i;
7.      struct NODE * pnode;
8.      int * path = new int[n];
9.      Type min_cost, * cost = new Type[n];
10.     for (i=0; i<n; i++) {
11.         cost[i] = MAX_TYPE;    path[i] = -1;    rouet[i] = 0;
12.     }
13.     cost[n-1] = ZERO_TYPE;
14.     for (i=n-2; i>=0; i--) {
15.         pnode = node[i]->next;
16.         while (pnode!=NULL) {
17.             if (pnode->len+cost[pnode->v_num]<cost[i]) {
18.                 cost[i] = pnode->len + cost[pnode->v_num];
19.                 path[i] = pnode->v_num;
20.             }
21.             pnode = pnode->next;
22.         }
23.     }
24.     i = 0;
25.     while ((route[i]!=n-1)&&(path[i]! =-1)) {
26.         i++;
27.         route[i] = path[route[i-1]];
28.     }
29.     min_cost = cost[0];
30.     delete path;    deleye cost;
31.     return min_cost;
32.  }
```

该算法主要由 3 部分组成。第 1 部分是 10～13 行的初始化，花费 $\Theta(n)$ 时间；第 2 部分是 14～23 行的局部决策，假定图的边数为 m，则花费时间为 $\Theta(n+m)$；第 3 部分由 24～28 行组成，进行全局的最优决策，若多段图分为 k 段，则花费时间为 $\Theta(k)$。因此，算法的时间复杂度为 $\Theta(n+m)$。

由第 6～9 行可以看到，算法的空间复杂度是 $\Theta(n)$。

6.2.2　多源点最短路径问题

设赋权有向图 $D=\langle V, E, w\rangle$，其中权函数 $w=E \rightarrow R$，则称 D 中权为负数的回路为

负回路。

命题 6.1 赋权有向图 D 中任意两点之间都有最短路径或不存在路径当且仅当 D 中不含负回路。

证明 假设 D 中存在负回路 C，i 是 C 上的一个顶点，那么从 i 到任何一个顶点 j 的路径可以先重复走 C 若干次再到 j。随着重复 C 的次数增加，从 i 到 j 的路径的权越来越小，趋向于 $-\infty$，因而不存在从 i 到 j 的最短路径。

反之，假设 D 中不存在负回路 C，对任意两点 i 和 j，如果从 i 到 j 的路径中有两个相同的顶点，那么删去这两个顶点之间的这段路径（这是一个回路）后仍是从 i 到 j 的路径，其权不会增加，因而只需考虑从 i 到 j 顶点都不相同的路径。而从 i 到 j 顶点都不相同的路径只有有限条，故一定存在最短路径。

R. W. Floyd 提出了一个算法，该算法在不存在负回路时求得所有两点之间的最短路径，在存在负回路时能检测出并给出一条负回路。该算法采用动态规划方法。假设 D 中不存在负回路，只需考虑顶点不重复的路径，记从 i 到 j 经过号码不大于 k 的最短路径的长度为 $d^{(k)}(i, j)$，从 i 到 j 经过号码不大于 k 的最短路径有两种可能：一种是不经过 k，它也是从 i 到 j 经过号码不大于 $k-1$ 的最短路径；另一种是经过 k，它被 k 分成两段，从 i 到 k 经过号码不大于 $k-1$ 的最短路径和从 k 到 j 经过号码不大于 $k-1$ 的最短路径。因而有下述递推方程：

$$d^{(0)}(i, j) = w(i, j) \quad 1 \leqslant i, j \leqslant n$$

$$d^{(k)}(i, j) = \min\{d^{(k-1)}(i, j), d^{(k-1)}(i, k) + d^{(k-1)}(k, j)\} \quad 1 \leqslant i, j \leqslant n \text{ 且 } i, j \neq k, 1 \leqslant k \leqslant n$$

这里规定：$\forall i \in V, w(i, i) = 0$；$\forall \langle i, j \rangle \notin E, w(i, j) = +\infty$。

当 D 中不存在负回路时，i 到 j 的距离 $d(i, j) = d^{(n)}(i, j)$。当 D 中存在负回路时，设负回路 C 经过 i，除 i 外顶点的最大号码是 k，则必有 $d^{(k)}(i, j) < 0$。

为了记录最短路径上的顶点，引入 $h^{(k)}(i, j)$ 存放从 i 到 j 经过号码不大于 k 的最短路径中 i 的下一个顶点，有下述递推关系：

$$h^{(0)}(i, j) = \begin{cases} j & \langle i, j \rangle \in E \\ 0 & 1 \leqslant i, j \leqslant n \end{cases}$$

$$h^{(k)}(i, j) = \begin{cases} h^{(k-1)}(i, j) & d^{(k-1)}(i, j) \leqslant d^{(k-1)}(i, k) + d^{(k-1)}(k, j) \\ h^{(k-1)}(i, k) & 1 \leqslant i, j \leqslant n \text{ 且 } i, j \neq k, 1 \leqslant k \leqslant n \end{cases}$$

【例 6.3】 求图 6.3 中任意两点之间的最短路径。

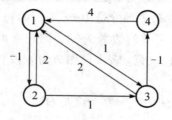

图 6.3 例 6.3 图

解 采用 Floyd 算法的计算过程如下：

$$d^{(0)} = \begin{bmatrix} 0 & -1 & 1 & +\infty \\ 2 & 0 & 1 & +\infty \\ 2 & +\infty & 0 & -1 \\ 4 & +\infty & +\infty & 0 \end{bmatrix} \qquad h^{(0)} = \begin{bmatrix} 1 & 2 & 3 & 0 \\ 1 & 2 & 3 & 0 \\ 1 & 0 & 3 & 4 \\ 1 & 0 & 0 & 4 \end{bmatrix}$$

$$d^{(1)} = \begin{bmatrix} 0 & -1 & 1 & +\infty \\ 2 & 0 & 1 & +\infty \\ 2 & 1 & 0 & -1 \\ 4 & 3 & 5 & 0 \end{bmatrix} \qquad h^{(1)} = \begin{bmatrix} 1 & 2 & 3 & 0 \\ 1 & 2 & 3 & 0 \\ 1 & 1 & 3 & 4 \\ 1 & 1 & 1 & 4 \end{bmatrix}$$

$$d^{(2)} = \begin{bmatrix} 0 & -1 & 0 & +\infty \\ 2 & 0 & 1 & +\infty \\ 2 & 1 & 0 & -1 \\ 4 & 3 & 4 & 0 \end{bmatrix} \qquad h^{(2)} = \begin{bmatrix} 1 & 2 & 2 & 0 \\ 1 & 2 & 3 & 0 \\ 1 & 1 & 3 & 4 \\ 1 & 1 & 1 & 4 \end{bmatrix}$$

$$d^{(3)} = \begin{bmatrix} 0 & -1 & 0 & -1 \\ 2 & 0 & 1 & 0 \\ 2 & 1 & 0 & -1 \\ 4 & 3 & 4 & 0 \end{bmatrix} \qquad h^{(3)} = \begin{bmatrix} 1 & 2 & 2 & 2 \\ 1 & 2 & 3 & 3 \\ 1 & 1 & 3 & 4 \\ 1 & 1 & 1 & 4 \end{bmatrix}$$

$$d^{(4)} = \begin{bmatrix} 0 & -1 & 0 & -1 \\ 2 & 0 & 1 & 0 \\ 2 & 1 & 0 & -1 \\ 4 & 3 & 4 & 0 \end{bmatrix} \qquad h^{(4)} = \begin{bmatrix} 1 & 2 & 2 & 2 \\ 1 & 2 & 3 & 3 \\ 1 & 1 & 3 & 4 \\ 1 & 1 & 1 & 4 \end{bmatrix}$$

根据输出的 $d^{(4)}$ 和 $h^{(4)}$，可以得到任意两点之间的最短路径和距离。例如，由 $d^{(4)}(1,4)=-1$，$h^{(4)}(1,4)=2$，$h^{(4)}(2,4)=3$，$h^{(4)}(3,4)=4$ 得到顶点 1 到顶点 4 的最短路径是 $1-2-3-4$，距离为 -1。又如，由 $d^{(4)}(3,2)=1$，$h^{(4)}(3,2)=1$，$h^{(4)}(1,2)=2$ 得到顶点 3 到顶点 2 的最短路径是 $3-1-2$，距离为 1。Floyd 算法的时间复杂度为 $O(n^3)$。

6.3　最长公共子序列问题

6.3.1　最长公共子序列的搜索问题

不妨假设有一个字符序列 $A=a_1a_2\cdots a_n$ 是字母表 Σ 上的一个字符序列。如果存在 Σ 上的另一个字符序列 $S=c_1c_2\cdots c_n$ 使得对于任意一个 $k(k=1,2,\cdots,j)$ 都有 $c_k=a_{ik}$（其中，ik 可以取 $1,2,\cdots,n$ 中的任意一个自然数），表示字符序列 A 的一个下标递增序列，那么就将字符序列 S 称为字符序列 A 的子序列。例如，$\Sigma=\{a,b,c\}$，并且 Σ 上的字符序列 $A=abcbacac$，那么 ccc 就是字符序列 A 上的一个长度为 3 的子序列，并且该子序列中的字符对应于字符序列 A 的下标是 3、6、8；而 $bcaca$ 是字符序列 A 上的一个长度为 5 的子序列，并且该子序列中的字符对应于字符序列 A 的下标是 2、3、5、6、7。根据这个例子推算，一般来说字符序列的子序列通常应有多个。

我们给定字母表 $\Sigma = \{a, b, c\}$ 上的两个字符序列 $A = abcbacac$，$B = acbaabca$，那么易知子序列 acb 是这两个字符序列的长度为 3 的子序列，$acba$ 则是这两个字符序列的长度为 4 的公共子序列，$acbaac$ 是这两个字符序列长度为 6 的最长公共子序列。一般来说，所谓最长公共子序列的问题可以描述如下：给定两个字符序列 $A = a_1a_2\cdots a_n$ 与 $B = b_1b_2\cdots b_m$，能否找出这两个字符序列的一个公共子序列，使得它是字符序列 A 和字符序列 B 的最长公共子序列。

令字符序列 $A = a_1a_2\cdots a_n$，字符序列 $B = b_1b_2\cdots b_m$，并且记 $A_k = a_1a_2\cdots a_k$ 为字符序列 A 中前面连续 k 个字符的子序列，同时记 $B_k = b_1b_2\cdots b_k$ 为字符序列 B 中最前面连续 k 个字符的子序列。不难发现，字符序列 A 与字符 B 的最长公共子序列应该具有下面的性质：

（1）如果 $a_n = b_m$，并且字符序列 $S_k = c_1c_2\cdots c_k$ 是字符序列 A 和字符序列 B 的长度为 k 的最长公共子序列，那么就必有 $a_n = b_m = c_k$，并且字符序列 $S_{k-1} = c_1c_2\cdots c_{k-1}$ 是字符序列 A_{n-1} 和字符序列 B_{m-1} 的长度为 $k-1$ 的最长公共子序列。

（2）如果 $a_n \neq b_m$ 并且 $a_n \neq c_k$，那么序列 $S_k = c_1c_2\cdots c_k$ 就是字符序列 A_{n-1} 与字符序列 B 的长度为 k 的最长公共子序列。

（3）如果 $a_n \neq b_m$ 并且 $b_m \neq c_k$，那么序列 $S_k = c_1c_2\cdots c_k$ 就是字符序列 A 与字符序列 B_{m-1} 的长度为 k 的最长公共子序列。

如果记 $L_{n,m}$ 为字符序列 A_n 和字符序列 B_m 的最长公共子序列的长度，那么 $L_{i,j}$ 为字符序列 A_i 和字符序列 B_j 的最长公共子序列的长度。按照以上所述的最长公共子序列的性质，可以得出下面的两个式子：

$$L_{0,0} = L_{i,0} = L_{0,j} = 0 \qquad i = 1, 2, \cdots, n; j = 1, 2, \cdots, m \qquad (6.5)$$

$$L_{i,j} = \begin{cases} L_{i-1,j-1} + 1 & a_i = b_j, i > 0, j > 0 \\ \max\{L_{i,j-1}, L_{i-1,j}\} & a_i \neq b_j, i > 0, j > 0 \end{cases} \qquad (6.6)$$

因此，将对最长公共子序列的搜索过程分成 n 个阶段。在第一个阶段，根据式 (6.5) 和式 (6.6)，计算序列 A_1 和序列 B_j 的最长公共子序列的长度 $L_{1,j}(j = 1, 2, \cdots, m)$；在第二个阶段，根据第一个阶段计算出的最长公共子序列的长度 $L_{1,j}(j = 1, 2, \cdots, m)$ 及其式 (6.6)，计算序列 A_2 和序列 B_j 的最长公共子序列的长度 $L_{2,j}(j = 1, 2, \cdots, m)$；以此类推，计算到最后一个阶段，即在第 n 个阶段，根据第 $n-1$ 个阶段计算出的最长公共子序列的长度 $L_{n-1,j}(j = 1, 2, \cdots, m)$ 及式 (6.6)，计算序列 A_n 和序列 B_j 的最长公共子序列的长度 $L_{n,j}(j = 1, 2, \cdots, m)$。这样一来，在第 n 个阶段计算出的 $L_{n,m}$ 就是序列 A_n 和序列 B_m 的最长公共子序列的长度。

为了获得序列 A_n 和序列 B_m 的最长公共子序列，我们设置了一个二维状态字数组 $S_{i,j}$，在以上的每一个阶段计算序列 A_i 和序列 B_j 的最长公共子序列的长度 $L_{i,j}$ 的过程中，依据公共子序列的以上 3 条性质，依次将搜索状态逐一登记在状态字 $S_{i,j}$ 中，具体表示如下：

$$S_{i,j} = 1 \qquad a_i = b_j \qquad (6.7)$$

$$S_{i,j} = 2 \qquad a_i \neq b_j, L_{i-1,j} \geqslant L_{i,j-1} \qquad (6.8)$$

$$S_{i,j} = 3 \qquad a_i \neq b_j, L_{i-1,j} < L_{i,j-1} \qquad (6.9)$$

又另设 $L_{n,m} = k$，并且 $S_k = c_1c_2\cdots c_k$ 是序列 A_n 和字符序列 B_m 的长度为 k 的最长公

共子序列，则最长公共子序列的搜索过程应从状态字 $S_{n,m}$ 开始。按照以下方法展开搜索过程：

(1) 如果 $S_{n,m}=1$，则说明 $a_n=b_m$。按照最长公共子序列的性质(1)，即可得出 $c_k=a_n$ 是子序列的最后一个字符，并且前一个字符 c_{k-1} 是字符序列 A_{n-1} 和字符序列 B_{m-1} 的长度为 $k-1$ 的最长公共子序列的最后一个字符，且下一个搜索方向为 $S_{n-1,m-1}$。

(2) 如果 $S_{n,m}=2$，则说明 $a_n\neq b_m$，且 $L_{n-1,m}\geqslant L_{n,m-1}$。按照最长公共子序列的性质(2)可得出 $c_k\neq a_n$，并且序列 $S_k=c_1c_2\cdots c_k$ 就是字符序列 A_{n-1} 与字符序列 B_m 的长度为 k 的最长公共子序列，且下一个搜索方向为 $S_{n-1,m}$。

(3) 如果 $S_{n,m}=3$，则说明 $a_n\neq b_m$，且 $L_{n-1,m}<L_{n,m-1}$。按照最长公共子序列的性质(3)可得出 $c_k\neq b_m$，并且序列 $S_k=c_1c_2\cdots c_k$ 就是字符序列 A_{n-1} 与字符序列 B_{m-1} 的长度为 k 的最长公共子序列，且下一个搜索方向为 $S_{n,m-1}$。

由以上过程可以得出下面一组递推关系式：

当 $S_{i,j}=1$ 时，有

$$c_k=a_i,\ i=i-1,\ j=j-1,\ k=k-1 \tag{6.10}$$

当 $S_{i,j}=2$ 时，有

$$i=i-1 \tag{6.11}$$

当 $S_{i,j}=3$ 时，有

$$j=j-1 \tag{6.12}$$

从 $i=n$，$j=m$ 开始搜索，直到 $i=0$ 或 $j=0$ 时结束搜索过程，这样我们就可以得到字符序列 A_n 和字符序列 B_m 的最长公共子序列。

【例 6.4】　求字符序列 $A=xyxzyxyzzy$ 与字符序列 $B=xzyzxyzxyzxy$ 的最长公共子序列。

解　用两个 $(n+1)\times(m+1)$ 的表来分别存放 $L_{i,j}$ 和状态字 $S_{i,j}$。$L_{i,j}$ 的计算结果如图 6.4 所示。由图中看到，最长公共子序列的长度为 8。

	0	1	2	3	4	5	6	7	8	9	10	11	12
0	0	0	0	0	0	0	0	0	0	0	0	0	0
1	0	1	1	1	1	1	1	1	1	1	1	1	1
2	0	1	1	2	2	2	2	2	2	2	2	2	2
3	0	1	1	2	2	3	3	3	3	3	3	3	3
4	0	1	2	2	3	3	3	3	4	4	4	4	4
5	0	1	2	3	3	3	4	4	4	5	5	5	5
6	0	1	2	3	4	4	4	5	5	5	6	6	6
7	0	1	2	3	3	4	5	5	6	6	6	7	7
8	0	1	2	3	4	4	5	6	6	7	7	7	7
9	0	1	2	3	4	5	6	6	7	7	7	7	7
10	0	1	2	3	4	4	5	6	7	7	7	8	8

图 6.4　最长公共子序列长度的计算例子

图 6.5 表示用 $S_{i,j}$ 搜索公共子序列的过程。公共子序列是 $a_1 a_2 a_3 a_4 a_6 a_7 a_8 a_{10} = xyxzxyzy$。

	0	1	2	3	4	5	6	7	8	9	10	11	12
0	0	0	0	0	0	0	0	0	0	0	0	0	0
1	0		3	3	3	1	3	3	1	3	3	1	3
2	0	2	2		3	3	1	3	1	3	1	3	1
3	0	1	2	2		3	3	1	3	1	3	1	3
4	0	2	1	2	1	2	2		3	3	1	3	3
5	0	2	2	1	2	1	2	1	2		2	3	1
6	0	2	2	2	1	2	1	2	1	2		1	3
7	0	2	2	2	2	1	2	1	2	1	2	3	2
8	0	2	1	2	1	2	1	2	1	3		3	2
9	0	2	2	1	2	1	2	1	2	1	2	2	2
10	0	2	2	1	2	2	1	2	1	2	1	2	2

图 6.5　最长公共子序列字符的搜索过程

6.3.2　最长递增子序列问题

【例 6.5】　在数字序列 $A = \{a_1, a_2, \cdots, a_n\}$ 中按递增下标序列 $i_1, i_2, \cdots, i_k (1 \leqslant i_1 < i_2 < \cdots < i_k \leqslant n)$ 的顺序选出一个子序列 B，如果子序列 B 中的数字都是严格递增的，则子序列 B 称为 A 的递增子序列（incremental subsequence）。最长递增子序列问题（longest increasing subsequence problem）就是要找出序列 A 中一个最长的递增子序列。例如，数字序列 $\{5, 2, 8, 6, 3, 6, 9, 7\}$ 的一个最长的递增子序列是 $\{2, 3, 6, 9\}$。

设序列 $A = \{a_1, a_2, \cdots, a_n\}$ 的最长递增子序列是 $B = \{b_1, b_2, \cdots, b_m\}$，首先证明最长递增子序列问题满足最优性原理。

设序列 A 的最长递增子序列的第 1 个数字是 b_1，且 $b_1 = a_i$，则问题可转化为求 $\{a_i, \cdots, a_n\}$ 的最长递增子序列，显然 $\{b_1, b_2, \cdots, b_m\}$ 一定是 $\{a_i, \cdots, a_n\}$ 的最长递增子序列；如若不然，设 $\{b_1, c_1, \cdots, c_k\}$ 是序列 $\{a_i, \cdots, a_n\}$ 的长度大于 m 的最长递增子序列，则 $\{b_1, c_1, \cdots, c_k\}$ 将与上面的结果矛盾。

对于子问题的定义，我们设 $L(n)$ 为数字序列 $A = \{a_1, a_2, \cdots, a_n\}$ 的最长递增子序列的长度，显然，初始子问题是 $\{a_1\}$，即 $L(1) = 1$。考虑原问题的一部分，设 $L(i)$ 为子序列 $A = \{a_1, a_2, \cdots, a_i\}$ 的最长递增子序列的长度，则其满足如下递推式：

$$L(i) = \begin{cases} 1 & i = 1 \text{ 或不存在 } a_j < a_i (1 \leqslant j < i) \\ \max\{L(j) + 1\} & a_j < a_i (1 \leqslant j < i) \end{cases}$$

例如，对于序列 $A = \{5, 2, 8, 6, 3, 6, 9, 7\}$，动态规划法求解最长递增子序列的过程如表 6.1 所示。

表 6.1　动态规划法求解最长递增子序列的过程

序号	1	2	3	4	5	6	7	8
序列元素	5	2	8	6	3	6	9	7
子序列长度	1	1	2	2	2	3	4	4
递增子序列	{5}	{2}	{5,8}{2,8}	{5,6}{2,6}	{2,3}	{2,3,6}	{2,3,6,9}	{2,3,6,7}

首先，计算初始子问题，可以直接获得

$$L(1)=1(\{5\})$$

然后，一次求解下一个阶段的子问题，则有

$$L(2)=1(\{2\})$$
$$L(3)=\max\{L(1)+1,L(2)+1\}=2(\{5,8\},\{2,8\})$$
$$L(4)=\max\{L(1)+1,L(2)+1\}=2(\{5,6\},\{2,6\})$$
$$L(5)=L(2)+1=2(\{2,3\})$$
$$L(6)=\max\{L(1)+1,L(2)+1,L(5)+1\}=3(\{2,3,6\})$$
$$L(7)=\max\{L(1)+1,L(2)+1,L(3)+1,L(4)+1,L(5)+1,L(6)+1\}=4(\{2,3,6,9\})$$
$$L(8)=\max\{L(1)+1,L(2)+1,L(4)+1,L(5)+1,L(6)+1\}=4(\{2,3,6,7\})$$

可知，序列 A 的最长递增子序列的长度为 4，它有两个最长递增子序列，分别是 $\{2,3,6,9\}$ 和 $\{2,3,6,7\}$。

设序列 A 存储在数组 $a[n]$ 中；数组 $L[n]$ 存储最长递增子序列的长度，其中 $L[i]$ 表示元素序列 $a[0]\sim a[i]$ 的最长递增子序列的长度；二维数组 $x[n][n]$ 存储对应的最长递增子序列，其中 $x[i][n]$ 存储 $a[0]\sim a[i]$ 的最长递增子序列，注意到数组下标均从 0 开始，此算法描述如下：

算法 6.2　最长递增子序列的动态规划算法。

```
int IncreaseOrder(int a[], int n)
{
    int i, j, k, index;
    int L[10], x[10][10];              //假设最多 10 个元素
    for(i=0; i<n; i++)                 //初始化，最长递增子序列长度为 1
    {
        L[i]=1; x[i][0]=a[i];
    }
    for(i=1; i<n; i++)                 //依次计算 a[0]～a[i]的最长递增子序列
    {
        int max=1;                     //初始化递增子序列长度的最大值
        for(j=i-1; j>=0; j--)          //对所有的 a[j]<a[i]
        {
            if((a[j]<a[i]) && (max<L[j]+1))
            {
                max=L[j]+1; L[i]=max;
                for(k=0; k<max-1; k++) //存储最长递增子序列
```

```
            x[i][k]=x[j][k];
            x[i][max-1]=a[i];
        }
    }
}
for(index=0, i=1; i<n; i++)              //求所有递增子序列的最长长度
    if(L[index]<L[i])      index=i;
cout<<"最长递增子序列是: ";
for(i=0; i<L[index]; i++)                //输出最长递增子序列
    cout<<x[index][i]<<" ";
return L[index];                         //返回最长递增子序列的长度
}
```

设序列 A 的长度为 n，该算法依次对每一个序列元素进行计算，在求解 $L[i]$ 时需要考察 $a[0]\sim a[i-1]$ 是否小于 $a[i]$，因此其时间复杂度为 $O(n^2)$。

6.4　资源分配问题

资源分配问题是具有实际背景的应用问题，主要是考虑如何将有限的资源分配给若干个工程的问题。例如，在分布式操作系统中，通常会遇到并行计算的问题，在这个问题的解决过程中不可避免地会遇到一个问题，即怎样将有限个处理器分配给多个不同的进程使用才能使得计算效率达到最高。这个问题在本质上是一个资源分配问题，即假设资源总数为 r，工程个数为 n，由于分给各项工程投入的资源不同，因此所获得的利润也不同。现要求将总数为 r 的资源分配给这 n 个工程，求可以获得最大利润的分配方案。

6.4.1　资源分配策略

将资源 r 划分为 m 个相等的部分，每份资源为 r/m，且 m 为正整数。假设利润函数为 $G_i(x)(i=1, 2, \cdots, n; x=0, 1, 2, \cdots, m)$，表示将 x 份资源分配给第 i 个工程所获得的利润，这样一来，如果我们将 m 份资源分给所有的工程，则所得到的利润总额 $G(m)=\sum_{i=1}^{n} G_i(x_i)$，并且有关系式 $\sum_{i=1}^{n} x_i = m$。该资源分配问题可以转化为将 m 份资源分配给 n 个工程，使得利润总额 $G(m)$ 最大的问题，其中 x_i 为非负整数。

首先，将各个工程按照顺序进行编号，然后按照下面的方法来划分阶段：第一阶段，分别将 $x=0, 1, 2, \cdots, m$ 份资源分配给第一个工程，并且确定第一个工程在各种不同份额的资源下可以获得的最大利润；第二阶段，分别将 $x=0, 1, 2, \cdots, m$ 份资源分配给第一个工程和第二个工程这两个工程，并确定在各种不同份额的资源下这两个工程可以获得的最大利润，以及在该利润下第二个工程所获得的最优分配份额；以此类推，在第 n 个阶

段，分别将 $x=0$，1，2，$\cdots$，m 份资源分配给所有的 n 个工程，并且确定可以获得的最大利润，以及在该利润下第 n 个工程所获得的最优分配份额。考虑到将 m 份资源全部投入给所有的 n 个工程不一定可以获得最大利润，因此首先必须在各个阶段内对于不同的分配份额计算能够获得的最大利润，然后取其中的最大者作为每一个阶段可以获得的最大利润。最后再取每一个阶段的最大利润中的最大者以及在此最大利润下的分配方案，即为整个资源分配的最优决策。

令 $f_i(x)$ 表示当将 x 份资源分配给前 i 个工程时可以获得的最大利润，$d_i(x)$ 表示使 $f_i(x)$ 取最大值时，分配给第 i 个工程的资源份额。所以，在第一阶段，即在只将 x 份资源分配给第一个工程的情况下，有

$$\begin{cases} f_1(x)=G_1(x) \\ d_1(x)=x \end{cases} \qquad x=0,1,2,\cdots,m \qquad (6.13)$$

在第二阶段，即只将 x 份资源分配给前面的两个工程的情况下，有

$$\begin{cases} f_2(x)=\max\limits_{0\leqslant z\leqslant x}\{G_2(z)+f_1(x-z)\} \\ d_2(x)=\text{使 } f_2(x) \text{ 取得最大值时的 } z \end{cases} \qquad x=0,1,2,\cdots,m;\ z=0,1,2,\cdots,x$$

一般来说，在第 i 个阶段，即将 x 份资源分配给前面的 i 个工程的情况下，有

$$\begin{cases} f_i(x)=\max\limits_{0\leqslant z\leqslant x}\{G_i(z)+f_{i-1}(x-z)\} \\ d_i(x)=\text{使 } f_i(x) \text{ 取得最大值时的 } z \end{cases} \qquad x=0,1,2,\cdots,m;\ z=0,1,2,\cdots,x$$

$$(6.14)$$

假设第 i 个阶段的最大利润为 g_i，则有

$$g_i=\max\{f_i(1),f_i(2),\cdots,f_i(m)\} \qquad (6.15)$$

设 q_i 是使得 g_i 达到最大值时分配给前面 i 个工程的资源份数，则有

$$q_i=\text{使得 } f_i(x) \text{ 达到最大值时的 } x \qquad (6.16)$$

在每一个阶段，将所得到的所有局部策略值 $f_i(x)$、$d_i(x)$、g_i 以及 q_i 保存起来。最后，在第 n 个阶段结束以后，令全局的最大利润为 optg，则有

$$\text{optg}=\max\{g_1,g_2,\cdots,g_n\} \qquad (6.17)$$

即在全局最大利润的情况下，设所分配工程项目的最大编号（即所分配工程项目的最大数目）为 k，则有

$$k=\text{使得 } g_i \text{ 取得最大值时的 } i \qquad (6.18)$$

分配给前面的 k 个工程的最优份额为

$$\text{opt}x=\text{与最大的 } g_i \text{ 相对应的 } q_i \qquad (6.19)$$

分配给第 k 个工程的最优份额为

$$\text{opt}q_k=d_k(\text{opt}x)$$

分配给其余的 $k-1$ 个工程的剩余的最优份额为

$$\text{opt}x=\text{opt}x-d_x(\text{opt}x)$$

由此回溯，得到分配给前面各个工程的最优份额的递推关系式如下：

$$\begin{cases} \text{opt}q_i=d_i(\text{opt}x) \\ \text{opt}x=\text{opt}x-\text{opt}q_i \end{cases} \qquad (6.20)$$

其中，$i=k$，$k-1$，$\cdots$，1。由以上的决策过程，我们可以将求解资源分配问题划分为下面

的四个步骤：

(1) 按照式(6.13)和式(6.14)，对于各个阶段 i，各个不同份额 x 的资源，计算 $f_i(x)$ 及 $d_i(x)$。

(2) 按照式(6.15)和式(6.16)，计算各个阶段的最大利润 g_i，以及获得该最大利润的分配份额 q_i。

(3) 按照式(6.17)、式(6.18)和式(6.19)，计算全局的最大利润值 optg、总的最优分配份额 optx 以及编号最大的工程项目 k。

(4) 按照式(6.20)递推计算出各个工程的最优分配份额。

【例 6.6】 有 8 个份额的资源，分配给 3 个工程，其利润函数见表 6.2。求资源的最优分配方案。

表 6.2 资源分配工程表

x	0	1	2	3	4	5	6	7	8
$G_1(x)$	0	4	26	40	45	50	51	52	53
$G_2(x)$	0	5	15	40	60	70	73	74	75
$G_3(x)$	0	5	15	40	80	90	95	98	100

解 (1) 求出每一个阶段的不同分配份额时的最大利润，以及每一个工程在该利润下的分配份额。首先，在第一个阶段，仅仅将资源分配给第一个工程，根据式(6.13)可以得出结论，见表 6.3。

表 6.3 第一阶段利润分配份额表

x	0	1	2	3	4	5	6	7	8
$f_1(x)$	0	4	26	40	45	50	51	52	53
$d_1(x)$	0	1	2	3	4	5	6	7	8

其次，将那个资源的份额分配给前面的两个工程，即当 $x=0$ 时，显然有

$$f_2(0)=0, \quad d_2(0)=0$$

当 $x=1$ 时，根据式(6.14)可以得出

$$f_2(1)=\max[G_2(0)+f_1(1), G_2(1)+f_1(0)]=\max(4,5)=5$$
$$d_2(1)=1$$

当 $x=2$ 时，根据式(6.14)可以得出

$$f_2(2)=\max[G_2(0)+f_1(2), G_2(1)+f_1(1), G_2(2)+f_1(0)]=\max(26,9,15)=26$$
$$d_2(2)=0$$

按照此方法依次计算当 $x=3,4,\cdots,8$ 时第二阶段的利润 $f_2(x)$ 及分配份额 $d_2(x)$ 的值，见表 6.4。

表 6.4 第二阶段利润分配份额表

x	0	1	2	3	4	5	6	7	8
$f_2(x)$	0	5	26	40	60	70	86	100	110
$d_2(x)$	0	1	0	0	4	5	4	4	5

同理，可以计算出第三阶段的利润 $f_3(x)$ 及分配份额 $d_3(x)$ 的值，见表 6.5。

表 6.5　第三阶段利润分配份额表

x	0	1	2	3	4	5	6	7	8
$f_3(x)$	0	5	26	40	80	90	106	120	140
$d_3(x)$	0	1	0	0	4	5	4	4	4

（2）按照式（6.15）和式（6.16），求出每个阶段的最大利润及在该利润下的分配份额，则有

$$g_1 = 53 \quad g_2 = 110 \quad g_3 = 140$$
$$q_1 = 8 \quad q_2 = 8 \quad q_3 = 8$$

（3）按照式（6.17）、式（6.18）和式（6.19），计算全局的最大利润值 optg、最大的工程数目及总的最优分配份额如下：

$$optg = 140 \quad optx = 8 \quad x = 3$$

（4）按照式（6.20）递推计算出各个工程的最优分配份额如下：

$$optq_3 = d_3(optx_3) = d_3(8) = 4 \qquad optx_2 = optx_3 - optxq_3 = 8 - 4 = 4$$
$$optq_2 = d_2(optx_2) = d_4(4) = 4 \qquad optx_1 = optx_2 - optxq_2 = 4 - 4 = 0$$
$$optq_1 = d_1(optx_1) = d_1(0) = 0$$

综合以上的 4 个步骤可以得到以下结论：不分配给第一个工程任何资源，分配给第二个工程和第三个工程各 4 个份额的资源，可以获得最大的利润为 140。

6.4.2　资源分配算法的实现

首先定义动态规划算法所需要的数据结构，以下数据用于算法的输入：

```
int m;                      //可以分配的资源份额
int n;                      //工程项目个数
Type G[n][m+1];             //每项工程分配不同的份额资源时可以得到的利润表
```

以下数据用于算法的输出：

```
Type optg;                  //最优分配时所得到的总利润
int optq[n];                //最优分配时各项工程所得到的份额
```

以下数据用于算法的工作单元：

```
Type f[n][m+1];             //前 i 项工程分配不同份额时可以获得的最大利润
int d[n][m+1];              //使 f[i][x]最大时，第 i 项工程分配的份额
Type g[n];                  //资源只分配给前 i 项工程时，可以获得的最大利润
int q[n];                   //资源只分配给前 i 项工程时，第 i 项工程可获得的最优分配份额
int optx;                   //最优分配时的资源最优分配份额
int k;                      //最优分配时的工程项目的最大编号
```

所以，资源分配问题的动态规划算法可以按照以下方式描述：

算法 6.3　资源分配问题的动态规划算法。

输入：工程项目的总数 n，可以分配的资源份额 m，每项工程分配不同份额资源时可以得到的利润表 G[][]。

输出：最优分配时所能够获得的总利润 optg，最优分配时每项工程所能获得的份额 optq[]。

```
        template 〈class Type〉
        Type alloc_res(int n, int m, Type G[], int optq[])
        {
            int optx;
            int k;
            int i;
            int j;
            int s;
            int  * q=new int[n];                    //分配工作单元
            int ( * d)[m+1]=new int[n][m+1];
            Type ( * f)[m+1]=new Type[n][m+1];
              Type  * g=new Type[n];
              for(j=0; j<=m; j++){                  //第一个工程的份额利润表
                f[0][j]=G[0][j];
                d[0][j]=j;
              }
              for(i=0; i<=m; i++){                  //前 i 个工程的份额利润表
              f[i][0]=G[i][0]+f[i-1][0];
              d[i][0]=0;
              for(j=1; j<=m; j++){
                f[i][j]=f[i][0];
                d[i][j]=0;
                for(s=0; s<=j; s++){
                  if(f[i][j]<G[i][s]+f[i-1][j-s]){
                    f[i][j]=G[i][s]+f[i-1][j-s];
                    d[i][j]=s;
                  }
                }
              }
            }
            for(i=0; i<n; i++){                     //前 i 个工程的最大利润与最优分配份额
              g[i]=f[i][0];
              q[i]=0;
              for(j=1; j<=m; j++){
                if(g[i]<f[i][j]){
                  g[i]=f[i][j];
                  q[i]=j;
                }
              }
            }
            optg=g[0];
            optx=q[0];
            k=0;
```

```
    for(i=1; i<n; i++){                          //全局的最大利润及其最优分配份额
       if(optg<g[i]){                            //最大数目的工程项目及其编号
          optg=g[i];
          optx=q[i];
          k=i;
       }
    }
    if(k<n−1)                                     //最大编号之后的工程项目不分配份额
       for(i=k+1; i<n; i++)
          optq[i]=0;
       for(i=k; i>=0; i−−){                       //给最大编号之前的工程项目分配份额
          optq[i]=d[i][optx];
          optx−=optq[i];
       }
    delete q;                                     //释放工作单元
    delete d;
    delete f;
    delete g;
    return optg;                                  //返回最大利润
}
```

6.5　0/1 背包问题

给定 n 种物品和一个背包，物品 $i(1 \leqslant i \leqslant n)$ 的重量是 w_i，其价值为 v_i，背包容量为 C，对每种物品有两种选择：装入背包或不装入背包。如何选择装入背包的物品使得装入背包中物品的总价值最大？

设 $(x_1, x_2, \cdots, x_n)$ 是 0/1 背包问题的最优解，则 $(x_2, \cdots, x_n)$ 是下面子问题的最优解：

$$\begin{cases} \displaystyle\sum_{i=2}^{n} w_i x_i \leqslant C - w_1 x_1 \\ x_i \in \{0, 1\} \quad (2 \leqslant i \leqslant n) \end{cases}$$

$$\max \sum_{i=2}^{n} v_i x_i$$

设 $(y_2, \cdots, y_n)$ 是上述子问题的一个最优解，则 $\displaystyle\sum_{i=2}^{n} v_i y_i > \sum_{i=2}^{n} v_i x_i$，且 $w_1 x_1 +$

$\sum_{i=2}^{n} w_i y_i \leqslant C$。因此，$v_1 x_1 + \sum_{i=2}^{n} v_i y_i > v_1 x_1 + \sum_{i=2}^{n} v_i x_i = \sum_{i=1}^{n} v_i x_i$，说明$(x_1, y_2, \cdots, y_n)$ 是 0/1 背包问题的最优解且比$(x_1, x_2, \cdots, x_n)$更优，从而导致矛盾。

如何定义子问题呢？0/1 背包问题可以看作决策一个序列$(x_1, x_2, \cdots, x_n)$对任一变量x_i的决策是决定$x_i = 1$还是$x_i = 0$。设$V(n, C)$表示将n个物品装入容量为C的背包获得的最大价值，显然，初始子问题是把前面i个物品装入容量为 0 的背包和把 0 个物品装入容量为j的背包，得到的价值均为 0，即

$$V(i, 0) = V(0, j) = 0 \quad 0 \leqslant i \leqslant n, 0 \leqslant j \leqslant C$$

考虑原问题的一部分，设$V(i, j)$表示前$i(1 \leqslant i \leqslant n)$个物品装入容量为$j(1 \leqslant j \leqslant C)$的背包获得的最大价值，在决策$x_i$时已确定了$(x_1, \cdots, x_{i-1})$，则问题处于下列两种状态之一：

（1）背包容量不足以装入物品i，则装入前i个物品得到的最大价值和装入前$i-1$个物品得到的最大价值是相同的，即$x_i = 0$，背包不增加价值。

（2）背包容量可以装入物品i，如果把第i个物品装入背包，则背包中物品的价值等于把前$i-1$个物品装入容量为$j-w_i$的背包中的价值加上第i个物品的价值v_i；如果第i个物品没有装入背包，则背包中物品的价值等于把前$i-1$个物品装入容量为j的背包中所取得的价值。显然，取二者中价值较大者作为把前i个物品装入容量为j的背包中的最优解，则得到如下递推式：

$$V(i, j) = \begin{cases} V(i-1, j) & j < w_i \\ \max\{V(i-1, j), V(i-1, j-w_i) + v_i\} & j \geqslant w_i \end{cases}$$

为了确定装入背包的具体物品，从$V(n, C)$的值向前推，如果$V(n, C) > V(n-1, C)$，则表明第n个物品被装入背包，前$n-1$个物品被装入容量为$C - w_n$的背包中；否则，第n个物品没有被装入背包，前$n-1$个物品被装入容量为C的背包中。以此类推，直到确定第 1 个物品是否被装入背包中为止。由此得到如下函数：

$$x_i = \begin{cases} 0 & V(i, j) = V(i-1, j) \\ 1 & j = j - w_i, V(i, j) > V(i-1, j) \end{cases}$$

例如，有 5 个物品，其重量分别是$\{2, 2, 6, 5, 4\}$，价值分别为$\{6, 3, 5, 4, 6\}$，背包的容量为 10，动态规划法求解 0/1 背包问题的过程如图 6.6 所示，具体过程如下：

$w_1=2\ v_1=6$		0	1	2	3	4	5	6	7	8	9	10	$x_1=1$
$w_2=2\ v_2=3$													$x_2=1$
$w_3=6\ v_3=5$	0	0	0	0	0	0	0	0	0	0	0	0	$x_3=0$
$w_4=5\ v_4=4$	1	0	0	6	6	6	6	6	6	6	6	6	$x_4=0$
$w_5=4\ v_5=6$	2	0	0	6	6	9	9	9	9	9	9	9	$x_5=1$
	3	0	0	6	6	9	9	9	9	11	11	14	
	4	0	0	6	6	9	9	9	10	11	13	14	
	5	0	0	6	6	9	9	9	12	12	15	**15**	

图 6.6　0/1 背包的求解过程

（1）求解初始子问题，把前面i个物品装入容量为 0 的背包和把 0 个物品装入容量为

j 的背包，即 $V(i,0)=V(0,j)=0$，将第 0 行和第 0 列初始化为 0。

（2）求解第一个阶段的子问题，装入前 1 个物品，确定各种情况下背包能够获得的最大价值：如果 $1<w_1$，则 $V(1,1)=0$；如果 $2=w_1$，则 $V(1,2)=\max\{V(0,2),V(0,2-w_1)+v_1\}=6$；依次计算，填写第 1 行。

（3）求解第二个阶段的子问题，装入前 2 个物品，确定各种情况下背包能够获得的最大价值：如果 $1<w_1$，则 $V(2,1)=0$；如果 $2=w_2$，则 $V(2,2)=\max\{V(1,2),V(1,2-w_2)+v_2\}=6$；依次计算，填写第 2 行。

（4）以此类推，直到第 n 个阶段，$V(5,10)$ 便是在容量为 10 的背包中装入 5 个物品时取得的最大价值。为了求得装入背包的物品，从 $V(5,10)$ 开始回溯，如果 $V(5,10)>V(4,10)$，则物品 5 装入背包，$j=j-w_5=6$；如果 $V(4,6)=V(3,6)$，$V(3,6)=V(2,6)$，则物品 4 和 3 没有装入背包；如果 $V(2,6)>V(1,6)$，则物品 2 装入背包，$j=j-w_2=4$；如果 $V(1,4)=V(0,4)$，则物品 1 装入背包，得到问题的最优解 $X=\{1,1,0,0,1\}$。

设 n 个物品的重量存储在数组 $w[n]$ 中，价值存储在数组 $v[n]$ 中，背包容量为 C，数组 $V[n+1][C+1]$ 存放迭代结果，其中 $V[i][j]$ 表示前 i 个物品装入容量为 j 的背包中获得的最大价值，数组 $x[n]$ 存储装入背包的物品，动态规划法求解 0/1 背包问题如算法 6.3 所示。

算法 6.4　动态规划法求解 0/1 背包问题的算法。

```
int KnapSack(int w[], int v[], int n, int C)
{
    int i, j;
    for(i=0; i<=n; i++)                              //初始化第 0 列
        V[i][0]=0;
    for(j=0; j<=C; j++)                              //初始化第 0 行
        V[0][j]=0;
    for(i=1; i<=n; i++)                              //计算第 i 行，进行第 i 次迭代
        for(j=1; j<=C; j++)
    if(j<w[i]) V[i][j]=V[i-1][j];
    else V[i][j]=max(V[i-1][j], V[i-1][j-w[i]]+v[i]);
    for(j=C, i=n; i=n; i--)                          //求装入背包的物品
    {
        if(V[i][j]>V[i-1][j])
        {
            x[i]=1; j=j-w[i];
        }
        else x[i]=0;
    }
    Return V[n][C];                                  //返回背包取得的最大价值
}
```

6.6 查找问题中的最优二叉查找树

设$\{r_1, r_2, \cdots, r_n\}$是$n$个记录的结合，其查找概率是$\{p_1, p_2, \cdots, p_n\}$，求这$n$个记录构成的最优二叉查找树。最优二叉查找树(optimal binary search tree)是以这n个记录构成的二叉查找树中具有最少平均比较次数的二叉查找树，即$\sum_{i=1}^{n} p_i \times c_i$最小，其中$p_i$是记录$r_i$的查找概率，$c_i$是在二叉查找树中查找$r_i$的比较次数。例如，集合$\{A, B, C, D\}$的查找概率是$\{0.1, 0.2, 0.3, 0.4\}$，对应的最优二叉查找树如图6.7所示，平均比较次数为$0.1 \times 3 + 0.2 \times 2 + 0.4 \times 1 + 0.3 \times 2 = 1.7$。

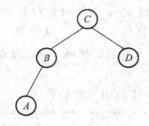

图 6.7　最优二叉查找树

将由$\{r_1, r_2, \cdots, r_n\}$构成的二叉查找树记为$T(1, n)$，其中$r_k$ $(1 \leqslant k \leqslant n)$是$T(1, n)$的根节点，则其左子树$T(1, k-1)$由$\{r_1, r_2, \cdots, r_{k-1}\}$构成，其右子树$T(k+1, n)$由$\{r_{k+1}, \cdots, r_n\}$构成，如图6.8所示，首先证明最优二叉查找树满足最优性原理。

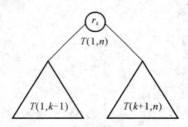

图 6.8　以r_k为根的二叉查找树

设$T(1, n)$是最优二叉查找树，则其左子树$T(1, k-1)$和右子树$T(k+1, n)$也是最优二叉查找树，如若不然，假设$T'(1, k-1)$是比$T(1, k-1)$更优的二叉查找树，则$T'(1, k-1)$的平均比较次数小于$T(1, k-1)$的平均比较次数，从而由$T'(1, k-1)$、r_k和$T(k+1, n)$构成的二叉查找树$T'(1, n)$的平均比较次数小于$T(1, n)$的平均比较次数，这与$T(1, n)$是最优二叉查找树的假设相矛盾。因此，最优二叉查找树满足最优性原理。

设$C(1, n)$是最优二叉查找树$T(1, n)$的平均比较次数，显然，初始子问题是只有一个记录，则对应的二叉查找树只有根结点。考虑原问题的部分解，设$T(i, j)$是由记录$\{r_i, \cdots, r_j\}$ $(1 \leqslant i \leqslant j \leqslant n)$构成的二叉查找树，$C(i, j)$是这棵二叉查找树的平均比较次数，记录$r_k$为$T(i, j)$的根结点，则$r_k$可以是$\{r_i, \cdots, r_j\}$的任一记录，即

$$C(i, j) = \min_{i \leqslant k \leqslant j} \Big\{ p_k \times 1 + \sum_{s=i}^{k-1} p_s \times (r_s \text{ 在 } T(i, k-1) \text{ 中的层数} + 1) +$$

$$\sum_{s=k+1}^{j} p_s \times (r_s \text{ 在 } T(k+1, n) \text{ 中的层数} + 1) \Big\}$$

$$= \min_{i \leqslant k \leqslant j} \Big\{ p_k + \sum_{s=i}^{k-1} p_s \times r_s \text{ 在 } T(i, k-1) \text{ 中的层数} + \sum_{s=i}^{k-1} p_s$$

$$+ \sum_{s=k+1}^{j} p_s \times r_s \text{ 在 } T(k+1, n) \text{ 中的层数} + \sum_{s=k+1}^{j} p_s \Big\}$$

$$= \min_{i \leqslant k \leqslant j} \Big\{ \sum_{s=i}^{k-1} p_s \times r_s \text{ 在 } T(i, k-1) \text{ 中的层数} +$$

$$\sum_{s=k+1}^{j} p_s \times r_s \text{ 在 } T(k+1, n) \text{ 中的层数} + \sum_{s=i}^{j} p_s \Big\}$$

$$= \min_{i \leqslant k \leqslant j} \Big\{ C(i, k-1) + C(k+1, j) + \sum_{s=i}^{j} p_s \Big\}$$

由于空树的比较次数为 0，因此得到如下动态规划函数：

$$\begin{cases} C(i, i-1) = 0 & 1 \leqslant i \leqslant n+1 \\ C(i, i) = p_i & 1 \leqslant i \leqslant n \\ C(i, j) = \min \Big\{ C(i, k-1) + C(k+1, j) + \sum_{s=i}^{j} p_s \Big\} & 1 \leqslant i \leqslant j \leqslant n, i \leqslant k \leqslant j \end{cases}$$

需要注意的是，当 $k=1$ 时，求 $C(i, 0)$，当 $k=n$ 时，求 $C(i, j)$ 需要用到 $C(n+1, j)$，所以，矩阵 C 的行下标范围为 $1 \sim n+1$，列下标范围为 $0 \sim n$。对于 $T(i, j)$，若 $i > j$，则表明该二叉查找树为空树，即矩阵 C 中主对角以下的元素均为 0，因此只需计算主对角线以上的元素。为了得到具体的最优二叉查找树，设一个矩阵 R，其下标范围与矩阵 C 相同，$R(i, j)$ 表示二叉查找树 $T(i, j)$ 的根结点。

例如，集合 $\{A, B, C, D\}$ 的查找概率是 $\{0.1, 0.2, 0.4, 0.3\}$，动态规划法求解最优二叉查找树的过程如图 6.9 所示，具体过程如下：

首先进行初始化，空树的比较次数为 0，即 $C(i, i-1) = 0 (1 \leqslant i \leqslant n+1)$，将矩阵 C 的主对角线元素初始化为 0。

再求解初始子问题，二叉查找树只有一个根结点，即 $C(i, i) = p_i (1 \leqslant i \leqslant n)$，填写第 1 条次对角线。

再求解下一个较短的子问题，由两个记录构成的二叉查找树计算 $C(1, 2)$：

$$C(1, 2) = \min \begin{cases} k=1: C(1, 0) + C(2, 2) + \sum_{s=1}^{2} p_s = 0 + 0.2 + 0.3 = 0.5 \\ k=2: C(1, 1) + C(3, 2) + \sum_{s=1}^{2} p_s = 0.1 + 0 + 0.3 = 0.4 \end{cases} = 0.4$$

因此，由记录 $\{r_1, r_2\}$ 构成的最优二叉查找树的根结点是 r_2，平均比较次数是 0.4；再计算 $C(2, 3)$ 和 $C(3, 4)$，填写第 2 条次对角线。

以此类推，直到最后一个阶段，$C(1, 4)$ 即是最优二叉查找树的平均比较次数。因为 $R(1, 4) = 3$，所以最优二叉查找树 $T(1, 4)$ 的根结点是 C，其左子树包含节点 A 和 B，右

子树包含节点 D。因为 $R(1,2)=2$，所以左子树的根结点是 B；因为 $R(1,1)=1$，所以节点 B 的左孩子是 A；因为 $R(4,4)=4$，所以节点 C 的右孩子是 D，最优二叉查找树如图 6.9 所示。

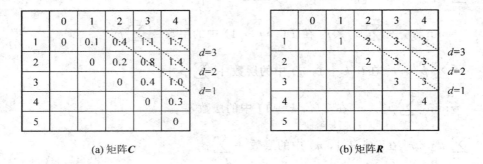

(a) 矩阵 C (b) 矩阵 R

图 6.9   最优二叉查找树的求解过程

习 题 6

1. 用递归函数设计一个求解货郎担问题的动态规划算法，并估计它的时间复杂度。

2. 用动态规划方法求图 6.10 中从顶点 0 到顶点 9 的最短路径。

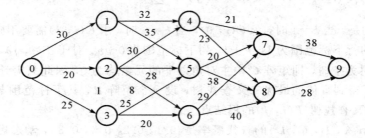

图 6.10   第 2 题图

3. 用动态规划方法求图 6.11 中从顶点 0 到顶点 6 的最长路径和最短路径。

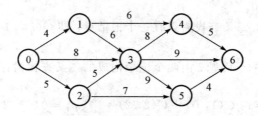

图 6.11   第 3 题图

4. 有字符序列 $A=x\,y\,z\,z\,y\,x\,z\,y\,x\,x\,y\,x$，$B=z\,y\,x\,x\,y\,y\,z\,y\,x\,y\,z\,y$，求最长公共子序列及其长度。

5. 有 6 个物体，其重量分别为 5、3、7、2、3、4，价值分别为 3、6、5、4、3、4。有一背包，载重量为 15，物体不可分割。求装入背包的物体的最大价值并写出其求解过程。

6. 有 5 个物体，其重量分别为 3、5、7、8、9，价值分别为 4、6、7、9、10。有一背包，载重量为 22，物体不可分割。求装入背包的物体的最大价值并写出其求解过程。

7. 斐波那契序列的递归定义如下：

$$f(n)=\begin{cases}1 & n=1,2\\ f(n-1)+f(n-2) & n\geqslant 3\end{cases}$$

设计一个用 $\Theta(n)$ 时间和 $\Theta(1)$ 空间的算法。

8. 以 $O(n^2 2^n)$ 的时间，用循环迭代的方法设计一个求解货郎担的动态规划算法，并估计它的空间复杂度。

9. 动态规划法为什么都需要填表？如何设计表格的结构？

10. Ackermann 函数 $A(m,n)$ 的递归定义如下：

$$A(m,n)=\begin{cases}n+1 & m=0\\ A(m-1,1) & m>0,n=0\\ A(m-1,A(m,n-1)) & m>0,n>0\end{cases}$$

设计动态规划算法计算 $A(m,n)$，要求算法的空间复杂度为 $O(m)$。

11. 考虑下面的货币兑付问题。一个流通系统具有面值分别为 $v_1,v_2\cdots,v_n$ 的 n 种货币，希望支付 y 值的金额，要求所支付货币的张数最少，也即满足

$$\sum_{i=1}^{n}x_i v_i=y$$

并且使 $\min\sum_{i=1}^{n}x_i$ 最小。编写一个动态规划算法求解这个问题。

12. 分析习题 11 中所编写算法的时间和空间复杂度分别是多少。

13. 给定模式"geammer"和文本"grameer"，写出动态规划法求解 K-近似匹配的过程。

14. 对于最优二叉查找树的动态规划算法，设计一个线性时间算法，从二维表 R 中生成最优二叉查找树。

15. 令 $T=\{t_1,t_2,\cdots,t_n\}$ 为 n 种物体的集合，对于所有的 $1\leqslant i\leqslant n$，w_i、v_i 分别表示物体 t_i 的重量和价值，背包的载重量为 M。要求编写一个动态规划算法满足 $\sum_{i=1}^{n}x_i w_i\leqslant M$ 和 $\max\sum_{i=1}^{n}x_i v_i$。

第7章 回 溯 法

7.1 回溯法的设计思想

7.1.1 问题的解空间

问题的解向量为 $\boldsymbol{X}=(x_1, x_2, \cdots, x_n)$，$x_i$ 的取值范围为有穷集 S_i。把 x_i 的所有可能取值的组合称为问题的解空间，每一个组合是问题的一个可能解。

例如，0/1 背包问题，$S=\{0, 1\}$，当 $n=3$ 时，0/1 背包问题的解空间是

$$\{(0,0,0), (0,0,1), (0,1,0), (0,1,1), (1,0,0), (1,0,1), (1,1,0), (1,1,1)\}$$

当输入规模为 n 时，有 2^n 种可能的解。

又如，货郎担问题，$S=\{1, 2, \cdots, n\}$，当 $n=3$ 时，$S=\{1, 2, 3\}$，货郎担问题的解空间是

$$\{(1,1,1), (1,1,2), (1,1,3), (1,2,1), (1,2,2), (1,2,3), \cdots, (3,3,1), (3,3,2), (3,3,3)\}$$

当输入规模为 n 时，它有 n^n 种可能的解。考虑到约束方程 $x_i \neq x_j$，因此货郎担问题的解空间压缩为

$$\{(1,2,3), (1,3,2), (2,1,3), (2,3,1), (3,1,2), (3,2,1)\}$$

当输入规模为 n 时，它有 $n!$ 种可能的解。

问题的解空间一般用解空间树（solution space tree，也称状态空间树）的方式组织，树的根结点位于第 1 层表示搜索的初始状态，第 2 层的节点表示对解向量的第一个分量做出选择后到达的状态，第 1 层到第 2 层的边上标出对第一个分量选择的结果，以此类推，从树的根结点到叶子节点的路径就构成了解空间的一个可能解。

例如，对于 $n=3$ 的 0/1 背包问题，其解空间树如图 7.1 所示，树中第 i 层与第 $i+1$ 层

$(1 \leqslant i \leqslant n)$ 节点之间的边上给出了对物品 i 的选择结果,左子树表示该物品被装入了背包,右子树表示该物品没有被装入背包。树中的 8 个叶子节点分别代表该问题的 8 个可能解,如节点 8 代表一个可能解 $(1,0,0)$。

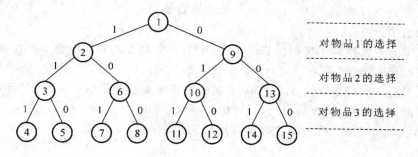

图 7.1　0/1 背包问题的解空间树及其含义

7.1.2　回溯法的设计思想

回溯法从解空间树的根节点出发,按照深度优先策略搜索满足约束条件的解。在搜索至树中某节点时,先判断该节点对应的部分解是否满足约束条件,也就是判断该节点是否包含问题的(最优)解,如果肯定不包含,则跳过以该节点为根的子树,即剪枝(pruning);否则,进入以该节点为根的子树,继续按照深度优先策略进行搜索。

需要强调的是,问题的解空间树是虚拟的,并不需要在算法运行时构造一棵真正的树结构。由于问题的解向量 $\boldsymbol{X} = (x_1, x_2, \cdots, x_n)$ 中的每个分量 $x_i(1 \leqslant i \leqslant n)$ 都属于一个有限集合 $S_i = \{a_{i,1}, a_{i,2}, \cdots, a_{i,r_i}\}$,因此回溯法可以按照某种顺序(如字典序)考察笛卡尔积 $S_1 \times S_2 \times \cdots \times S_n$ 中的元素。初始时,令解向量 $\boldsymbol{X}$ 为空,然后从根节点出发选择 S_1 的第一个元素作为解向量 $\boldsymbol{X}$ 的第一个分量,即 $x_1 = a_{1,1}$。如果 $\boldsymbol{X} = (x_1)$ 是问题的部分解,则继续扩展解向量 $\boldsymbol{X}$ 的第一个分量,选择 S_2 的第一个元素作为解向量 $\boldsymbol{X}$ 的第 2 个分量;否则,选择 S_1 的下一个元素作为解向量 $\boldsymbol{X}$ 的第一个分量,即 $x_1 = a_{1,2}$。依次类推,一般情况下,如果 $\boldsymbol{X} = (x_1, x_2, \cdots, x_i)$ 是问题的部分解,则选择 S_{i+1} 的第一个元素作为解向量 $\boldsymbol{X}$ 的第 $i+1$ 个分量时有下面三种情况:

(1) 如果 $\boldsymbol{X} = (x_1, x_2, \cdots, x_{i+1})$ 是问题的最终解,则输出这个解。如果问题只希望得到一个解,则结束搜索,否则继续搜索其他解。

(2) 如果 $\boldsymbol{X} = (x_1, x_2, \cdots, x_{i+1})$ 是问题的部分解,则继续构造解向量的下一个分量。

(3) 如果 $\boldsymbol{X} = (x_1, x_2, \cdots, x_{i+1})$ 既不是问题的部分解也不是问题的最终解,则存在下面两种情况:

① 如果 $x_{i+1} = a_{i+1,k}$ 不是集合 S_{i+1} 的最后一个元素,则令 $x_{i+1} = a_{i+1,k+1}$,即选择 S_{i+1} 的下一个元素作为解向量 $\boldsymbol{X}$ 的第 $i+1$ 个分量。

② 如果 $x_{i+1} = a_{i+1,k}$ 是集合 S_{i+1} 的最后一个元素,就回溯到 $\boldsymbol{X} = (x_1, x_2, \cdots, x_i)$,选择 S_i 的下一个元素作为解向量 $\boldsymbol{X}$ 的第 i 个分量;否则,继续回溯到 $\boldsymbol{X} = (x_1, x_2, \cdots, x_{i-1})$。

例如,对于 $n=3$ 的 0/1 背包问题,三个物品的重量为 $\{20, 15, 10\}$,价值为 $\{20, 30, 25\}$,背包容量为 25,从图 7.1 所示的解空间树的根结点开始搜索,搜索过程如下:

(1) 从节点 1 选择左子树到达节点 2,由于选取了物品 1,因此在节点 2 处背包剩余容量是 5，获得的价值为 20；

（2）从节点 2 选择左子树到达节点 3，由于节点 3 需要背包容量为 15，而现在背包仅有容量 5，因此节点 3 导致不可行解，对以节点 3 为根的子树实行剪枝；

（3）从节点 3 回溯到节点 2，从节点 2 选择右子树达到节点 6，节点 6 不需要背包容量，获得的价值为 20；

（4）从节点 6 选择左子树到达节点 7，由于节点 7 需要的背包容量为 10，而现在背包仅有容量 5，因此节点 7 导致不可行解，对以节点 7 为根的子树实行剪枝；

（5）从节点 7 回溯到节点 6，在节点 6 选择右子树到达叶子节点 8，而节点 8 不需要容量，构成问题的一个可行解 $(1, 0, 0)$，背包获得价值 20。

按此方式继续搜索，得到的搜索空间如图 7.2 所示。

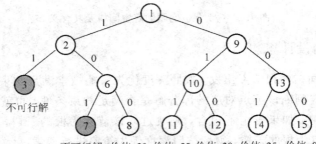

图 7.2　0/1 背包问题的搜索空间

7.2　图的回溯法

7.2.1　图的着色问题的求解

给定无向图 $G = \langle V, E \rangle$，用 m 种颜色为图中每个顶点着色，要求每个顶点着一种颜色，并且相邻两个顶点之间具有不同的颜色，这个问题称为图的着色问题。

图的着色问题是由地图的着色问题引申而来的：用 m 种颜色为地图着色，使得地图上的每一个区域着一种颜色，且相邻区域的颜色不同。如果把每一个区域收缩为一个顶点，把相邻两个区域用一条边相连接，就可以把一个区域图抽象为一个平面图。例如，图 7.3 (a)所示的区域可抽象为图 7.3(b)所示的平面图。19 世纪 50 年代，英国学者提出了任何地图都可用 4 种颜色来着色的 4 色猜想问题。过了 100 多年，这个问题才由美国学者在计算机上予以证明，这就是著名的四色定理。例如，在图 7.3 中，区域用大写字母表示，颜色用数字表示，则图中表示了不同区域的不同着色情况。

用 m 种颜色来为无向图 $G = \langle V, E \rangle$ 着色，其中 V 的顶点个数为 n。为此，用一个 n 元组 $(c_1, c_2, \cdots, c_n)$ 来描述图的一种着色，其中 $c_i \in \{1, 2, \cdots, m\}(1 \leqslant i \leqslant n)$ 表示赋予顶点 i 的颜色。例如，5 原色 $(1, 3, 2, 3, 1)$ 表示对具有 5 个顶点的图的一种着色，顶点 1 被赋

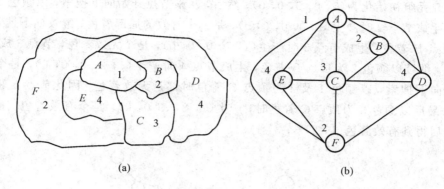

(a)　　　　　　　　　　(b)

图 7.3　把区域图抽象为平面图的例子

予颜色 1，顶点 2 被赋予颜色 3，如此等等。如果在这种着色中，所有相邻的顶点都不具有相同的颜色，就称这种着色是有效着色，否则称为无效着色。用 m 种颜色来给一个具有 n 个顶点的图着色，就有 m^n 种可能的着色组合。其中，有些是有效着色，有些是无效着色。因此，其状态空间树是一棵高度为 n 的完全 m 叉树。在这里，树的高度是指从树的根节点到叶子节点的最长通路的长度。每一个分支节点都有 m 个儿子节点，最底层有 m^n 个叶子节点。例如，用 3 种颜色为具有 3 个顶点的图着色的状态空间树如图 7.4 所示。

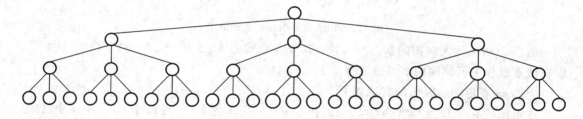

图 7.4　三着色具有三个顶点的图的状态空间树

用回溯法求解图的 m 着色问题时，按照题意可列出如下约束方程：

$$x[i] \neq x[j] \quad 顶点 i 与顶点 j 相邻接 \qquad (7.1)$$

首先，把所有顶点的颜色初始化为 0。然后，一个一个地为每个顶点赋予颜色。如果其中 i 个顶点已经着色，并且相邻两个顶点的颜色都不一样，就称当前的着色是有效的局部着色；否则，就称为无效的着色。如果由根节点到当前节点路径上的着色对应于一个有效的着色，并且路径的长度小于 n，那么相应着色是有效的局部着色。这时，就从当前节点继续搜索它的儿子节点，并把儿子节点标记为当前节点。在另一方面，如果在相应路径上搜索不到有效的着色，就把当前节点标记为 $d\_$节点（即死结点，指不满足约束条件、目标函数或其儿子节点已全部搜索完毕的节点或者叶节点），并把控制转移去搜索对应于另一种颜色的兄弟节点。如果对所有 m 个兄弟节点，都搜索不到一种有效的着色，就回溯到其父亲节点，并把父亲节点标记为 $d\_$节点，转移去搜索父亲节点的兄弟节点。这种搜索过程一直进行，直到根节点变为 $d\_$节点，或搜索路径的长度等于 n 并找到了一个有效的着色。前者表示该图是 m 不可着色的，后者表示该图是 m 可着色的。

【例 7.1】　三着色，即用 3 种颜色着色图 7.5(a)所示的无向图。

解　用 3 种颜色为图 7.5(a)所示的无向图着色时所生成的搜索树如图 7.5(b)所示。

首先，把 5 元组初始化为 $(0, 0, 0, 0, 0)$。然后，从根节点开始向下搜索，以颜色 1 为顶点 A 着色，生成节点 2 时产生 $(1, 0, 0, 0, 0)$，是一个有效的局部着色；继续向下搜索，以颜色 1 为顶点 B 着色，生成节点 3 时产生 $(1, 1, 0, 0, 0)$，是个无效着色，节点 3 成为 $d\_$节点；所以，继续以颜色 2 为顶点 B 着色，生成节点 4 时产生 $(1, 2, 0, 0, 0)$，是个有效着色。继续向下搜索，以颜色 1 及 2 为顶点 C 着色时都是无效着色，因此节点 5 和 6 都是 $d\_$节点。最后以颜色 3 为顶点 C 着色时，产生 $(1, 2, 3, 0, 0)$，是个有效着色。重复上述步骤，最后得到有效着色 $(1, 2, 3, 3, 1)$。

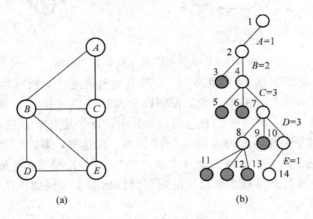

图 7.5 回溯法解图三着色的例子

图 7.5(a)所示无向图的状态空间树，其节点总数为 $1+3+9+27+81+243=364$ 个，但在搜索过程中所访问的节点数只有 14 个。

图的 m 着色问题算法的实现如下：

假定图的 n 个顶点集合为 $\{0, 1, 2, \cdots, n-1\}$，颜色集合为 $\{1, 2, \cdots, m\}$；用数组 $x[n]$ 来存放 n 个顶点的着色，用 $c[n][n]$ 来表示顶点之间的邻接关系，若顶点 i 和顶点 j 之间存放关联边，则元素 $c[i][j]$ 为真，否则为假，所使用的数据结构如下：

```
intn;              /* 顶点个数 */
intm;              /* 最大颜色数 */
intk;              /* 顶点号码，搜索深度 */
intx[n];           /* 顶点的着色 */
BOOLc[n][n];       /* 布尔值表示的图的邻接矩阵 */
```

用函数 ok 来判断顶点着色的有效性。$0 \sim k-1$ 顶点的着色有效，判断 $0 \sim k$ 顶点的着色是否有效，有效返回 TRUE，无效返回 FALSE。程序如下：

```
1. BOOL ok(int x[], int k, BOOL c[][], int n)
2. {
3.     int i;
4.     for (i=0; i<k; i++) {
5.         if (c[k][i]&&(x[k]==x[i])
6.             return FALSE; }
7.     return TRUE;
8. }
```

算法 7.1　用 m 种颜色为图着色。

输入：无向图的顶点个数 n，颜色数 m，图的邻接矩阵 c[][]。

输出：n 个顶点的着色 x[]。

```
1.  void m_coloring(int n, int m, int x[], BOOL c[][])
2.  {
3.      int i, k;
4.      for (i=0; i<n; i++)
5.          x[i] = 0;                              /* 解向量初始化为 0 */
6.      k = 0;
7.      while (k>=0) {
8.          x[k] = x[k] + 1;                       /* 使当前的颜色数加 1 */
9.          while ((x[k]<=m)&&(! ok(x, k, c, n)))  /* 当前着色是否有效 */
10.             x[k] = x[k] + 1;                   /* 无效，继续搜索下一颜色 */
11.         if (x[k]<=m) {                         /* 搜索成功？ */
12.             if (k==n-1) break;                 /* 是最后的顶点，完成搜索 */
13.             else k = k + 1;                    /* 不是，处理下一个顶点 */
14.         }
15.         else {                                 /* 搜索失败，回溯到前一个顶点 */
16.             x[k] = 0;    k = k - 1;
17.         }
18.     }
19. }
```

算法中，用变量 k 来表示顶点的号码。开始时，所有顶点的颜色数都初始化为 0。第 6 行把 k 赋予 0，从编号为 0 的顶点开始进行着色。第 7 行开始的 while 循环执行图的着色工作。第 8 行使第 k 个顶点的颜色数加 1。第 9 行判断当前的颜色是否有效，如果无效，第 10 行继续搜索下一种颜色。如果搜索到一种有效的颜色，或已经搜索完 m 种颜色都找不到有效的颜色，就退出这个内部循环。如果存在一种有效的颜色，则该颜色数必定小于或等于 m，第 11 行判断这种情况。在此情况下，第 12 行进一步判断 n 个顶点是否全部着色，若是则退出外部的 while 循环，结束搜索；否则，使变量 k 加 1，为下一个顶点着色。如果不存在有效的着色，在第 16 行使第 k 个顶点的颜色数复位为 0，使变量 k 减 1，回溯到前一个顶点，把控制返回到外部 while 循环的顶部，从前一个顶点的当前颜色数继续进行搜索。

该算法的第 4、5 行的初始化花费 $\Theta(n)$ 时间。主要工作由一个二重循环组成，即第 7 行开始的外部 while 循环和第 9 行开始的内部 while 循环。因此，算法的运行时间与内部 while 循环的循环体的执行次数有关。每访问一个节点，该循环体就执行一次。状态空间树中的节点总数为

$$\sum_{i=0}^{n} m^i = \frac{m^{n+1}-1}{m-1} = O(m^n)$$

每访问一个结点，就调用一次 ok 函数计算约束方程。ok 函数由一个循环组成，每执行一次循环体，就计算一次约束方程。循环体的执行次数与搜索深度有关，最少一次，最多 $n-1$ 次。因此，每次 ok 函数计算约束方程的系数为 $O(n)$。这样，理论上在最坏情况下，算法的总花费为 $O(nm^n)$。但实际上，被访问的结点个数 c 是动态生成的，其总个数远远低于状态空间树的总结点数。若不考虑输入所占用的存储空间，该算法需要用 $\Theta(n)$ 的空间来存放解向量。

7.2.2 哈密尔顿回路的求解

哈密尔顿回路问题起源于 19 世纪 50 年代英国数学家哈密尔顿提出的周游世界的问题。他用正十二面体的 20 个顶点代表世界上的 20 个城市，要求从一个城市出发，经过每个城市恰好一次，然后回到出发点。图 7.6(a) 所示的正十二面体，其展开图如图 7.6(b) 所示，按照图中的顶点标号顺序构成的回路，就是他所提问题的一个解。

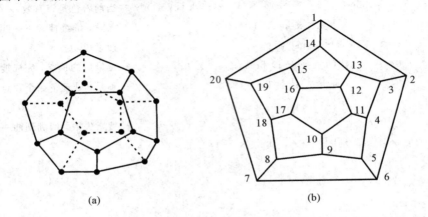

图 7.6 哈密尔顿周游世界的正十二面体及其展开图

哈密尔顿回路的定义如下：

定义 7.1 设无向图 $G=\langle V, E\rangle$，$v_1 v_2 \cdots v_n$ 是 G 的一条通路，若 G 中每个顶点在该通路中出现且仅出现一次，则称该通路为哈密尔顿通路。若 $v_1=v_n$，则称该通路为哈密尔顿回路。

假定图 $G=\langle V, E\rangle$ 的顶点集为 $V=\{0, 1, \cdots, n-1\}$。按照回路中顶点的顺序，用 n 元向量 $\boldsymbol{X}=(x_0, x_1, \cdots, x_{n-1})$ 来表示回路中的顶点编号，其中 $x_i \in \{0, 1, \cdots, n-1\}$。用布尔数组 $c[n][n]$ 来表示图的邻接矩阵，如果顶点 i 和顶点 j 相邻接，则 $c[i][j]$ 为真，否则为假。根据题意，有如下方程：

$$c[x_i][x_{i+1}]=\text{TRUE} \qquad 0 \leqslant i \leqslant n-1$$
$$c[x_0][x_{n-1}]=\text{TRUE}$$
$$x_i \neq x_j \qquad 0 \leqslant i, j \leqslant n-1, i \neq j$$

由于有 n 个顶点，因此其状态空间树是一棵高度为 n 的完全二叉树，每一个分支节点都有 n 个儿子节点，最底层有 n^n 个叶子节点。

用回溯法求解哈密尔顿回路问题时，首先把回路中所有顶点的编号初始化为 -1。然后，把顶点 0 当做回路中的第一个顶点，搜索与顶点 0 相邻接的编号最小的顶点作为它的后续顶点。假定在搜索过程中已经生成了通路 $l=x_0 x_1 \cdots x_{i-1}$，则在继续搜索某个顶点作为通路中的 x_i 时，根据约束方程，在 V 中寻找与 x_{i-1} 相邻接的并且不属于 l 的编号最小的顶点。如果搜索成功，就把这个顶点作为通路中的顶点 x_i，然后继续搜索通路中的下一个顶点。如果搜索失败，就把 l 中的 x_{i-1} 删去，从 x_{i-1} 的顶点编号加 1 的位置开始，继续搜索与 x_{i-2} 相邻接的并且不属于 l 的编号最小的顶点。这个过程一直进行，当搜索到 l 中的顶点 x_{n-1} 时，如果 x_{n-1} 与 x_0 相邻接，则生成的回路 l 就是一条哈密尔顿回路；否则，把 l 中的顶点 x_{n-1} 删去，继续回溯。最后，如果在回溯过程中，l 中只剩下一个顶点 x_0，则表明图中不存在哈密尔顿回路，即该图不是哈密尔顿图。

【例 7.2】　寻找图 7.7(a)的哈密尔顿回路。

解　图 7.7(b)是用回溯法解图 7.7(a)生成的搜索树，生成的哈密尔顿回路的节点顺序是 12354。用回溯法解图 7.7(a)时，状态空间树是一棵完全 5 叉树，节点总数为 3960 个，但在求解过程中访问的节点数只有 21 个。

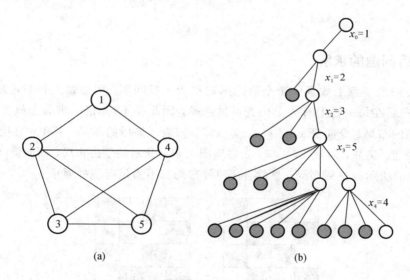

(a)　　　　　　　　　　　　(b)

图 7.7　哈密尔顿回路问题及其搜索树的例子

算法　用回溯法求解哈密尔顿回路，首先把 n 元组 $(x_1, x_2, \cdots, x_n)$ 的每一个分量初始化为 0，然后深度优先搜索解空间树，如果满足约束条件，则继续进行搜索，否则将引起搜索过程的回溯。设数组 $x[n]$ 存储哈密尔顿回路上的顶点，数组 $visited[n]$ 存储顶点的访问标志，$visited[i]=1$ 表示哈密尔顿回路经过顶点 i，算法用伪代码描述如下：

算法 7.2　回溯法求解哈密尔顿回路问题。

输入：无向图 $G=\langle V, E \rangle$。

输出：哈密尔顿回路。

1. 将顶点数组 x[n]初始化为 0，标志数组 visited[n]初始化为 0；

2. 从顶点 0 出发构造哈密尔顿回路：visited[0]=1；x[0]=1；k=1；

3. while(k≥1)

4. 　x[k]=x[k]+1，搜索下一个顶点；

5. 　若 n 个顶点没有被穷举完，则执行下列操作

6.　　　若顶点 x[k]不在哈密尔顿回路上并且(x[k−1]，x[k])∈E，转步骤8；

7.　　　否则，x[k]＝x[k]＋1，搜索下一个顶点；

8.　　　若数组 x[n]已形成哈密尔顿路径，则输出数组 x[n]，算法结束；

9.　　　若数组 x[n]构成哈密尔顿路径的部分解，则 k＝k＋1，转步骤3；

10.　　否则，取消顶点 x[k]的访问标志，重置 x[k]，k＝k−1，转步骤3。

在哈密尔顿回路的可能解中，考虑到约束条件 $x_i \neq x_j (1 \leqslant i, j \leqslant n, i \neq j)$，则可能解应该是$(1, 2, \cdots, n)$的一个排列，对应的解空间树中至少有 $n!$ 个叶子节点，每个叶子节点代表一种可能解。

7.3 n 后问题

7.3.1　4 后问题的求解

在 4×4 格的棋盘上放置 4 个皇后的问题称为 4 后问题。因为每一行只能放置一个皇后，每一个皇后在每一行上有 4 个位置可供选择，因此在 4×4 格的棋盘上放置 4 个皇后，有 4^4 种可能的布局。令向量 $\boldsymbol{x}=(x_1, x_2, x_3, x_4)$ 表示皇后的布局。其中，分量 x_i 表示第 i 行皇后的位置。例如，向量$(2, 4, 3, 1)$对应图 7.8(a)所示的皇后布局，而向量$(1, 4, 2, 3)$对应图 7.8(b)所示的皇后布局。显然，这两种布局都不满足问题的要求。

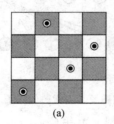 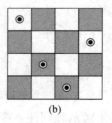

(a)　　　　　　　　(b)

图 7.8　4 后问题的两种无效布局

4 后问题的解空间可以用一棵完全 4 叉树来表示，每一个节点都有 4 个可能的分支。由于每一个皇后不能放在同一列，因此可以把 4^4 种可能的解空间压缩成图 7.9 所示的解空间，它有 4! 种可能的解。其中，第 1、2、3、4 层节点到上一层节点的路径上所标记的数组对应第 1、2、3、4 行皇后可能的列位置。因此，每一个 x_i 的取值范围 $S_i=\{1, 2, 3, 4\}$。

按照问题的题意，对 4 后问题可以列出下面的约束方程：

$$x_i \neq x_j \quad 1 \leqslant i \leqslant 4, 1 \leqslant j \leqslant 4, i \neq j \tag{7.2}$$

$$|x_i - x_j| \neq |i - j| \quad 1 \leqslant i \leqslant 4, 1 \leqslant j \leqslant 4, i \neq j \tag{7.3}$$

式(7.2)保证第 i 行的皇后不会在同一列；式(7.3)保证两个皇后的行号之差的绝对值不会等于列号之差的绝对值，因此它们不会在斜率为±1 的同一斜线上。这两个关系式还保证 i 和 j 的取值范围应该是 1～4。

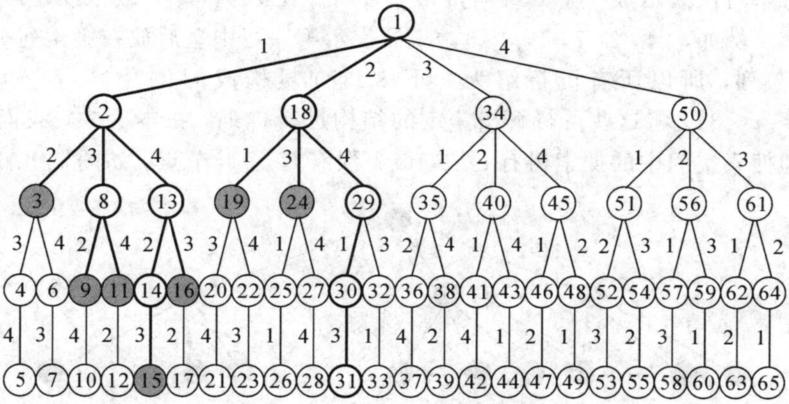

图 7.9　4 后问题的状态空间树及搜索树

在图 7.9 中，不满足式(7.2)的节点及其子树已被剪去。用回溯法求解时，解向量初始化为(0，0，0，0)。从根节点 1 开始搜索它的第一棵子树，首先生成节点 2，并令 $x_1=1$，得到解向量(1，0，0，0)，它是问题的部分解。于是，把节点 2 作为 *e*_节点(即扩展结点，指正在搜索其儿子结点的结点)，向下搜索节点 2 的子树，生成节点 3，并令 $x_2=2$，得到解向量(1，2，0，0)。因为 x_1 及 x_2 不满足约束方程，所以(1，2，0，0)不是问题的部分解，于是向上回溯到节点 2，生成节点 8，并令 $x_2=3$，得到解向量(1，3，0，0)，它是问题的部分解，于是把节点 8 作为 *e*_节点，向下搜索节点 8 的子树，生成节点 9，并令 $x_3=2$，得到解向量(1，3，2，0)。因为 x_2 及 x_3 不满足约束方程，所以(1，3，2，0)不是问题的部分解。向上回溯到节点 8，生成节点 11，并令 $x_3=4$，得到解向量(1，3，4，0)。同样，(1，3，4，0)不是问题的部分解，向上回溯到节点 8。这时，节点 8 的所有子树都已搜索完毕，所以继续回溯到节点 2，生成节点 13，并令 $x_2=4$，得到解向量(1，4，0，0)。继续这种搜索过程，最后得到解向量(2，4，1，3)，它就是 4 后问题的一个可行解。在图 7.9 中，搜索过程动态生成的搜索树用粗线画出。对应于图 7.9 所示的搜索过程所产生的皇后布局如图 7.10 所示。

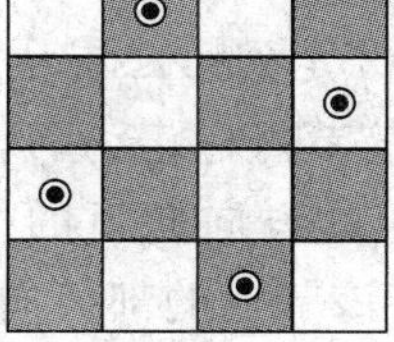

图 7.10　4 后问题的一个有效布局

7.3.2　8 后问题的求解

8 后问题　在有 8×8 个方格的棋盘中放置 8 个皇后，使得任何两个皇后之间不能互相攻击，即在同一行、同一列不能有两个以上皇后，在与主对角线、副对角线的平行线上也不能有两个以上皇后，试给出所有的放置方法。

首先找出所有可行解，即所有可能的放置方法。由于每行不能有两个以上皇后，而棋盘共有 8 行，要放置的皇后个数也恰好有 8 个，因此在可行解中每行正好有一个皇后。这样，每个可行解可以表示成一个 8 维向量 $\langle x_1, x_2, \cdots, x_8 \rangle$，其中 x_i 表示第 i 行放置皇后的位置（列号）。例如，$\langle 4, 2, 7, 1, 3, 5, 8, 6 \rangle$ 表示第一行中皇后放在第 4 列……第 8 行中皇后放在第 6 列，所以所有可行解为如下 8 维向量构成的集合 $\{\langle x_1, x_2, \cdots, x_8 \rangle \mid 1 \leqslant x_i \leqslant 8, 1 \leqslant i \leqslant 8\}$。将这些可行解按一定的结构进行排列，在本例中，我们将其排成完全 8 叉树，即搜索空间中的搜索树有 8 层，最下层有 8^8 个叶节点，如图 7.11 所示。

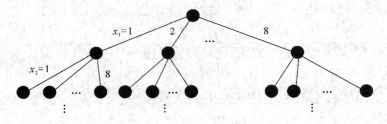

图 7.11 8 皇后问题的搜索空间

回溯法用深度优先策略遍历整棵树，找到所有解，算法从树根开始，经过节点 $\langle 1 \rangle$，$\langle 1, 1 \rangle$，$\langle 1, 1, 1 \rangle$，…最后到节点 $\langle 8, 8, \cdots, 8 \rangle$ 为止，然后回溯到根，算法停止，恰好按深度优先顺序跳跃式搜索了所有的可行解向量。在实际搜索过程中不是真正遍历所有的节点，如果发现向下搜索不可能达到节点，就回头。搜索过程是解向量不断生成的过程，根结点为空向量，算法依次对 $x_1, x_2, \cdots, x_n$ 进行赋值，每进行一次赋值需要检查"互不攻击"的条件，当不满足条件时，算法不再继续向下搜索，而是从这个节点回到父节点，一旦对 $x_1, x_2, \cdots, x_k$ 进行了赋值，算法就到达某个节点，将该节点标记为向量 $\langle x_1, x_2, \cdots, x_k \rangle$，称为部分向量，从根节点到解节点的路径上标识从空向量到可行解的生成过程。例如，算法从根节点沿着边 $x_1 = 1$ 走到第一层最左边的节点，表示第一行的皇后放在第一列，该节点的标记是 $\langle 1 \rangle$，按深度优先策略算法沿 $x_2 = 1$ 走到第二层最左边的节点，表示第二行的皇后放在第一列，这违反了同一列不能有两个以上皇后放置规则，不满足约束条件，算法回溯到父节点 $\langle 1 \rangle$，下一选择是 $x_2 = 2$，走到第二层从左边数的第二个节点，表示第二行的皇后放在第二列，这违反了与主对角线平行的平行线上不能有两个以上皇后放置原则，所以也不可能找到解。于是，算法又回溯到父节点 $\langle 1 \rangle$，这相当于把这两个分支对应的子树从整棵树中去掉了，接着算法沿着 $x_2 = 3$ 走到第二层从左边数的第三个节点，表示第二行的皇后放在第三列，这符合放置规则，该节点标记为 $\langle 1, 3 \rangle$，再按照深度优先策略往下探查，显然沿 $x_3 = 1$，$x_3 = 2$，$x_3 = 3$，$x_3 = 4$ 的方向向下的搜索都违背了放置规则，只能回溯到 $\langle 1, 3 \rangle$。下面可以选择 $x_3 = 5$，对应于该节点的部分向量记为 $\langle 1, 3, 5 \rangle$，照这样不断向下搜索，如果得到一个满足约束条件的 8 维向量，它就是 8 后问题的一个解，如果从某个节点向下分支的所有方向都破坏了约束条件，部分向量不能继续扩张，则意味着以这个节点为根的子树中没有可行解存在，算法从这个节点继续向上回溯到其父节点，接着探查父节点其他可能的向下分支，如此下去，可以得到第一个解 $\langle 1, 5, 8, 6, 3, 7, 2, 4 \rangle$，按此策略再遍历其他节点，可得到其余解，共有 92 个解。

$$1 + n + n^2 + \cdots + n^n = \frac{n^{n+1} - 1}{n - 1} \leqslant \frac{n^{n+1}}{\frac{n}{2}} = 2n^n \quad (n \geqslant 2)$$

一般地，对于 n 后问题，搜索树有 $1 + n + n^2 + \cdots + n^n$ 个节点，而在每个节点处，要判断此位置的皇后与已经放置的皇后是否相互攻击，最多要看 $3n$ 个位置（沿列方向、主与副对角线方向）是否已有皇后，故 n 后问题的该算法在最坏情形下的时间复杂度为 $O(3n \times 2^n) = O(n^{n+1})$。

7.4 批处理作业调度问题

n 个作业 $\{1, 2, \cdots, n\}$ 要在两台机器上处理，每个作业必须先由机器 1 处理，然后由机器 2 处理，机器 1 处理作业 i 所需时间为 a_i，机器 2 处理作业 i 所需时间为 $b_i(1 \leqslant i \leqslant n)$。批处理作业调度问题（batch-job scheduling problem）要求确定这 n 个作业的最优处理顺序，使得从第 1 个作业在机器 1 上处理开始，到最后一个作业在机器 2 上处理结束所需时间最少。

显然，批处理作业的一个最优调度应使机器 1 没有空闲时间，且机器 2 的空闲时间最小。可以证明，存在一个最优作业调度使得在机器 1 和机器 2 上作业以相同次序完成。例如，有三个作业 $\{1, 2, 3\}$，这三个作业在机器 1 上所需的处理时间为 $(2, 5, 4)$，在机器 2 上所需的处理时间为 $(3, 2, 1)$，则这三个作业存在 6 种可能的调度方案，即 $\{(1, 2, 3), (1, 3, 2), (2, 1, 3), (2, 3, 1), (3, 1, 2), (3, 2, 1)\}$，相应的完成时间为 $\{12, 13, 12, 14, 13, 16\}$，如图 7.12 所示。显然，最佳调度方案是 $(1, 2, 3)$ 和 $(2, 1, 3)$，最短完成时间为 12。

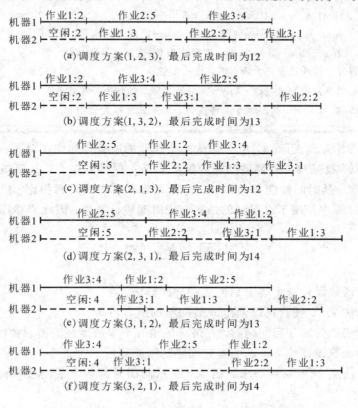

图 7.12 $n=3$ 时批处理调度问题的调度方案

设数组 $x[n]$ 表示 n 个作业批处理的一种调度方案，其中 $x[k]$ 表示第 k 个作业的编号，sum1$[n]$ 和 sum2$[n]$ 保存在调度过程中机器 1 和机器 2 的当前完成时间，其中 sum1$[k]$ 表示在安排第 k 个作业后机器 1 的当前完成时间，sum2$[k]$ 表示在安排第 k 个作业后机器 2 的当前完成时间，且根据下式进行更新：

sum1$[k]$＝sum1$[k-1]$＋作业 $x[k]$ 在机器 1 的处理时间

sum2$[k]$＝max\{sum1$[k]$, sum2$[k-1]$\}＋作业 $x[k]$ 在机器 2 的处理时间

设数组 $a[n]$ 存储 n 个作业在机器 1 上的处理时间，$b[n]$ 存储 n 个作业在机器 2 上的处理时间，采用回溯法求解批处理调度问题的算法用伪代码描述如下：

算法 7.3 回溯法求解批处理调度 BatchJob。

输入：n 个作业在机器 1 上的处理时间 a[n]，在机器 2 上的处理时间 b[n]。

输出：最优调度序列 x[n]。

1. 初始化解向量 x[n]＝\{-1\}；最短完成时间 bestTime＝MAX；
2. 初始化调度方案中机器 1 和机器 2 的完成时间：

  sum1[n]＝sum2[n]＝\{0\}
3. while(k>=1)
4. 依次考察每一个作业，如果作业 x[k] 尚未处理，则转步骤 5，否则尝试下一个作业，即 x[k]++；
5. 处理作业 x[k]：
6.   sum1[k]＝sum1[k-1]＋a[x[k]]；
7.   sum2[k]＝max\{sum1[k], sum2[k-1]\}＋b[x[k]]；
8.   若 sum2[k]<bestTime，则转步骤 9，否则实施剪枝；
9. 若 n 个作业已全部处理，则输出一个解；
10. 若尚有作业没被处理，则 k++，转步骤 3 处理下一个作业；
11. 回溯，x[k]＝-1，k--，转步骤 3 重新处理第 k 个作业。

对于批处理作业调度问题，由于要从 n 个作业的所有排列中找出具有最早完成时间的作业调度，所以，批处理作业调度问题的解空间是一棵排列树，并且要搜索整个解空间树才能确定最优解，其时间性能是 $O(n!)$。与蛮力法求解调度问题相比，批处理作业调试问题由于在搜索过程中利用了已得到的最短完成时间进行剪枝，因此能够提高搜索速度。

习　题　7

1. 用递归函数设计一个解 n 后问题的回溯算法。
2. 修改算法 7.1，使它可以输出 n 后问题的所有布局。
3. 使用算法 7.1 解 8 后问题时，在最坏的情况下求所生成的搜索树的节点总数。
4. 用递归函数设计一个解图的着色问题的回溯算法。
5. 使用算法 7.2(令 $m=4$)求解图 7.8 所示的图时画所生成的搜索树，这时所生成的节点数有多少？
6. 用递归函数设计一个解哈密尔顿回路的回溯算法。

7．使用算法 7.3 求解图 7.8(b)所示的哈密尔顿回路，画所生成的搜索树。

8．修改算法 7.3，使它可以输出所有的哈密尔顿回路。

9．用回溯法设计一个解货郎担问题的算法。

10．设计一个回溯算法，求解国际象棋中马的周游问题：给定 8×8 的棋盘，马从棋盘的某一个位置出发，经过棋盘中的每一个方格恰好一次，最后回到它开始出发的位置。

11．设计一个算法，求解填字游戏问题：在 3×3 个方格的方阵中要填入数字 1～10 中的某 9 个数字，每一个方格填写一个整数，使所有相邻两个方格内的两个整数之和为素数。试求出所有满足这个要求的数字填法。

12．给定一个 $M×N$ 的迷宫图，采用回溯法设计一个算法，求从指定入口到出口的最短路径及其长度。

13．采用递归回溯算法设计一个算法，求 n 个元素中取出 m 个元素的排列，要求每个元素只能取一次。

14．采用回溯算法设计工作分派问题的算法。

15．简述回溯法与穷举法的异同。

第8章 分支与限界

8.1 分支与限界的设计思想

分支限界是回溯算法的变种，用于求解组合优化问题。下面以优化问题中的极大化问题为例来说明分支限界的设计思想。

为加快裁剪（回溯）的速度，需要更多约束条件。约束条件越多，不满足约束条件的可能性就越大，回溯的机会就越多，裁剪的分支数就越多，从而算法更快。为建立新的约束条件，我们定义两个新函数：代价函数和界函数。

代价函数的定义域是搜索树中所有结点构成的集合，其函数值的直观含义是：当搜索进行到此结点时，以后无论怎么选择此结点的后代，目标函数所能达到的最大值都不会超过代价函数的值。严格地说，代价函数在某结点的函数值是以该结点为根的子树中所有叶结点对应的可行解的目标函数值的一个上界。因而对于极大化组合优化问题，代价函数在父结点的值大于或等于在子结点的值。

界函数的定义相对简单，其定义域也是搜索树中所有结点构成的集合，其函数值是搜索到此结点时已经得到的可行解的目标函数的最大值。

当回溯算法搜索到某结点时，如果代价函数的函数值小于界函数的函数值，则在搜索该结点的后代时，所找到的可行解的目标函数值不可能比界函数值更大，即不可能找到更优的解。

因而我们可以增加新的条件——代价函数值大于界函数值来加快回溯，由此得到如下分支限界算法的基本思想：

（1）设立代价函数，使其具有如下性质：函数值是以该结点为根的搜索树中的所有可行解的目标函数值的上界；父结点的代价大于等于子结点的代价。

（2）设立界，其值是当时已经得到的可行解的目标函数的最大值。

（3）搜索中停止分支的依据，如果某个结点不满足约束条件或者其代价函数小于当时的界函数，则不再分支，向上回溯到父结点。

（4）界的更新中，如果目标函数值为正数，则初值可以设为 0。在搜索中如得到一个可行解，则计算可行解的目标函数值，如果这个值大于当时的界，则将这个值作为新的界。对于极小化问题，将上述内容进行对偶即可，即在上述基本思想中将"上界"改为"下界"，将"大于"改为"小于"，将"最大值"改为"最小值"。

8.2　0/1 背包问题

下面以背包问题为例说明分支限界算法的具体过程。

【例 8.1】　以下为背包问题的一个实例：

$$\max\{x_1 + 3x_2 + 5x_3 + 9x_4\}$$
$$2x_1 + 3x_2 + 4x_3 + 7x_4 \leqslant 10$$
$$x_i \in N, i = 1, 2, 3, 4$$

解　对变元 $x_1 + x_2 + x_3 + x_4$ 按 $\dfrac{v_i}{w_i} \geqslant \dfrac{v_i + 1}{w_i + 1}$ 重新排序，得到该问题的另一种描述：

$$\max\{9x_1 + 5x_2 + 3x_3 + x_4\}$$
$$7x_1 + 4x_2 + 3x_3 + 2x_4 \leqslant 10$$
$$x_i \in N, i = 1, 2, 3, 4$$

搜索空间为 $\{\langle x_1 + x_2 + x_3 + x_4 \rangle | x_i \in N, 0 \leqslant x_1 \leqslant 1, 0 \leqslant x_2 \leqslant 2, 0 \leqslant x_3 \leqslant 3, 0 \leqslant x_4 \leqslant 5\}$，搜索树如图 8.1 所示。直观地说，在 $\langle x_1, x_2, \cdots, x_k, x_{k+1}, \cdots, x_n \rangle$ 中，无论 $x_{k+1}, \cdots, x_n$ 取何值，结点 $\langle x_1 + x_2 + x_3 + x_4 \rangle$ 的代价函数值为 $\sum\limits_{i=1}^{n} v_i x_i$ 的一个上界。具体地，可取此上界为

$$
\begin{cases}
\sum\limits_{i=1}^{k} v_i x_i + \left(b - \sum\limits_{i=1}^{k} w_i x_i \right) \dfrac{v_{k+1}}{w_{k+1}} & \text{对某个 } j > k \text{ 有 } b - \sum\limits_{i=1}^{k} w_i x_i \geqslant w_j \\
\sum\limits_{i=1}^{k} v_i x_i & \text{否则}
\end{cases}
$$

其中，$\sum\limits_{i=1}^{k} v_i x_i$ 表示已放入背包中物品的价值，$\left(b - \sum\limits_{i=1}^{k} w_i x_i \right)$ 表示背包剩下的空隙重量。如果这些空隙还能放下 $k+1$ 种物品或以后的某种物品，即存在某个 $j > k$ 使 $b - \sum\limits_{i=1}^{k} w_i x_i \geqslant w_j$，则这些空隙能达到的最大价值为 $\left(b - \sum\limits_{i=1}^{k} w_i x_i \right) \dfrac{v_{k+1}}{w_{k+1}}$。因为在剩下的物品中，单位重量价值最大的是第 $k+1$ 种物品。如果这些空隙放不下 $k+1$ 种物品或以后的任何物品，则这些空隙能达到的最大价值为 $\sum\limits_{i=1}^{k} v_i x_i$。

界函数在结点 $\langle x_1, x_2, \cdots, x_k \rangle$ 处的函数值是在此结点之前已经找到的方案中放入背包物品的最大总价值。初始值为 0，随着搜索进行更新。

背包问题的搜索策略还是采用深度优先策略，分支限界过程如图 8.1 所示。圆结点中的 v 代表代价函数的值，w 代表此时放入背包物品的总重量。

在根结点处，背包中无任何物品，所以背包中物品的总重量为 0。此时代价函数值为 $10 \times (9/7)$，界函数的值为初始值 0，背包中物品的总重量小于承载量，代价函数值大于界函数值，所以按 x_1 的取值范围继续分支。由于 $0 \leqslant x_1 \leqslant 1$，因此根结点有 2 个分支，左边为 $x_1 = 1$，右边为 $x_1 = 0$。按深度优先策略，下一步搜索第一层的左结点。

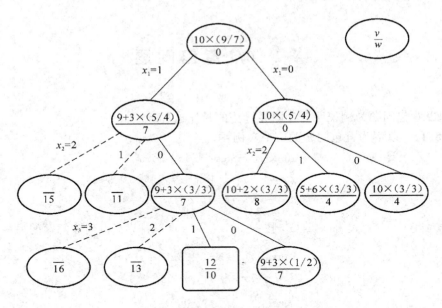

图 8.1　在背包问题使用分支限界技术

在第一层左结点处，$x_1=1$，表示背包中放入了 1 个 1 号物品，此时背包中物品的总重量为 7，代价函数值为 $9+3\times(5/4)$，界函数值仍然为 0，没有违反任何条件，所以按 x_2 的取值范围继续分支。由于 $0\leqslant x_2\leqslant 2$，因此结点有 3 个分支，分别为 $x_2=2$，$x_2=1$ 和 $x_2=0$。按深度优先策略，下一步搜索第二层中最左边的结点。

在第二层最左边的结点，由于背包中放入了 1 个 1 号物品和 2 个 2 号物品，因此此时背包中物品的总重量为 15，违背了约束条件，于是回溯至父结点。继续搜索，进入第二层左边第二个结点，此时背包中放入了 1 个 1 号物品和 1 个 2 号物品，背包中物品的总重量为 11，还是违背了约束条件，于是又回溯。继续搜索进入第二层左边第三个结点，如此继续下去。

在图 8.1 中的黑方框结点处，背包中放入了 1 个 1 号物品和 1 个 3 号物品，此时背包中物品的总重量为 10，代价函数值为 $(9+3)+0\times(1/2)=12$，界函数值仍然为 0，没有违反任何条件，所以按 x_4 的取值范围继续分支。由于 $0\leqslant x_4\leqslant 5$，因此结点有 6 个分支，分别为 $x_4=5$，$x_4=4$，$x_4=3$，$_4=2$，$x_4=1$ 和 $x_4=0$。按深度优先策略，下一步搜索第四层中最左边的结点。由于此时背包中的空隙为 0，已不能放入任何物品，因此它的子结点中只有 $x_4=0$ 处是可行解，即在 $\langle 1,0,1,0\rangle$ 处是可行解。

在 $\langle 1,0,1,0\rangle$ 处，得到了第一个可行解，此时背包中物品的总重量为 10，代价函数值仍然为 $(9+3)+0\times(1/2)=12$，但界函数值更新为背包中物品的价值，即 12。此时已到叶结点，于是回溯到父结点。

搜索继续进行，下一步进入结点 $\langle 1,0,0\rangle$，在此处背包中物品的总重量为 7（只放入了 1 个 1 号物品），代价函数值为 $9+3\times(1/2)=10.5$，界函数值为 12，代价函数值小于界函数值，于是回溯。

算法搜索的最后三个结点分别是第二层结点的右边三个，它们的代价函数值分别为 12、11 和 10，界函数值都为 12，不小于代价函数值，因而往下搜索也得不到更优的解，于是遍历完成，算法结束，得到一个最优解<1，0，1，0>，最优值为 12。

8.3　最大团问题

【例 8.2】　最大团问题。给定无向图 $G = \langle V, E \rangle$，G 的一个完全子图就称为 G 的一个团。求 G 中的一个最大团，即 G 的顶点个数最多的团。

解　搜索树为子集树，解为 $\langle x_1, x_2, \cdots, x_n \rangle$，其中 $x_i = 0$ 或 1，$1 \leqslant i \leqslant n$。结点 $\langle x_1, x_2, \cdots, x_k \rangle$ 表示检索过 k 个顶点，其中 $x_i = 1$ 表示对应的顶点在当前的团内。

约束条件：该分支结点对应的顶点与当前团内每个顶点都有边相连。

界：当前图中已检索到的极大团的顶点数。

代价函数 F：以目前的团为基础，扩张为极大团的顶点数的上界。设 c_n 为目前形成的团的顶点数（初始为 0），k 为目前检索的子集树的结点的层数，即已经检索过的顶点数，剩下未检索的顶点数为 $n-k$，在某结点处能达到的极大团最多将剩下的顶点全部加入已有的团中（条件是这样能形成团），这样的团的顶点数不会超过已有团的顶点数与剩下顶点数的和，即

$$F = c_n + n - k$$

搜索策略仍然是深度优先。下面以实例 $G = \langle V, E \rangle$（如图 8.2 所示）说明算法的运行过程。

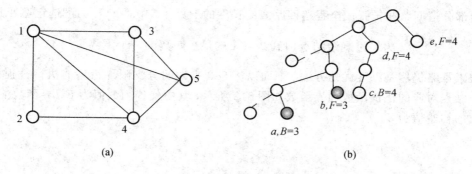

(a)　　　　　　　　　　　　(b)

图 8.2　一个最大团的实例

按照 1，2，3，4，5 的次序考虑扩张团中的结点，则搜索树如图 8.2(b)所示。图中结点的情况如下：

a：得到第一个极大团{1，2，4}，顶点数为 3，因而界也为 3，代价函数也为 3。

b：代价函数值 $F = 3$，回溯。

c：得到第二个极大团{1，3，4，5}，顶点数为 4，修改界为 4。

d：不必搜索其他分支，因为代价函数值 F 都为 4，不超过界。

e：$F = 4$，不必搜索。

由以上可知，最大团为{1，3，4，5}，顶点数为 4。

该子集树的结点个数为 $O(2^n)$，算法在每个结点处考察新加入的结点和以前结点是否

构成团，并计算代价函数（叶结点除外），叶结点处还要计算团中元素个数是否最多，因而，在最坏情况下算法要进行 $O(n)$ 次计算。综上，该算法在最坏情况下的时间复杂性为 $O(n2^n)$。

8.4 货郎担问题

【例 8.3】 货郎担问题。给定 n 个城市集合 $C = \{1, 2, \cdots, n\}$，从一个城市到另一个城市的距离为正整数，求一条最短且每个城市恰好经过一次的巡回路线。

解 不妨设巡回路线从 1 开始，解向量为 $\langle i_0 = 1, i_1, i_2, \cdots, i_{n-1}\rangle$，其中 $i_1, i_2, \cdots, i_{n-1}$ 为 $\{2, 3, \cdots, n\}$ 的一个排列。搜索空间为排列树。下面在回溯算法的基础上定义代价函数和界函数，以便加快回溯。

约束条件：在排列树中，结点 $\langle i_0 = 1, i_1, i_2, \cdots, i_k\rangle$ 表示已得到 k 步巡回路线。令 $B = \{i_0, i_1, i_2, \cdots, i_k\}$ 是已经经过的城市集合，则 $i_{k+1} \in \{2, 3, \cdots, n\} - B$。

界：当前得到的最短巡回路线的长度。

代价函数 L：设 c_j 为已得到的巡回路线中第 j 段的长度，$1 \leqslant j \leqslant k$，$l_d$ 为由顶点 d 出发的最短边长度，则

$$L = \sum_{j=1}^{k} c_j + l_{i_k} + \sum_{i_j \notin B} l_{i_j}$$

为目前部分巡回路线扩张成全程巡回路线的长度的下界。其中，$\sum_{j=1}^{k} c_j$ 为已选定巡回路线的长度，$l_{i_k} + \sum_{i_j \notin B} l_{i_j}$ 为经过剩余结点回到结点 1 的最短距离的一个下界。

搜索策略仍然是深度优先方法。下面以例 8.3 来说明分支限界策略的执行过程。其排列树中结点对应的代价函数和界函数如图 8.3 所示，其中代价函数值为 F，界函数值为 B，界函数的初始值为 ∞。

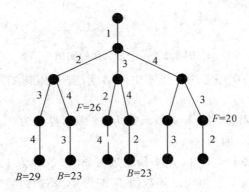

图 8.3 货郎担问题的一个实例

在结点 $\langle 1, 2, 3, 4\rangle$ 处，界函数得到第一次更新，更新为 29。

在结点 $\langle 1, 2, 4, 3\rangle$ 处，界函数得到第二次更新，更新为 23。$\langle 1, 2, 4, 3\rangle$ 也是该实例

的最优解，最优值为 23。

在结点 $\langle 1, 3, 2\rangle$ 处，代价函数值为 26，大于界函数值，故不再分支，回溯到父结点。

在结点 $\langle 1, 3, 4, 2\rangle$ 处，得到另一个最优解。

在结点 $\langle 1, 4, 2\rangle$ 处，代价函数值为 15，算法继续向前搜索，到达 $\langle 1, 4, 2, 3\rangle$，长度为 28，这个解不是最优解，舍去。

在结点 $\langle 1, 4, 3\rangle$ 处，代价函数值为 20，继续搜索，但没有更好的解，算法回溯到树根终止，返回两个最优解 $\langle 1, 2, 4, 3\rangle$ 和 $\langle 1, 3, 4, 2\rangle$，返回最优值 23，即售货员沿着 $1\rightarrow 2\rightarrow 4\rightarrow 3\rightarrow 1$ 和 $1\rightarrow 3\rightarrow 4\rightarrow 2\rightarrow 1$ 都可达到最短巡游路径，最短巡游路径的长度为 23。

算法在最坏情况下的时间复杂度仍然为 $O((n-1)!)$，这是因为：该树的结点个数仍然是 $O((n-1)!)$；在每个结点处除了要计算已得到的路径的长度外，还要计算代价函数的值（叶结点除外），在叶结点处还要计算得到的回路的长度，并判断得到的回路是否为当前的最短回路；计算已得到的路径的长度最多需要 $O(1)$ 次计算；通过预处理方法可以给出从每个结点出发到达其他城市的距离的最小值，从而在计算代价函数时可以在父结点的代价函数值中加上父结点到本结点的距离，并减去从父结点出发的最小距离，所以算法在每个结点处最多进行 3 次加法和 1 次大小比较，即算法在每个结点处至多进行 $O(1)$ 次运算。

8.5　圆排列问题

【例 8.4】　圆排列问题。给定 n 个圆的半径序列，将它们放到矩形框中，各圆与矩形底边相切，图 8.4 给出了三个圆的两种不同长度的排列方式。我们的问题是求具有最小排列长度 l_n 的圆排列。

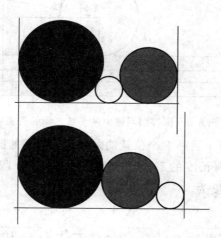

图 8.4　两个排列具有不同长度

解　设备圆标号分别为 $1, 2, \cdots, n$，则可行解为向量 $\langle i_1, i_2, \cdots, i_n\rangle$，其中 $i_1, i_2, \cdots, i_n$ 为 $1, 2, \cdots, n$ 的排列，表示第 1 到第 n 个位置所放置的圆分别是标号为 $i_1, i_2, \cdots,$

i_n 的圆。解空间为排列树。

设标号为 i_1, i_2, $\cdots$, i_n 的圆的半径分别为 r_1, r_2, $\cdots$, r_n, 下面定义代价函数和界函数。

上述排列树中, 结点可表示为向量 $\langle i_1, i_2, \cdots, i_k \rangle$, 其中 i_1, i_2, $\cdots$, i_k 是 $\{1, 2, \cdots, n\}$ 中 k 个元素的一个排列, 表示前 k 个位置的圆已经排好, 分别是标号为 i_1, i_2, $\cdots$, i_k 的圆。令 $B = \{i_1, i_2, \cdots, i_k\}$, 若下一个位置选择标号为 i_{k+1} 的圆, 则 $i_{k+1} \in \{1, 2, \cdots, n\} - B$。

界函数在 $\langle i_1, i_2, \cdots, i_k \rangle$ 处的值是当前已得到的最小圆排列长度, 初值为无穷大。为定义代价函数, 先定义如下记号:

x_k: 第 k 个位置所放圆的圆心横坐标, $1 \leqslant k \leqslant n$。规定第一个圆的圆心为坐标原点, 即 $x_1 = 0$。

d_k: 第 k 个位置所放圆的圆心横坐标与第 $k-1$ 个位置所放圆的圆心横坐标的差, $1 < k \leqslant n$。

l_k: 前 k 个位置所放圆的排列长度, $1 \leqslant k \leqslant n$。

L_k: 代价函数在 $\langle i_1, i_2, \cdots, i_k \rangle$ 处的值, 即放好第 1 到第 k 个位置的圆以后, 对应结点的代价函数值 $L_k \leqslant l_n (1 \leqslant k \leqslant n)$。

参见图 8.5, 不难找到这些参数之间的关系, 它们满足如下公式:

$$x_k = x_{k+1} + d_k$$
$$d_k = \sqrt{(r_{k-1} + r_k)^2 - (r_{k-1} - r_k)^2} = 2\sqrt{r_k r_{k-1}}$$
$$l_k = x_k + r_1 + r_k$$

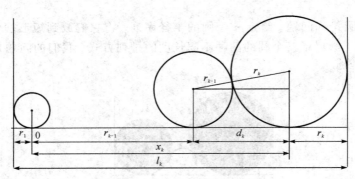

图 8.5 圆排列问题中各参数之间的关系

按照定义, l_k 是放好第 1 到第 k 个位置的圆以后, 剩下的圆无论以什么顺序排列, 所能得到的所有 n 个圆的排列长度的下界。若剩下的 $n-k$ 个圆的排列顺序是 i_{k+1}, i_{k+2}, $\cdots$, i_n, 则所得到的排列长度为

$$x_k + d_{k+1} + \cdots + d_n + r_n + r_1$$
$$= x_k + 2\sqrt{r_k r_{k+1}} + 2\sqrt{r_{k+1} r_{k+2}} + \cdots + 2\sqrt{r_{n-1} r_n} + r_n + r_1$$
$$\geqslant x_k + 2(n-k)r + r + r_1 = x_k + (2n - 2k + 1)r + r_1$$

其中, $r = \min\{r_k, r_{k+1}, \cdots, r_n\}$, 即 r 为后面待选的 $n-k$ 个圆以及第 k 个圆中最小半径的值。所以, 下界 L_k 可定义为 $x_k + (2n - 2k + 1)r + r_1$。上述代价函数的设定可参见图 8.6。

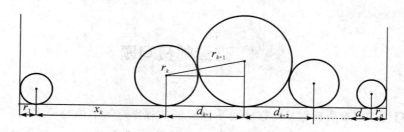

图 8.6　圆的排列长度

搜索策略仍然为深度优先。下面的实例说明了该算法的执行过程。设 $n=6$，6 个圆的半径分别为 1、1、2、2、3、5，标号分别为 1、2、$\cdots$、6。其排列树中，同一层边的标号从小到大排列，则最左侧分支的各结点分别为根结点 $\langle 1 \rangle$，$\langle 1,2 \rangle$，$\cdots$，$\langle 1,2,\cdots,6 \rangle$，其对应的各参数值如表 8.1 所示，计算过程参见图 8.7。

表 8.1　代价函数的计算过程

k	r_k	d_k	x_k	l_k	L_k
1	1	0	0	2	12
2	1	2	2	4	12
3	2	2.8	4.8	7.8	19.8
4	2	4	8.8	11.8	19.8
5	3	4.9	13.7	17.7	23.7
6	5	7.7	21.4	27.4	27.4

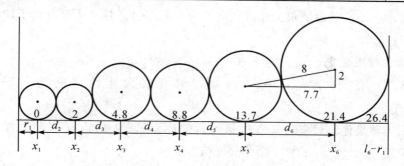

图 8.7　圆排列问题的一个实例

在结点 $\langle 1 \rangle$ 处的代价函数值为 $x_1+(2\times6-2\times1+1)\times1+1=12$，界函数值为 ∞。在结点 $\langle 1,2,\cdots,6 \rangle$ 处的代价函数值为 $x_6+(2\times6-2\times6+1)\times5+1=21.4+5+1=27.4$。$\langle 1,2,\cdots,6 \rangle$ 也是算法得到的第一个可行解，得到圆排列长度 $l_6=27.4$，于是将界函数值更新为 27.4。继续搜索该排列树，在结点 $\langle 1,3,5,6,4,2 \rangle$ 处得到最优解 26.5。

该搜索树含有 $n+n(n-1)+\cdots+(n(n-1)\cdots2)+n!=O(n!)$ 个结点，而在每个结点处要计算所得圆的排列长度，并计算代价函数的值（叶结点除外）。在计算代价函数时，要计算剩余圆的半径最小值，故需要 $O(n)$ 次计算，从而算法在最坏情况下的时间复杂度为 $O(nn!)=O((n+1)!)$。

8.6 连续邮资问题

【例 8.5】 连续邮资问题。设有 n 种不同面值的邮票，每个信封至多贴 m 张邮票，试给出邮票面值的最佳设计（面值为正整数值），使得从 1 开始增量为 1 的连续邮资区间（本例中，所谓的区间 $[a，b]$ 指的是 a 与 b 间所有的整数值，记为 $\{a，\cdots，b\}$）最大。

例如，当 $n=5$，$m=4$ 时，如果面值为 $X=\langle 1，3，11，15，32\rangle$，则可得邮资连续区间为 $\{1，\cdots，70\}$；如果面值为 $X=\langle 1，6，10，20，30\rangle$，则邮资连续区间为 $\{1，\cdots，4\}$。因为 5 没有办法构成连续邮资，所以不同的面值序列得到不同的连续邮资区间。

解 可行解应该为一个 n 元序列 $\langle x_1，x_2，\cdots，x_n\rangle$，其中 $x_1=1$。这样的序列可以排成一棵树，但既不是排列树也不是子集树，因为每个分量的值的范围并没有直接给出，所以在初始构造搜索空间时并不知道每个结点的分支个数。

算法不仅要确定搜索的策略，还要边搜索边生成搜索树，也就是在每个结点处，不仅要确定是否分支和如何分支，还要确定分支的个数。

为获得更大的连续邮资区间，可行解 $\langle x_1，x_2，\cdots，x_n\rangle$ 的分量满足 $x_1<x_2<\cdots<x_n$。设在结点 $\langle x_1，x_2，\cdots，x_i\rangle$ 处，邮资最大连续区间为 $\{1，\cdots，r_i\}$，则 x_{i+1} 的取值范围为 $\{x_i+1，\cdots，r_i+1\}$。因为 $x_{i+1}>x$，所以 x_{i+1} 的最小值为 x_i+1。如果 $x_{i+1}>r_i+1$，则 r_i+1 的邮资没有办法使用 x_{i+1} 面值的邮票，只能使用 $x_1，x_2，\cdots，x_i$ 面值的邮票，这与结点 $\langle x_1，x_2，\cdots，x_i\rangle$ 的邮资最大连续区间为 $\{1，\cdots，r_i\}$ 矛盾。从而得到了该结点的分支个数。

搜索策略：深度优先。

约束条件：在 $\langle x_1，x_2，\cdots，x_i\rangle$ 处，邮资最大连续区间为 $\{1，\cdots，r_i\}$，则 $x_{i+1}\in\{x_i+1，\cdots，r_i+1\}$。

max：用当前最优解对应的 m 张邮票可付的最大邮资。初始 $\max=0$，如果可行解的 $r_n>\max$，则用 r_n 取代 max 作为新的 max 值。

选了 x_i 后得到的当前最大连续邮资区间的长度 r_i，可递归计算如下：

$y_i(j)$：用不超过 m 张面值为 $x_1，x_2，\cdots，x_i$ 的邮票贴 j 邮资时的最少邮票数，则

$$y_i(j)=\min_{1\leqslant t\leqslant m}\{t+y_{t-1}(j-tx)\}$$

$$r_i=\min\{j\mid y_i(j)\leqslant m，y_i(j+1)>m\}$$

实例 $n=4$，$m=3$ 时，搜索树如图 8.8 所示。

在 $\langle 1\rangle$ 处，用不超过三张面值为 1 的邮票能贴出的最大邮资区间是 $\{1，\cdots，r_1\}=\{1，2，3\}$，因而 x_2 的选择是 $\{2，3，4\}$。在 $\langle 1，2\rangle$ 处，$r_2=6$，故 x_2 的选择是 $\{3，\cdots，7\}$，搜索所有结点后发现，$X=\langle 1，4，7，8\rangle$ 时达到最大连续邮资区间 $\{1，2，\cdots，24\}$。

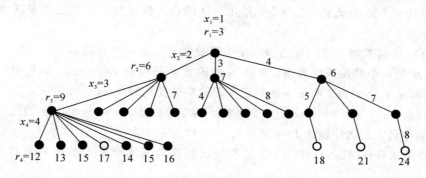

图 8.8　连续邮资问题的一个实例

习　题　8

1. 设 $G_1 = \langle V_1, E_1 \rangle, G_2 = \langle V_2, E_2 \rangle$ 是两个简单图，其中 $V_1 = V_2$，假设 G_1 和 G_2 的输入是用邻接矩阵表示的，换句话说，如果 (v_1, v_2) 是图的边，那么它的邻接矩阵 M 的第 i 行第 j 列的元素 $r_{ij} = 1$，否则 $r_{ij} = 0 (1 \leqslant i, j \leqslant n)$。

（1）设输入规模是图中的顶点数 n，给出一个算法判定 G_1 是否为 G_2 的补图，说明算法的设计思想，并给出最坏情况下的时间复杂度。

（2）对于求解这个问题的所有算法，给出一个尽可能紧的时间复杂度的下界，并证明你的结果。

2. 对于给定的 $x \neq 0$，求 n 次多项式 $p(x) = a_0 + a_1 x + a_2 x^2 + \cdots + a_n x^n$ 的值。

（1）设计一个在最坏情况下时间复杂度为 $\Theta(n)$ 的求值算法。

（2）证明任何求值算法的时间复杂度都是 $\Omega(n)$。

3. 试证明如下问题：

（1）设 A 和 B 是两个长为 n 的有序数组，现在需要将 A 与 B 合并成一个排好序的数组，证明任何以元素比较作为基本运算的归并算法至少要做 $2n - 1$ 次比较。

（2）对上述归并问题，假设 $|A| = m$，$|B| = n$，给出求解该问题的最优算法并证明其最优性。

4. 设 n 是 k 的倍数，有 k 个排好序的数表 $L_1, L_2, \cdots, L_k$，每个数表都有 n/k 个数，假设 n 个数彼此不等，并且归并长为 m、n 的两个数表的时间代价是 $O(m, n)$。

（1）使用顺序归并算法归并这 k 个数表，在最坏情况下的时间复杂度是什么？

（2）设计一个时间复杂度更低的归并算法，说明算法的主要设计思想，并分析这个算法在最坏情况下的时间复杂度。

（3）对于以比较作为基本运算求解上述问题的算法类，最坏情况下的时间复杂度的下界是什么？证明你的结果。

5. 求直线点对问题的一个下界。

6. 以 $n = 5$ 为例画出冒泡排序的决策树。

7. 设 A 是 n 个不等的整数按照递增次序排列的数组，已知存在 $i \in \{1, 2, \cdots, n\}$ 使得 $A[i] = i$，怎样找到 i？

(1) 设计一个算法求解上述问题,给出算法的伪码描述并分析算法在最坏情况下的时间复杂度。

(2) 证明任何求解上述问题的算法至少需要做 $\Omega(n\mathrm{lb}n)$ 次比较。

8. 设 S 是 n 个数构成的数组,判断 S 中的元素是否都是唯一的。如果唯一,则输出"Yes";否则输出"No"。证明唯一性判定问题的复杂度是 $\Theta(n\mathrm{lb}n)$。

9. 设 $L = \{a_1, a_2, \cdots, a_n\}$ 是 n 个不相等的实数的数表,m 是小于 n 的正整数,现在需要按照从小到大的次序输出 L 中最小的 m 个数。

(1) 如果 $m = \Theta(n\mathrm{lb}n)$,以 L 中元素的比较作为基本运算,设计一个 $O(n)$ 时间的算法。

(2) 如果 $m = \omega(n\mathrm{lb}n)$,证明不存在 $O(n)$ 时间的算法。

10. 证明任何从 n 个数中选第 k 小的数的算法,如果以比较作为基本运算,那么它至少要做 $n + \min\{k, n-k, n-k+1\} - 2$ 次比较。

11. 给定平面上 n 个点的坐标,在这些点之间存在某些边,边 (i, j) 的权值是点 i 和 j 的距离。这些点和边构成平面上的简单图 G,求 G 的一颗最小生成树。证明求解该问题的算法类的时间复杂度的下界是 $\Omega(n\mathrm{lb}n)$。

12. 用一种分支界限方法重新设计解货郎担问题的算法,分析在最坏情况下算法的时间复杂度和空间复杂度。

13. 用最小堆的方式而不是优先队列的方式来存放节点的数据,重新设计算法 8.1,分析在最坏情况下算法的时间复杂性和空间复杂性。

14. 用一种分支界限方法重新设计解 0/1 背包问题的算法。

15. 用最小堆的方式而不是优先队列的方式来存放节点的数据,重新设计算法 8.2,分析在最坏情况下算法的时间复杂度和空间复杂度。

第四部分　算法的限制

第 9 章　随机算法

9.1　随机算法的设计思想

随机算法把"对于所有合理的输入都必须给出正确的输出"这一求解问题的条件放宽，把随机性的选择注入算法中，在算法执行某些步骤时，可以随机地选择下一步该如何进行，同时允许结果以较小的概率出现错误，并以此为代价获取算法运行时间的大幅度减少。随机算法包括概率算法、拉斯维加斯算法、舍伍德算法、蒙特卡罗算法。如果一个问题没有有效的确定性算法就可以在一个合理的时间内给出解答，但是该问题能接受小概率的错误，那么采用概率算法就可以快速找到这个问题的解。

例如，判断表达式 $f(x_1, x_2, \cdots, x_n)$ 是否恒等于 0。

概率算法首先生成一个随机 n 元向量 $(r_1, r_2, \cdots, r_n)$，并计算 $f(r_1, r_2, \cdots, r_n)$ 的值，如果 $f(r_1, r_2, \cdots, r_n) \neq 0$，则 $f(x_1, x_2, \cdots, x_n) \neq 0$ 或者 $f(x_1, x_2, \cdots, x_n)$ 恒等于 0，或者是 $(r_1, r_2, \cdots, r_n)$ 比较特殊，如果这样重复几次，继续得到 $f(r_1, r_2, \cdots, r_n) = 0$ 的结果，那么就可以得出 $f(x_1, x_2, \cdots, x_n)$ 恒等于 0 的结论，并且测试的随机向量越多，这个结果出错的可能性就越小。

在算法中增加这种随机性的因素，通常可以引导算法快速地求解问题，概率算法需要的执行时间和空间经常小于同一问题的已知最佳确定性算法，而且，概率算法的实现通常都比较简单，也比较容易理解。

一般情况下，概率算法具有以下基本特征：

（1）概率算法的输入包括两部分，一部分是原问题的输入，另一部分是一个供算法进行随机选择的随机数序列（random numbers sequence）。

（2）概率算法在运行过程中包括一处或若干处随机选择，根据随机值来决定算法的运行。

（3）概率算法的结果不能保证一定是正确的，但可以限定其出错概率。

（4）概率算法在不同的运行中对于相同的输入实例可以有不同的结果，因此，对于相同的输入实例，概率算法的执行时间可能不同。

对所求解问题的同一输入实例运行同一概率算法求解两次可能得到完全不同的效果，这两次求解所需要的时间甚至所得到的结果可能会有相当大的差别。有时候允许概率算法产生错误的结果，只要在任意输入实例上发生错误的概率适当小，就可以在给定实例上多次运行算法，换言之，一旦概率算法失败了，只需要重新启动算法，就又有成功的希望。概率算法的另一个好处是，如果存在一个以上的正确答案，则运行几次概率算法后就有可能得到几个不同的答案。

对于确定性算法，通常分析在平均情况下以及最坏情况下的时间复杂性。对于概率算法，通常分析在平均情况下以及最坏情况下的期望（expected）时间复杂性，即由概率算法反复运行同一输入实例所得的平均运行时间。

需要强调的是，"随机"并不意味着"随意"，如果要在多个值中进行选择，那么随机的含义是选择每一个值的概率是已知的并且是可控制的。算法不会接受诸如"在 1 和 8 之间选一个数"这样的指令，但是如果是"在 1 和 8 之间选一个数，而且每个数被选中的概率是相等的"这样的指令，算法就可以接受。如果是手工运行算法，可以通过掷骰子来得到一个随机的结果，在计算机中则是通过随机数发生器来实现。

9.2　舍伍德随机算法

令 A 是一个确定性算法，它对输入实例 x 的运行时间记为 $T_A(n)$。假定 X_n 是算法 A 的输入规模为 n 的所有输入实例的全体，则算法 A 的平均运行时间为

$$\overline{T_A}(n) = \sum_{x \in X_n} \frac{T_A(x)}{|X_n|}$$

显然，这不排除存在着个别实例 $x \in X_n$，使得 $T_A(x) \gg \overline{T_A}(n)$。实际上，很多算法对不同的输入数据显示出不同的运行性能。

例如，当输入数据是均匀分布时，快速排序算法的运行时间是 $\Theta(n\mathrm{lb}n)$；而当输入数据已几乎按递增或递减顺序排列时，算法的计算时间复杂度会增加得较快，从而导致算法的执行效率降低。

如果存在一种随机算法 B，使得对规模为 n 的每一个实例 $x \in X_n$ 都有

$$T_B(x) = \overline{T_A}(n) + s(n)$$

则所花费的时间可能比上式所表示的运行时间更长一些，但这是算法的随机选择引起的，与算法的输入实例无关，从而可以消除算法的不同输入实例对算法性能的影响。

舍伍德类型的随机算法就是根据上述思想来进行设计的。可以把算法 B 关于规模为 n 的输入实例的期望运行时间定义为

$$\overline{T_B}(n) = \sum_{x \in X_n} \frac{T_B(x)}{|X_n|}$$

显而易见，$\overline{T_B}(n)=\overline{T_A}(n)+s(n)$。当 $s(n)$ 与 $\overline{T_A}(n)$ 相比很小以至于可以被忽略时，舍伍德类型的随机算法能体现出非常好的性能。

9.2.1 随机快速排序

在快速排序算法中，采用数组的第一个元素作为枢点元素进行排序，在平均情况下的计算时间复杂度为 $O(n\mathrm{lb}n)$，在最坏情况下，即数组中的元素已按递增或递减顺序排列时，计算时间复杂度为 $O(n^2)$，并且这种最坏情况是时有发生的。例如，存在一个相当大的经过排序得到的文件，如果在此基础上附加上一个关键字非常小的元素，再重新对其进行排序，此时它的计算时间复杂度就会接近于 $O(n^2)$。

出现这种情况是由于快速排序算法采用数组的第一个元素作为枢点元素进行数组的划分所致。这时由于数组中的元素已按递增或递减顺序排列，因此快速排序算法退化为选择排序。如果随机地选取一个元素作为枢点元素，则算法的行为不受数组元素的输入顺序影响，就可以避免这种情况的发生。这时最坏情况是由随机数发生器所选择的随机枢点元素引起的。如果随机数发生器产生的随机枢点元素序列恰好使所选择的元素序列构成一个递增或递减顺序，则会发生这种情况。但可以认为出现这种情况的可能性是微乎其微的。加入随机选择枢点元素的快速排序算法可描述如下：

算法 9.1 随机选择枢点元素的快速排序算法。

输入：数组 A[]，数组元素的起始位置 low，终止位置 high。
输出：按非降顺序排列的数组 A[]。

```
1. template <class Type>
2. void quicksort_random(Type A[], int low, int high)
3. {
4.    random_seed(0);              /*选择系统当前时间作为随机数种子*/
5.    r_quicksort(A, low, high);   /*递归调用随机快速排序算法*/
6. }
7. void r_quicksort(Type A[], int low, int high)
8. {
9.    int k;
10.   if (low<high){
11.      k=random(low, high);       /*产生 low 到 high 之间的随机数 k*/
12.      swap(A[low], A[k]);        /*把元素 A[k]交换到数组的第 1 个位置*/
13.      k=split(A, low, high);     /*按元素 A[low]把数组划分为 2 个*/
14.      r_quicksort(A, low, k-1);  /*排序第 1 个子数组*/
15.      r_quicksort(A, k+1, high); /*排序第 2 个子数组*/
16.   }
17. }
```

算法 9.1 在最坏的情况下仍然需要的计算时间复杂度为 $O(n^2)$。这是由于随机数发生器第 i 次随机产生的枢点元素恰恰就是数组中第 i 大或第 i 小的元素。但是正如以上算法所述，这种情况出现的可能性是微乎其微的。

实际上，输入元素的任何排列顺序都不可能使算法行为处于最坏的情况。因此，该算法的期望运行时间是 $\Theta(n\mathrm{lb}n)$。

9.2.2 随机选择算法

在选择算法中，从 n 个元素中选择第 k 小的元素，其运行时间是 $20cn$，因此，它的计算时间复杂度为 $O(n)$。如果加入随机性的选择因素，就可以不断改善算法的性能。假定输入的数据规模为 n，则可以证明该算法的计算时间复杂度小于 $4n$。

随机选择算法的思想方法如下：随机选择一个枢点元素，按枢点元素把序列划分为两个子序列，判断第 k 小的元素位于哪一个子序列而丢弃另一个子序列。递归地执行上述操作，就可以很快找到第 k 小的元素。该算法可描述如下：

算法 9.2 随机选择算法。

输入：数组 A 及其第一个元素下标 low，最后一个元素下标 high，选择第 k 小的元素的序号 k。
输出：所选择的元素。

```
1.   template <class Type>
2.   Type select_random(Type A[], int low, int high, int k)
3.   {
4.     random_seed(0);                    /*选择系统当前时间作为随机数种子*/
5.     k = k−1;                           /*使 k 从数组的第 low 元素开始计算*/
6.     return r_select(A[], low, high, k); /*递归调用随机选择算法*/
7.   }
8.   Type r_select (Type A[], int low, int high, int k)
9.   {
10.    int i;
11.    if (high - low <= k)               /*第 k 小元素已位于子数组的最高端*/
12.      return A[high];                  /*直接返回最高端元素*/
13.    else {
14.      i = random(low, high);           /*产生 low 到 high 之间的随机数 i*/
15.      swap(A[low], A[i]);              /*把元素 A[i]交换到数组的第 1 个位置*/
16.      i = split(A, low, high);         /*按元素 A[low]把数组划分为 2 个*/
17.      if ((i - low) == k)              /*元素 A[i]就是第 k 小元素*/
18.        return * A[i];                 /*直接返回 A[i]*/
19.      else if ((i - low) > k)          /*第 k 小元素位于第 1 个子数组*/
20.        return r_select(A, low, i−1, k);    /*从第 1 个子数组寻找*/
21.      else                             /*否则*/
22.      return r_select(A, i+1, high, k−i−1);  /*从第 2 个子数组寻找*/
23.    }
24. }
```

由于数组元素的序号是从 low 开始的，它是被检索的第一个元素，因此，该算法从一开始就把变量 k 减 1，使得它可以方便地与数组元素的序号相互对应。

进入递归函数 r_select 时，在该函数的第 4～5 行，判断子数组元素个数是否小于等于 k，如果条件成立，说明子数组的最高端元素就是所希望求取的元素；否则，在第 14 行产生一个从 low 到 high 的随机数 i，把元素 $A[i]$ 作为枢点元素，在第 16 行调用函数 split，把数组划分为 3 个部分，即小于枢点元素的子数组、枢点元素、大于枢点元素的子数组，并且求得枢点元素在数组中的新序号 i。这时如果第 17 行的条件成立，则说明枢点元素就是所要选择的元素；否则如果第 19 行的条件成立，那么就说明所选择的元素位于枢点元素的新序号之前，于是可以抛弃后一部分的子数组，递归地调用函数 r_select，在 low 到 $i-1$ 的位置中去寻找第 k 小的元素，如果第 19 行的条件不成立，那么就说明所选择的元素位于枢点元素的新序号之后，这时就抛弃前一部分子数组，递归地调用函数 r_select，在 $i+1$ 到 high 的位置中去寻找第 k 小的元素。

这个算法的行为和性能完全类似于二叉检索算法。每递归调用一次，就抛弃一部分元素，而对另一部分元素进行处理。可以很方便地把这个算法的递归形式改写成为循环迭代的形式。这个算法的运行时间估计为：假定数组中的元素都是不相同的，在最坏的情况下，这个算法在第 i 轮递归调用时，由随机数产生器所选择的枢点元素正好就是数组的第 i 大元素或者第 i 小元素。因此，每一次递归调用仅仅抛弃一个元素，而对于其余的元素继续进行处理。函数 split 对数据规模为 n 的数组进行划分，其元素的比较次数为 n。

因此，算法 9.2 在最坏的情况下执行的元素比较次数为

$$n+(n-1)+\cdots+2+1=\frac{1}{2}n(n+1)=\Theta(n^2)$$

正如前面叙述的那样，发生这种情况的概率是微乎其微的。

下面我们来分析算法 9.2 执行的元素比较的期望次数。可以证明，对于数据规模为 n 的数组，这个算法执行的元素比较的期望次数小于 $4n$。下面采用数学归纳法来证明。

令 $C(n)$ 是算法对 n 个元素的数组执行的元素比较的期望次数。当 $n=2$ 及 $n=3$ 时，容易验证 $C(2)\leqslant4\times2=8$，$C(3)\leqslant4\times3=12$。

假定对于所有的 $k(k=1,2,\cdots,n)$，$C(k)\leqslant4k$ 成立。下面证明 $C(n)\leqslant4n$ 也成立。

由于枢点元素的位置 i 是随机选择的，因此假定它是 $0,1,\cdots,n-1$ 中的任意一个位置，并且都具有相等的概率。由于序号是从 0 开始的，第 k 小的元素相当于数组的第 $k-1$ 个位置。因此，如果 $i=k-1$，那么枢点元素就是所寻找的第 k 小的元素，这时算法只需要调用一次函数 split，因此只执行了 n 次元素的比较操作；如果 $i<k-1$，那么就抛弃序号为 $0,1,2,\cdots,i$ 等总共 $i+1$ 个元素，在其余的 $n-i-1$ 个元素之中继续寻找第 k 小的元素，这时除了调用函数 split 所执行的第 n 次元素的比较操作之外，还需要执行 $C(n-i-1)$ 次元素的比较操作；如果 $i>k-1$，那么就抛弃后面的序号为 $i,i+1,\cdots,n-1$ 等总共 $n-i$ 个元素，在前面的 i 个元素之中寻找第 k 小的元素，这时除了调用函数 split 所执行的 n 次元素的比较操作之外，还需要执行 $C(i)$ 次元素的比较操作。

因此，算法所执行的元素比较的期望次数为

$$C(n) = n + \frac{1}{n}\left(\sum_{i=0}^{k-2} C(n-i-1) + \sum_{i=k}^{n-1} C(i)\right)$$

$$= n + \frac{1}{n}\left(\sum_{i=n-k+1}^{n-1} C(i) + \sum_{i=k}^{n-1} C(i)\right)$$

$$\leqslant n + \max_{k}\left[\frac{1}{n}\left(\sum_{i=n-k+1}^{n-1} C(i) + \sum_{i=k}^{n-1} C(i)\right)\right]$$

$$\leqslant n + \frac{1}{n}\left[\min_{k}\left(\sum_{i=n-k+1}^{n-1} C(i) + \sum_{i=k}^{n-1} C(i)\right)\right]$$

由于 $C(n)$ 是关于自变量 n 的非降函数，因此，当 $k = \lceil n/2 \rceil$ 时，表达式

$$\sum_{i=n-k+1}^{n-1} C(i) + \sum_{i=k}^{n-1} C(i)$$

的值达到最大。因此

$$C(n) \leqslant n + \frac{1}{n}\left(\sum_{i=n-n/2+1}^{n-1} C(i) + \sum_{i=n/2}^{n-1} C(i)\right)$$

根据前面的归纳定义，对于所有的 $k(k = 1, 2, \cdots, n)$，$C(k) \leqslant 4k$ 成立。

因此有

$$C(n) \leqslant n + \frac{1}{n}\left(\sum_{i=n-n/2+1}^{n-1} 4i + \sum_{i=n/2}^{n-1} 4i\right) = n + \frac{4}{n}\left(\sum_{i=n-n/2+1}^{n-1} i + \sum_{i=n/2}^{n-1} i\right)$$

$$= n + \frac{4}{n}\left(\sum_{i=n/2+1}^{n-1} i + \sum_{i=n/2}^{n-1} i\right) \leqslant n + \frac{4}{n}\left(\sum_{i=n/2}^{n-1} i + \sum_{i=n/2}^{n-1} i\right)$$

$$= n + \frac{8}{n}\sum_{i=n/2}^{n-1} i = n + \frac{8}{n}\left(\sum_{i=n/2}^{n-1} i + \sum_{i=n/2}^{n/2-1} i\right)$$

$$\leqslant n + \frac{8}{n}\left(\frac{n(n-1)}{2} - \frac{(n/2)(n/2-1)}{2}\right)$$

$$= n + \frac{8}{n}\left(\frac{n(n-1)}{2} - \frac{n^2-2n}{8}\right)$$

$$= n + \frac{1}{n}(3n^2 - 2n)$$

$$= 4n - 2$$

$$\leqslant 4n$$

由此得出，当输入规模为 n 时，随机选择算法 select_random 所执行的元素比较的期望次数小于 $4n$。因此，其期望运行时间是 $\Theta(n)$。

9.3　拉斯维加斯算法

9.3.1　8 后问题

8 后问题是拉斯维加斯概率算法从允许失败的行为中获益的一个很好的例子。

8 后问题是在 8×8 棋盘上摆放 8 个皇后，使其不能互相攻击，即任意两个皇后都不能处于同一行、同一列或同一斜线上。

由于棋盘的每一行上可以而且必须放置一个皇后，所以，8 后问题的可能解用一个向量 $\mathbf{X}=(x_1, x_2, \cdots, x_8)$ 表示，其中 $1 \leqslant x_i \leqslant 8$，并且 $1 \leqslant i \leqslant 8$，即第 i 个皇后放置在第 i 行第 x_i 列上。由于两个皇后不能位于同一列上，因此解向量 $\mathbf{X}$ 必须满足约束条件：

$$x_i \neq x_j \tag{9.1}$$

若两个皇后摆放的位置分别为 (i, x_i) 和 (j, x_j)，则在棋盘上斜率为 -1 的斜线上满足条件 $i-j=x_i-x_j$；在棋盘上斜率为 1 的斜线上，满足条件 $i+j=x_i+x_j$。综合两种情况，由于两个皇后不能位于同一斜线上，因此解向量 $\mathbf{X}$ 必须满足约束条件：

$$|i-x_i| \neq |j-x_j| \tag{9.2}$$

满足式 (9.1) 和式 (9.2) 的向量 $\mathbf{X}=(x_1, x_2, \cdots, x_i)$ 表示已放置的第 i 个皇后 $(1 \leqslant i \leqslant 8)$ 互不攻击，也就是不发生冲突。

对于 8 后问题的任何一个解而言，每一个皇后在棋盘上的位置无任何规律，不具有系统性，更像是随机放置的。由此想到拉斯维加斯概率算法：在棋盘上相继的各行中随机地放置皇后，并使放置的皇后与已放置的皇后互不攻击，直至 8 个皇后均已相容地放置好，或下一个皇后没有可放置的位置。

该算法的伪代码描述如下：

算法 9.3　8 后问题。

---

1. 将数组 x[8] 初始化为 0，试探次数 count 初始化为 0。
2. for (i = 1 ; i <= 8 ; i++)
  2.1　生一个 [1, 8] 的随机数 j。
  2.2　ount = count + 1，进行第 count 次试探。
  2.3　若皇后 i 放置在位置 j 不发生冲突，则 x[i] = j, count = 0，转步骤 2 放置下一个皇后。
  2.4　若 (count == 8)，则无法放置皇后 i，算法运行失败；否则，转步骤 2.1 重新放置皇后 i。
3. 将元素 x[1]~x[8] 作为 8 后问题的一个解输出。

拉斯维加斯概率算法通过反复调用算法 9.3，直至得到 8 后问题的一个解。

使用上述算法随机地放置相容的皇后，然后在其他行中用回溯法继续放置，直至找到一个解或宣告失败。在棋盘中随机放置的皇后越多，回溯法搜索所需的时间就越少，但失败的概率也就越大。例如，随机地放置两个皇后之后再采用回溯法比完全采用回溯法快大约两倍；随机地放置三个皇后再采用回溯法比完全采用回溯法快大约一倍；而完全采用回溯法比所有皇后都随机放置快大约一倍。这个现象很容易解释：不能忽略产生随机数所需的时间，当随机放置所有的皇后时，8 后问题的求解大约有 70% 的时间都用在了产生随机数上。

9.3.2　整数因子问题

假设 n 是一个大于 1 的整数，如果 n 是一个合数，必存在 n 的一个非平凡因子 $x(1 < x < n)$，使得 x 整除 n。因此，给定一个合数 n，求 n 的非平凡因子的问题称为整数 n 的因子分割问题。

通常可以用下面的算法来实现整数 n 的因子分割问题。

算法 9.4 整数 n 的因子分割问题。

输入：整数 n。

输出：整数 n 的因子。

```
1.   int factor(int n)
2.   {
3.       int i, m;
4.       m = sqrt((double)n);
5.       for (i=2; i<m; i++)
6.       if (n%1==0)return 1;
7.       return 1;
8.   }
```

显而易见，该算法的时间复杂度是 $O(n^{1/2})$；当 n 的位数为 m 时，其时间复杂度为 $O(10^{m/2})$。可以看出，这是一个指数时间算法，效率很低。

求整数因子的另一个算法是 Pollard 算法，它是一个拉斯维加斯算法。该算法选取 $0 \sim n-1$ 之间的一个随机数 x_1，然后按

$$x_i = (x_{i-1}^2 - 1) \bmod n$$

循环迭代，产生序列 x_1，x_2，…。对 $i = 2^k (k = 0, 1, \cdots)$ 及 $2^k < j < 2^{k+1}$ 的 i 和 j，求取 $x_i - x_j$ 与 n 的最大公因子 d。如果 d 是 n 的非平凡因子，则算法结束。该算法利用求取两个整数的最大公因子的欧几里得算法来求 $x_i - x_j$ 与 n 的最大公因子 d。算法描述如下：

算法 9.5 求取整数公因子的 Pollard 算法。

输入：整数 n。

输出：整数 n 的因子。

```
1.   int pollard(int n)
2.   {
3.       int i, k, x, y, d=0;
4.       random_seed(0);
5.       i = 1;
6.       k = 2;
7.       x = random(1, n);
8.       y = x;
9.       while (i<n) {
10.          i++;
11.          x = (x * x - 1) % n;
12.          d = euclid(n, y-x);
13.          if ((d>1) && (d<n))
14.              break;
15.          else if (i==k) {
16.              y = x;
17.              k *= 2;
```

```
18.          }
19.       }
20.    return d;
21. }
```

对算法 Pollard 进行深入分析可得到，执行算法的 while 循环的循环体 $\sqrt{d}$ 次后，就可以得到 n 的一个因子 d，因为 n 的最小因子 $d < \sqrt{n}$，所以该算法的时间复杂度为 $O(n^{1/4})$。

9.4　蒙特卡罗算法

与拉斯维加斯算法不同，蒙特卡罗算法总能得到问题的答案，但是可能会偶然地产生不正确的答案。假定用蒙特卡罗算法解某个问题，对该问题的任何实例得到正确解的概率为 p，并且有 $1/2 < p < 1$，则称该蒙特卡罗算法是 p 正确的，该算法的优势为 $p - 1/2$。如果对同一个实例，该蒙特卡罗算法不会给出两个不同的正确答案，则称该蒙特卡罗算法是一致的。对一个一致的 p 正确的蒙特卡罗算法，如果重复地运行，每一次运行都独立地进行随机选择，则可以使产生不正确答案的概率变得任意小。

9.4.1　主元素问题

除了使用递归方法求解数组主元素问题，还可以使用蒙特卡罗算法来求解。随机地选择数组中的一个元素 $A[i]$ 进行测试，如果它是主元素，就返回 TRUE，否则返回 FALSE，然后对这个算法进行进一步的处理。下面是这个算法的描述。

算法 9.6　求数组 A 的主元素。

输入：n 个元素的数组 A[]。

输出：数组 A 的主元素。

```
1.   template <class Type>
2.   BOOL r_majority(Type A[], Type & x, int n)
3.   {
4.     int i, j, k;
5.     random_seed(0);
6.     i = random(0, n−1);
7.     k = 0;
8.     for (j=0; j<n; j++)
9.        if (A[i]==A[j])
10.            k++;
11.    if (k>n/2) {
12.        x = A[i];          return TRUE;
13.    }
```

14.　else return FALSE;

15.　}

该算法随机地选择数组中的一个元素 $A[i]$ 进行测试，如果返回 TRUE，则 $A[i]$ 所赋予的变量 x 就是数组的主元素；否则，随机选择的元素 $A[i]$ 不是主元素。这时数组中可能有主元素，也可能没有主元素。如果数组中存在着主元素，则非主元素的个数小于 $n/2$。该算法将以大于 $1/2$ 的概率返回 TRUE，以小于 $1/2$ 的概率返回 FALSE，这说明算法出现错误的概率小于 $1/2$。如果连续运行该算法 k 次，返回 FALSE 的概率将减少为 $2-k$，则算法发生错误的概率为 $2-k$。

如果希望算法检测不出主元素的错误概率小于 ε，则令 $2^{-k}=\varepsilon$，有

$$2^k = \frac{1}{\varepsilon}$$

由此得到

$$k = \mathrm{lb}\left(\frac{1}{\varepsilon}\right)$$

因此，在上面算法的参数中增加一个允许检测不出主元素的错误概率，则上面的算法可修改如下：

算法 9.7　求数组 A 的主元素。

输入：n 个元素的数组 A[]。

输出：数组 A 的主元素。

1. template ＜class Type＞
2. BOOL majority_monte(Type A[], Type ＆x, int n, double e)
3. {
4.　int t, s, i, j, k;
5.　BOOL flag = FALSE;
6.　random_seed(0);
7.　s = log(1/e);
8.　for (t=1;t＜=s;t++) {
9.　　i = random(0, n−1);
10.　　k = 0;
11.　　for (j=0;j＜n;j++)
12.　　　if (A[i]==A[j])
13.　　　　k++;
14.　　if (k＞n/2) {
15.　　　x = A[i];　flag = TRUE;　break;
16.　　}
17.　}
18.　return flag;
19. }

该算法以所给的参数 e 计算出重复测试的次数 s，然后重复地执行第 9 行开始的循环

体 s 次。如果一次也检测不到存在着主元素，则返回 FALSE；只要有一次检测到存在着主元素，就返回 TRUE，则该算法的错误概率小于所给参数 e。

容易看出，算法所需的运行时间为 $O(n\text{lb}(1/e))$。

9.4.2 素数测试问题

素数的研究和密码学有很大的关系，而素数的测试又是素数研究中的一个重要课题。测试一个整数 n 是否素数，常用的方法是把这个数除以 2 到 $\lfloor\sqrt{n}\rfloor$ 的数，如果余数为 0，则它是一个合数，否则就是素数。这种测试素数的思想是：寻找一个可以整除 n 的整数 a，如果存在这样的 a，则 n 是合数；否则，它是素数。这个方法简单，但效率很低，因为它是一个指数时间算法。这就使得人们向其他方向去思考问题来证明被测试的整数就是素数。

关于素数的性质，有下面的费尔马(Fermat)定理。

定理 9.1 如果 n 是素数，则对所有不被 n 整除的 a 都有 $a^{n-1}\equiv 1(\text{mod} n)$。

费尔马定理给出了判定素数的必要条件，但非充分条件。定理表明：如果存在 a 使得 $a^{n-1}(\text{mod} n)\neq 1$，则 n 肯定不是素数。于是，可以设计一个计算 $a^m(\text{mod} n)$ 的算法 exp_mod，然后通过该算法的计算结果来判断 n 是否素数的可能性。下面是这个算法的描述。

算法 9.8 指数运算后求模。

输入：正整数 a, m, n, $m<n$。

输出：$a^m(\text{mod } n)$。

```
1. int exp_mod(int n, int a, int m)
2. {
3.     int i,c,k =0;
4.     int * b = new int[m];
5.     while (m!=0) {            /* 把 m 转化为二进制数字于 b[k] */
6.       b[k++] = m % 2;
7.       m /=2;
8.     }
9.     c = 1;
10.    for (i=k-1;i>=0;i--) {    /* 计算 a^m(mod n) */
11.      c = (c * c) % n;
12.      if (b[k]==1)
13.         c = (a * c) % n;
14.    }
15.    delete b;
16.    return c;
17. }
```

该算法分成两部分，第 5～8 行把 m 转换为二进制数字于数组 b；第 9～14 行，求 c 的平方，并根据数组 b 相应元素的二进制数值把 c 乘以 a。每一次求平方或乘法之后，就对 n 求模，而不是先计算 a^m，最后再对 n 求模。显而易见，这两部分代码的运行时间都需要

$\Theta(\mathrm{lb}m)$。因为 $m<n$，所以该算法的运行时间也是 $\Theta(\mathrm{lb}n)$。

由此，可以采用下面的算法来测试整数 n 是否素数。

算法 9.9 素数测试的一种版本。

输入：正整数 n。

输出：若 n 是素数，返回 TRUE；否则，返回 FALSE。

```
1. BOOL prime_test1(int n)
2. {
3.    if (exp_mod(n,2,n-1)==1)
4.       return TRUE;        / * 素数或伪素数 * /
5.    else
6.       return FALSE;        / * 合数 * /
7. }
```

算法 9.9 判断条件 $2^{n-1}\equiv1(\bmod n)$ 是否成立，如果不成立，则 n 肯定是合数。但是，如果成立，不能排除 n 是合数的可能性。因为费尔马定理仅是判断素数的必要条件，而非充分条件，所以其逆非真。例如，在 4～2000 之间的所有合数中，有 341、561、645、1105、1387、1729、1905 等都满足 $2^{n-1}\equiv1(\bmod n)$ 条件。

事实上，有很多合数 n 存在着整数 a 使得 $2^{n-1}\equiv1(\bmod n)$ 成立，这样的合数称为 Carmichael 数。而当一个合数 n 相对于基数 a 满足费尔马定理时，就称 n 是以 a 为基数的伪素数。因此，改善算法 9.9 的另一种方法是在 2 和 $n-2$ 之间随机地选择一个数作为基数。

尽管如此，仍然有可能把伪素数当成素数而出现错误。为了减少这种错误，可采用下面的二次探测方法。如果 n 是素数，则 $n-1$ 必然是偶数。因此，可令 $n-1=2^q m$，并考察下面的测试序列：

$$a^m(\bmod n)，a^{2m}(\bmod n)，a^{4m}(\bmod n)，\cdots，a^{2^q m}(\bmod n)$$

把上述测试序列称为 Miller 测试。关于 Miller 测试，有下面的定理。

定理 9.2 若 n 是素数，a 是小于 n 的正整数，则 n 对以 a 为基的 Miller 测试结果为真。

证明 n 是素数，令 $n-1=2^q m$。因为 a 是小于 n 的正整数，所以根据费尔马定理 $(a^{2^{q-1}m})^2=a^{2^q m}=a^{n-1}\equiv1(\bmod n)$ 有

$$(a^{2^{q-1}m})^2-1\equiv0(\bmod n)$$

$$(a^{2^{q-1}m}+1)*(a^{2^{q-1}m}-1)\equiv0(\bmod n)$$

上式说明，如果 n 是素数，必然也有 $a^{2^{q-1}m}\equiv1(\bmod n)$ 及 $a^{2^{q-1}m}\equiv-1(\bmod n)$。依此向前递推，对所有的 $r(0\leqslant r\leqslant q)$ 都有 $a^{2^r m}\equiv1(\bmod n)$ 及 $a^{2^r m}\equiv-1(\bmod n)$。因此，$n$ 对以 a 为基的 Miller 测试结果为真。

定理 9.3 若 n 是合数，a 是小于 n 的正整数，则 n 对以 a 为基的 Miller 测试，结果为真的概率小于或等于 1/4。

上述定理说明 Miller 测试把 Carmichael 数当作素数处理的错误概率最多不会超过

1/4。如果进一步增加探测素数或伪素数的机会，就可以进一步降低发生错误的概率。如果重复测试 k 次，则可把错误概率降低为 $4-k$。因此，如果令 $k=\mathrm{lb}n$，则错误概率将为 $4^{-\mathrm{lb}n}\leqslant 1/n^2$。这样一来，该算法将至少以 $1-1/n^2$ 的概率给出正确的答案。当 n 充分大时，可以认为 Miller 测试是完全可信赖的。由此，算法 9.9 可修改如下：

算法 9.10　素数测试。

```
输入：正整数 n。
输出：若 n 是素数，则返回 TRUE；否则，返回 FALSE。
1. BOOL prime_test(int n)
2. {
3.   int i, j, x, a, m, k, q = 0;
4.   m = n－1;  k = log(n);
5.   while (m%2==0) {              /* 计算 n－1=2^q m 的 q 和 m */
6.     m /= 2;
7.     q++;
8.   }
9.   random_seed(0);
10.  for (j=0; j<=k; j++) {
11.    a = random(2, n－2);
12.    x = exp_mod(n, a, m);
13.    if (x!=1)
14.      return FALSE;          /* 合数 */
15.    else {
16.      for (i=0; i<q; i++) {
17.        if (x!=(n－1))
18.          return FALSE;      /* 合数 */
19.        x = (x * x) % n;
20.      }
21.    }
22.  }
23.  return TRUE;               /* 素数 */
24. }
```

该算法的时间复杂性可估计如下：第 4、9、11 行需要 $O(1)$ 时间；第 5～8 行需 $\Theta(\mathrm{lb}m)=O(\mathrm{lb}n)$ 时间；第 10 行开始的 for 循环体需执行 $\mathrm{lb}n$ 次，在循环体中第 12 行花费 $O(\mathrm{lb}n)$ 时间，第 16 行开始的内部 for 循环的循环体需执行 $\mathrm{lb}m$ 次，因此需花费 $\Theta(\mathrm{lb}m)=O(\mathrm{lb}n)$ 时间。因此，算法的总花费为 $O(\mathrm{lb}^2 n)$。

习　题　9

1. 有时随机算法也称为概率算法，这两种称呼有区别吗？按照你自己的理解，能给出随机算法的新的分类吗？

2. 怎样衡量随机算法的性能？

3. 设计一个随机检索算法，在有序表的 low 和 high 之间检索元素 x。要求在 low 和 high 之间随机地选择一个元素进行检索，以取代二叉检索算法。

4. 用循环迭代的形式重新编写算法 9.2。

5. 抛掷硬币 10 次，得到正面的次数可能是 0，1，2，3，4，5，6，7，8，9，10。用数组元素 $A[i]$ 来统计每抛掷 10 次硬币出现 i 次正面的次数。例如，连续抛掷 10 次硬币，全部出现反面，元素 $A[0]$ 加 1；出现 3 次正面，元素 $A[3]$ 加 1，以此类推。用随机数发生器产生的 0、1 来模拟硬币抛掷出现的正反面。设计一个算法，把每抛掷 10 次硬币作为一个试验，重复 10 000 次这样的试验，打印出现正面的频率图。

6. 假设某文件包含 n 个记录，设计一个随机算法，随机抽取出其中的 m 个记录，并分析该算法的时间复杂度。

7. 设计一个随机算法，随机产生 $1 \sim n$ 之间的 m 个不同整数。

8. 假设 n 是一个素数，令 x 为 1 到 $n-1$ 之间的整数，如果存在一个整数 $y (1 \leqslant y \leqslant n-1)$ 使得 $x \equiv y^2 (\bmod n)$，则称 y 是 x 的模 n 的平方根。例如，9 是 3 的模 13 的平方根。设计一个拉斯维加斯算法，求整数 x 的模 n 的平方根。

9. 假定不考虑输入对算法的影响，则蒙特卡罗算法 Monte_Carlo(P) 至少以 $1-\varepsilon_1$ 的概率给出问题的正确解。修改该算法，使其正确性概率提高到 $1-\varepsilon_2$，其中 $0 < \varepsilon_2 < \varepsilon_1$。

10. 令序列 $L = x_1, x_2, \cdots, x_n$，其中元素 x 在序列中正好出现 k 次，$1 \leqslant k \leqslant n$。希望在序列中找出一个元素 $x_i = x$。用如下算法来检索这个元素：重复地在 1 和 n 之间产生一个随机数 i，检查 x_i 是否等于 x。按平均时间来考虑，试说明是这个算法快，还是线性检索算法快。

11. 令 A、B、C 是三个 $n \times n$ 的矩阵。给出一个 $\Theta(n^2)$ 时间的算法，测试 $A \times B = C$ 是否成立，如果成立返回 TRUE，否则返回 FALSE。当 $A \times B \neq C$ 时，算法返回 TRUE 的概率是多少？

12. 假设 $A[1, \cdots, n]$ 是由 n 个不同数构成的数组，如果 $i < j$ 且 $A[i] > A[j]$，则称 (i, j) 为对位 A 的逆序对。假设 A 中元素形成 $<1, 2, \cdots, n>$ 上的一个均匀随机排列，利用指示器随机变量来计算 A 中逆序对的期望。

13. 帽子分发问题（序列随机排列的不动点）。n 个人将帽子交给一个管理员保管，管理员随机将帽子分发给 n 个人，请问拿到自己帽子的客户的期望数目是多少？

14. 两个人分别抛一个均值硬币 n 次，他们获得正面向上次数相同的概率是多少？利用该思路验证：

$$\sum_{k=0}^{n} \binom{n}{k}^2 = \binom{2n}{n}$$

15. 基于以下的不同假设，考虑将 n 个球放入 b 个相同盒子中有多少种方法。

(1) 假设 n 个球是不同的，每个盒子中的球是有顺序的，有多少种放法？

(2) 假设球是相同的，盒子也是相同的，又有多少种放法？

16. 将 n 个球投入到 n 个盒子中，每次投球独立，落入盒子的机会相等，最后空盒子数量的期望是多少？

第 10 章　NP 完全问题与近似算法

10.1　P 类和 NP 类问题

10.1.1　P 类问题

定义 10.1　A 是问题 Π 的一个算法。如果在处理问题 Π 的实例时，在算法的整个执行过程中，每一步只有一个确定的选择，就说算法 A 是确定性的算法。

前面所讨论的算法基本上都是确定性的算法，算法执行的每一个步骤都有一个确定性的选择。如果重新用同一输入实例运行该算法，则所得到的结果严格一致。

定义 10.2　如果对某个判断问题 Π 存在着一个非负整数 k，对输入规模为 n 的实例，能够以 $O(n^k)$ 的时间运行一个确定性的算法，得到 yes 或 no 的答案，则该判定问题 Π 是一个 P 类判定问题。

从上面的定义可以看到，P 类判定问题是用由具有多项式时间的确定性算法来解的判定问题组成的，因此用 P(Polynomial) 来表征这类问题。例如，下面的一些判定问题便属于 P 类判定问题：

（1）最短路径判定问题 SHORTEST PATH：给出有向赋权图 $G=\langle V, E \rangle$（权为正整数）、正整数 k 及两个顶点 $s, t \in V$，是否存在着一条由 s 到 t、长度至多为 k 的路径。

（2）可排序的判定问题 SORT：给定 n 个元素的数组，是否可以按非降顺序排序。

如果把判定问题的提法改变一下，如把可排序的判定问题的提法改为给定 n 个元素的数组，是否可以不按非降顺序排序，则称这个问题为不可排序的判定问题 NOT_SORT，称不可排序的判定问题是可排序的判定问题的补。因此，最短路径判定问题的补是：给定有向赋权图 $G=\langle V, E \rangle$（权为正整数）、正整数 k 及两个顶点 $s, t \in V$，是否不存在一条由 s 到 t、长度至多为 k 的路径。

定义 10.3　令 C 是一类问题，如果对 C 中的任何问题 $\Pi \in C$，Π 的补也在 C 中，则称 C 类问题在补集下封闭。

定理 10.1　P 类问题在补集下是封闭的。

证明　在 P 类判定问题中，每一个问题 Π 都存在着一个确定性算法 A，这些算法都能够在一个多项式时间内返回 yes 或 no 的答案。现在，为了解对应于问题 Π 的补 $\overline{\Pi}$，只要在对应算法 A 中把返回 yes 的代码修改为返回 no，把返回 no 的代码修改为返回 yes，即把原算法 A 修改为算法 $\overline{A}$。很显然，算法 $\overline{A}$ 是解问题 $\overline{\Pi}$ 的一个确定性算法，它也能够在一个多项式时间内返回 yes 或 no 的答案。因此，P 类问题 Π 的补 $\overline{\Pi}$ 也属于 P 类问题，P 类问题在补集下是封闭的。

定义 10.4 令 Π 和 Π' 是两个判定问题，如果存在一个具有如下性能的确定性算法 A，可以用多项式的时间把问题 Π' 的实例 I' 转换为问题 Π 的实例 I，使得 I' 的答案为 yes，当且仅当 I 的答案是 yes，就说 Π' 以多项式时间归约于 Π，记为 $\Pi' \propto_p \Pi$。

定理 10.2 Π 和 Π' 是两个判定问题，如果 $\Pi \in P$，并且 $\Pi' \propto_p \Pi$，则 $\Pi' \in P$。

证明 因为 $\Pi' \propto_p \Pi$，所以，存在一个确定性算法 A，它可以用多项式 $p(n)$ 时间把问题 Π' 的实例 I' 转换为 Π 问题的实例 I，使得 I' 的答案为 yes，当且仅当 I 的答案是 yes。如果对某个正整数 $c>0$，算法 A 在每一步最多可以输出 c 个符号，则算法 A 的输出规模最多不会超过 $cp(n)$ 个符号。因为 $\Pi \in P$，所以存在一个多项式时间的确定性算法 B，对输入规模为 $cp(n)$ 的问题 Π 进行求解，所得结果也是问题 Π' 的结果。令算法 C 是把算法 A 和算法 B 合并起来的算法，则算法 C 也是一个确定性的算法，并且以多项式时间 $r(n)=q(cp(n))$ 得到问题 Π' 的结果，所以，$\Pi' \in P$。

10.1.2 NP 类问题

如果有些问题存在着以多项式时间运行的非确定性算法，则这些问题属于 NP 类问题。问题 Π 的非确定性算法是由两个阶段组成的：推测阶段和验证阶段。在推测阶段，它对规模为 n 的输入实例 x，产生一个输出结果 y。这个输出可能是相应输入实例 x 的解，也可能不是，甚至它的形式也不是所希望的解的正确形式。如果再一次运行这个非确定性算法，得到的结果可能和以前得到的结果不一致。但是，它能够以多项式时间 $O(n^i)$（其中，i 是一个非负整数）来输出这个结果。在很多问题中，这一阶段可以线性时间来完成。

在验证阶段，用一个确定性的算法来验证两件事情：首先，它检查上一阶段所产生的输出 y 是否具有正确的形式。如果 y 不具有正确的形式，这个算法就以答案 no 结束；如果 y 具有正确的形式，则这个算法继续检查 y 是否问题的输入实例 x 的解。如果它确实是问题实例 x 的解，则以答案 yes 结束；否则，以答案 no 结束。同样，这一阶段的运行时间也能够以多项式时间 $O(n^j)$（其中，j 也是一个非负整数）来完成。

【例 10.1】 货郎担的判定问题。给定 n 个城市、正常数 k 及城市之间的费用矩阵 C，判定是否存在一条经过所有城市一次且仅一次，最后返回初始出发城市且费用小于常数 k 的回路。假定 A 是求解问题的算法。首先，用非确定性算法在多项式时间内推测存在着这样一条回路，假定它是问题的解。然后，用确定性算法在多项式时间内检查这条回路是否正好经过每个城市一次，并返回初始出发城市。如果答案为 yes，则算法输出 yes，否则输出 no。因此，A 是解货郎担判定问题的非确定性算法。显然，算法 A 输出 no 并不意味着不存在一条所要求的回路，因为算法的推测可能是不正确的。另一方面，对所有的实例 I，算法 A 输出 yes，当且仅当在实例 I 中至少存在一条所要求的回路。

因此，如果 A 是问题 Π 的一个非确定性算法，A 接受问题 Π 的实例 I，当且仅当对输入实例 I 中存在着一个推测，从这个推测可以得出答案 yes，并且在它的某一次验证阶段的运行中能够得到答案 yes，则 A 接受 I。但是，如果算法的答案为 no，并不意味算法 A 不接受 I，因为算法的推测可能是不正确的。

非确定算法的运行时间是推测阶段和验证阶段的运行时间的和。若推测阶段的运行时

间为 $O(n^i)$，验证时间的运行时间为 $O(n^j)$，则对某个非负整数 k，$k=\max(i,j)$，非确定性算法的运行时间为 $O(n^i)+O(n^j)=O(n^k)$。这样一来，可以对 NP 类问题作如下定义：

定义 10.5 如果对某个判定问题 $\varPi$，存在着一个非负整数 k，对输入规模为 n 的实例，能够以 $O(n^k)$ 的时间运行一个非确定性算法，得到 yes 或 no 的答案，则该判定问题 $\varPi$ 是一个 NP 类判定问题。

从上面的定义可以看到，NP 类判定问题是由用具有多项式时间的非确定性算法来解的判定问题组成的，因此用 NP(Nondeterministic Polynomial)来表征这类问题。对于 NP 类判定问题，重要的是它必须存在一个确定性算法，能够以多项式的时间来检查和验证在推测阶段所产生的答案。

【例 10.2】 上述解货郎担判定问题 TRAVELING SALESMAN 的算法为 A。显然，A 可在推测阶段用多项式时间推测出一条回路，并假定它是问题的解；A 在验证阶段可用一个多项式时间的确定性算法检查所推测的回路是否恰好每个城市经过一次，如果是，再进一步判断这条回路的长度是否小于或等于 l，如果是，答案为 yes，否则答案为 no。显然，存在着一个多项式时间的确定性算法来对推测阶段所作出的推测进行检查和验证。因此，货郎担判定问题是 NP 类判定问题。

【例 10.3】 m 团问题 CLIQUE。给定无向图 $G=\langle V,E\rangle$、正整数 m，判定 V 中是否存在 m 个顶点，使得它们的导出子图构成一个 K_m 完全图。

解 可以这样为 m 团问题构造非确定性算法：首先，在推测阶段用多项式时间对顶点集生成一组 m 个顶点的子集，假定它是问题的解；然后，在验证阶段用一个多项式时间的确定性算法验证这个子集的导出子图是否构成一个 K_m 完全图，如果是，答案为 yes，否则，答案为 no。显然，存在着这样的多项式时间的确定性算法来对前面的推测进行检查和验证。因此，m 团问题是 NP 类判定问题。

如上所述，P 类问题和 NP 类问题的主要差别如下：

(1) P 类问题可以用多项式时间的确定性算法来进行判定或求解。

(2) NP 类问题可以用多项式时间的确定性算法来检查和验证它的解。

如果问题 $\varPi$ 属于 P 类，则存在一个多项式时间的确定性算法来对它进行判定或求解。显然，对这样的问题 $\varPi$，也可以构造一个多项式时间的确定性算法来验证它的解的正确性。因此，$\varPi$ 也属于 NP 类问题。因此，$\varPi\in P$，必然有 $\varPi\in NP$。综上，$P\subseteq NP$。

反之，如果问题 $\varPi$ 属于 NP 类问题，则只能说明存在一个多项式时间的确定性算法来检查和验证它的解，但是不一定能够构造一个多项式时间的确定性算法对它进行求解或判定。因此，问题 $\varPi$ 不一定属于 P 类问题。于是，人们猜测 $NP\neq P$。但是，这个不等式是成立还是不成立至今还没有得到证明。

10.2 NP 完全问题

NP 完全问题是 NP 判定问题中的一个子类。对这个子类中的一个问题，如果能够证

明用多项式时间的确定性算法来进行求解或判定，那么 NP 中的所有问题都可以通过多项式的确定性算法来进行求解或判定。因此，如果对这个子类中的任何一个问题，能够找到或者能够证明存在着一个多项式时间的确定性算法，那么就有可能证明 NP＝P。

10.2.1 NP 完全问题的定义

定义 10.6 令 Π 是一个判定问题，如果对 NP 中的每一个问题 $\Pi' \in$ NP，有 $\Pi' \propto_p \Pi$，就说判定问题 Π 是一个 NP 难题。

定义 10.7 令 Π 是一个判定问题，如果：

(1) $\Pi \in$ NP，

(2) 对 NP 中的所有问题 $\Pi' \in$ NP，都有 $\Pi' \propto_p \Pi$，

则称判定问题 Π 是 NP 完全的。

因此，如果 Π 是 NP 完全问题，而 Π' 是 NP 难题，那么它们之间的差别在于 Π 必定在 NP 类中，而 Π' 不一定在 NP 类中。有时把 NP 完全问题记为 NPC。

定理 10.3 令 Π、Π' 和 Π'' 是 3 个判定问题，若满足 $\Pi'' \propto_p \Pi'$ 及 $\Pi' \propto_p \Pi$，则有 $\Pi'' \propto_p \Pi$。

证明 假定问题 Π'' 的实例 I'' 由 n 个符号组成。因为 $\Pi'' \propto_p \Pi'$，所以，存在一个确定性算法 A''，它可以用多项式 $p(n)$ 的时间把问题 Π'' 的实例 I'' 转换为问题 Π' 的实例 I'，使得 I'' 的答案为 yes，当且仅当 I' 的答案为 yes。如果对某个正整数 $c > 0$，算法 A'' 在每一步最多可以输出 c 个符号，则算法 A'' 的输出规模最多不会超过 $cp(n)$ 个符号，它们组成了问题 Π' 的实例 I'。因为 $\Pi' \propto_p \Pi$，所以，存在一个确定性算法 A'，以多项式 $q(cp(n))$ 的时间把问题 Π' 的实例 I' 转换为问题 Π 的实例 I，使得 I' 的答案是 yes，当且仅当 I 的答案是 yes。令算法 A 是把算法 A' 和算法 A'' 合并起来的算法，则算法 A 也是一个确定性算法，并且多项式时间 $r(n) = q(cp(n))$ 把问题 Π'' 的实例 I'' 转换为问题 Π 的实例 I，使得 I'' 的答案为 yes，当且仅当 I 的答案是 yes。由此得出，Π'' 以多项式时间归约为 Π，即 $\Pi'' \propto_p \Pi$。

这个定理表明归约关系 $\propto_p$ 是传递的。

定理 10.4 令 Π 和 Π' 是 NP 中的两个问题，使得 $\Pi' \propto_p \Pi$。如果 Π' 是 NP 完全的，则 Π 也是 NP 完全的。

证明 因为 Π' 是 NP 完全的，令 Π'' 是 NP 中的任意一个问题，所以有 $\Pi'' \propto_p \Pi'$；因为 $\Pi' \propto_p \Pi$，根据定理 10.3，有 $\Pi'' \propto_p \Pi$。因为 $\Pi \in$ NP，并且 Π'' 在 NP 中是任意的，所以根据定义 10.7，Π 是 NP 完全的。

根据定理 10.4，为了证明问题 Π 是 NP 完全的，只要证明：

(1) $\Pi \in$ NP；

(2) 存在一个 NP 完全问题 Π'，使得 $\Pi' \propto_p \Pi$。

【例 10.4】 已知哈密尔顿回路问题 HAMILTONIAN CYCLE 是一个 NP 完全问题，证明货郎担问题 TRAVELING SALESMAN 也是一个 NP 完全问题。

哈密尔顿回路问题的提法是：给定无向图 $G = \langle V, E \rangle$，是否存在一条回路使得图中每个顶点在回路中出现一次且仅一次。

货郎担问题的提法是：给定 n 个城市和最短距离 l，是否存在从某个城市出发，经过每个城市一次且仅一次，最后回到出发城市且距离小于或等于 l 的路线。

首先，证明货郎担问题是一个 NP 问题。这在例 10.2 中已经说明。

其次，证明哈密尔顿回路问题可以用多项式时间归约于货郎担问题，即

$$\text{HAMILRONIANC\_CYCLE} \propto_p \text{TRAVELING\_SALESMAN}$$

令 $G = \langle V, E \rangle$ 是 HAMILRONIANC_CYCLE 问题的任一实例，$|V| = n$。构造一个赋权图 $G' = \langle V', E' \rangle$，使得 $V = V'$，$E = \{(u, v) \mid u, v \in V\}$，并对 E' 中的每一条边 (u, v) 赋予如下的长度：

$$d(u, v) = \begin{cases} l & (u, v) \in E \\ n & (u, v) \notin E \end{cases} \tag{10.1}$$

同时，令 $l = n$。这个构造可以由一个算法在多项式时间内完成。下面说明 G 中包含一条哈密尔顿回路，当且仅当 G' 中存在一条经过各个顶点一次且全长不超过 $l = n$ 的路径。

(1) G 中包含一条哈密尔顿回路，设这条回路是 $v_1, v_2, \cdots, v_n, v_1$，则这条回路也是 G' 中一条经过各个顶点一次且仅一次的回路，根据式(10.1)，这条回路长度为 n，因此，这条路径满足货郎担问题。

(2) G' 中存在一条满足货郎担问题的路径，则这条路径经过 G 中各个顶点一次且仅一次，最后回到起始出发顶点，因此它是一条哈密尔顿回路。

综上所述，关系 HAMILRONIANC_CYCLE $\propto_p$ TRAVELING_SALESMAN 成立。所以，TRAVELING_SALESMAN 也是一个 NP 完全问题。

10.2.2　典型的 NP 完全问题

以下将讨论几个著名的 NP 完全问题。

1. 可满足性问题(SATISFIABILITY)

设布尔表达式 f 是一个合取范式(Conjunction Normal Form，CNF)，它是由若干个析取子句的合取构成的，而这些析取子句又是由若干个文字的析取组成的，文字则是布尔变元或布尔变元的否定。前者称为正文字，后者称为负文字。例如，x 是布尔变元，则 x 是正文字，x 的否定 $-x$ 是负文字。负文字有时也表达为 $\bar{x}$。下面的例子是一个合取范式：

$$f = (x_2 \vee x_3 \vee x_5) \wedge (x_1 \vee x_3 \vee \overline{x_4} \vee x_5) \wedge (\overline{x_2} \vee \overline{x_3} \vee x_4)$$

如果对其相应的布尔变量赋值，使 f 的真值为真，就说布尔表达式 f 是可满足的。例如，在上式中，只要使 x_1、x_4 和 x_5 为真，则表达式 f 为真。因此，这个式子是可满足的。

可满足性问题的提法如下：

判定问题：SATISFIABILITY。

输入：CNF 布尔表达式 f。

问题：对布尔表达式 f 中的布尔变量赋值，是否可使 f 的真值为真。

定理 10.5　可满足性问题 SATISFIABILITY 是 NP 完全的。

证明　很明显，对任意给定的布尔表达式 f，容易构造一个确定性算法，以多项式时间对表达式中的布尔变量的 0、1 赋值，从而验证布尔表达式 f 的真值。因此，可满足性问题 SATISFIABILITY $\in$ NP。

为了证明可满足性问题 SATISFIABILITY 是 NP 完全的，必须证明对任意给定的问题 $\Pi \in$ NP，都有 $\Pi \propto_p$ SATISFIABILITY。

因为 $\Pi \in$ NP，所以存在着一个解问题 Π 的多项式时间的非确定性算法 A。因此，可以用合取范式的形式构造一个布尔表达式 f 来模拟算法 A 对实例 I 的计算，使得 f 的真值

为真，当且仅当问题 Π 的非确定性算法 A 对实例 I 的答案为 yes。设实例 I 的规模为 n，因为 A 可在多项式时间 $p(n)$ 内完成，对某个整数 $c>0$，它最多可执行的动作为 $cp(n)$ 个，所以可以用 $O(cp(n))=O(q(n))$ 的时间来构造布尔表达式 f。其中，$q(n)$ 是某个多项式。因此有 $\Pi\propto_p$SATISFIABILITY。

综上所述，可满足性问题 SATISFIABILITY 是 NP 完全的。

定理 10.5 称为 Cook 定理。在定理的证明中，如何用合取范式的形式构造一个布尔表达式 f 来模拟算法 A 对实例 I 的计算，留待后面叙述。这个定理具有很重要的作用，因为它给出了第一个 NP 完全问题，使得对任何问题 Π，只要能够证明 $\Pi\in$NP，并且 SATISFIABILITY$\propto_p\Pi$，那么 Π 就是 NP 完全的。所以，以 SATISFIABILITY 的 NP 完全性为基础，很快又证明了很多其他的 NP 完全问题，逐渐产生了一棵以 SATISFIABILITY 为根的 NP 完全树。这棵树的一小部分如图 10.1 所示，其中每一个节点表示一个 NP 完全问题，该问题可以在多项式时间里转换为其任一儿子节点所表示的问题。

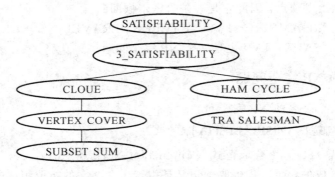

图 10.1　部分 NP 完全问题树

2. 三元可满足性问题（3_SATISFIABILITY）

在合取范式中，如果每个析取子句恰好由 3 个文字组成，则称为三元合取范式或三元 CNF 范式。三元合取范式的可满足性问题 3_SATISFIABILITY 的提法如下：

判定问题：3_SATISFIABILITY。

输入：三元合取范式 f。

问题：对布尔表达式 f 中的布尔变量赋值，是否可使 f 的真值为真。

显然，三元合取范式是合取范式的一种特殊情况，而合取范式的可满足性问题属于 NP 问题，所以，三元合取范式的可满足性问题也属于 NP 问题。为了证明三元合取范式的可满足性问题是 NP 完全的，只要证明下面关系成立：

$$\text{SATISFIABILITY}\propto_p 3\_\text{SATISFIABILITY}$$

为了把 SATISFIABILITY 问题归约为 3_SATISFIABILITY 问题，给定 SATISFIABILITY 的一个实例 $f=c_1\wedge c_2\wedge\cdots\wedge c_m$，它有 m 个析取子句 $c_i(1\leqslant i\leqslant m)$ 和 n 个命题变元 $x_j(1\leqslant j\leqslant n)$。构造一个新的合取范式 F，使得 F 的每个析取子句都由 3 个文字组成，并且 $F\Leftrightarrow f$。只要把 f 的每个析取子句 c_i 分别变换为等价的子句集合，并使每个子句都由 3 个文字组成即可。因此，对每个 c_i，考虑下面 3 种情况：

（1）c_i 刚好有 3 个文字，则 c_i 不变。

(2) c_i 只有 2 个文字，假定 $c_i = (x_k \lor x_l)(1 \leqslant k, l \leqslant n)$，并且 $k \neq l$，对 $1 \leqslant s \leqslant n(s \neq k, s \neq l)$ 作如下恒等变换：

$$(x_k \lor x_l) \Leftrightarrow (x_k \lor x_l \lor x_s \land \overline{x_s})$$
$$\Leftrightarrow (x_k \lor x_l \lor x_s \land \overline{x_s})$$

若 c_i 只有一个文字，假定 $c_i = x_i$，同理可得

$$x_i \Leftrightarrow (x_i \lor x_k \lor x_l) \land (x_i \lor x_k \lor \overline{x_l}) \land (x_i \lor \overline{x_k} \lor x_l) \land (x_i \lor \overline{x_k} \lor \overline{x_l})$$

(3) c_i 有 3 个以上文字，假定 $c_i = (x_1 \lor x_2 \lor \cdots \lor x_k)(3 < k \leqslant n)$，则可把 c_i 转换为由 $k-2$ 个子句组成的三元合取范式 C_i：

$$C_i = (x_1 \lor x_2 \lor y_1) \land (x_3 \lor \overline{y_1} \lor y_2) \land (x_4 \lor \overline{y_2} \lor y_3) \land \cdots \land (x_{k-1} \lor x_k \lor \overline{y_{k-3}})$$

其中，$y_1, y_2, \cdots, y_{k-2}$ 是新增加的命题变元。下面证明 c_i 可满足，当且仅当 C_i 可满足。

必要性：若 c_i 可满足，即可使 $c_i = (x_1 \lor x_2 \lor \cdots \lor x_k)$ 为真，则在 c_i 中至少有一个文字 x_i 取值为真，$1 \leqslant l \leqslant k$。因此，对所有的 $s(1 \leqslant s \leqslant l-2)$，令 y_s 为真；对所有的 $t(l-2 \leqslant t \leqslant k-3)$，令 y_t 为假，则 C_i 为真。

充分性：若 C_i 可满足，即可使 c_i 为真，则可分成 3 种情况：

(1) y_1 为假：因为 C_i 为真，所以 $x_1 \lor x_2$ 为真，则 c_i 也为真。

(2) y_{k-3} 为真：因为 C_i 为真，所以 $x_{k-1} \lor x_k$ 为真，则 c_i 也为真。

(3) y_1 为真且 y_{k-3} 为假：因为 C_i 为真，所以必有

$$x_3 \lor y_2 \text{ 为真}$$
$$x_4 \lor \overline{y_2} \lor y_3 \text{ 为真}$$
$$\vdots$$
$$x_{k-3} \lor \overline{y_{k-5}} \lor y_{k-4} \text{ 为真}$$
$$x_{k-2} \lor \overline{y_{k-4}} \text{ 为真}$$

如果 $x_3 \lor x_4 \lor \cdots \lor x_{k-2}$ 为假，将导致 y_2 为真，由此导致 y_3 为真，最后导致 y_{k-4} 为真，且 $\overline{y_{k-4}}$ 也为真，产生矛盾。所以，只有 $x_3 \lor x_4 \lor \cdots \lor x_{k-2}$ 为真，c_i 才为真。

由此，f 的每个析取子句 c_i 都可以恒等变换为等价的子句集合，并使每个子句都由 3 个文字组成。显然，每个子句的变换均可在 $O(n)$ 时间内完成，则把 f 变换为 F 可在 $O(mn)$ 时间内完成。从而可在多项式时间内，把 SATISFIABILITY 问题归约为 3_SATISFIABILITY 问题，由此可知，3_SATISFIABILITY 问题是 NP 完全问题。

3. 图的着色问题(COLORING)

给定无向图 $G = \langle V, E \rangle$，用 k 种颜色为 V 中的每一个顶点分配一种颜色，使得不会有两个相邻顶点具有同一种颜色，此问题称为图的着色问题（COLORING）。图的着色问题的提法如下：

判定问题：COLORING。

输入：无向图 $G = \langle V, E \rangle$，正整数 $k \geqslant 1$。

问题：是否可用 k 种颜色为图 G 着色。

假定图 G 有 n 个顶点。显然，可以在线性时间内用 k 种颜色为 V 中的每一个顶点着色，并假定它就是问题的解；然后，在多项式时间内验证该着色是否就是问题的解。因此，

图的着色问题就是 NP 问题。这样，只要证明可在多项式时间内把 3_SATISFIABILITY 问题归约为 COLORING 问题，则图的着色问题 COLORING 就是 NP 完全问题。

为此，给定 3_SATISFIABILITY 的一个实例 $f = c_1 \wedge c_2 \wedge \cdots \wedge c_m$，它具有 m 个三元析取子句 $c_i (1 \leqslant i \leqslant m)$，$n$ 个布尔变量 $x_1, x_2, \cdots, x_n (n \geqslant 4)$。构造图 $G = \langle V, E \rangle$，使得顶点集 V 为

$$V = \{x_1, x_2, \cdots, x_n\} \bigcup \{\overline{x_1}, \overline{x_2}, \cdots, \overline{x_n}\}$$
$$\bigcup \{y_1, y_2, \cdots, y_n\} \bigcup \{c_1, c_2, \cdots, c_m\}$$

其中，y_i 是新增加的辅助变元。对所有的 $1 \leqslant i, j \leqslant n$，$1 \leqslant k \leqslant m$，边集 E 为

$$E = \{(x_i, \overline{x_i})\} \bigcup \{(x_i, y_i) \mid i \neq j\} \bigcup \{(\overline{x_j}, y_i) \mid i \neq j\} \bigcup \{(y_i, y_j) \mid i \neq j\}$$
$$\bigcup \{(x_i, c_k) \mid x_i \notin c_k\} \bigcup \{(\overline{x_i}, c_k) \mid \overline{x_i} \notin c_k\}$$

显然，可以在多项式时间内完成图 G 的构造。下面只要证明三元合取范式 f 可满足，当且仅当图 G 可着色。

必要性：首先考察边集 $\{(y_i, y_j) \mid i \neq j\}$。显然，对所有的 $1 \leqslant i \leqslant n$，$y_i$ 构成 G 的一个完全子图，则 y_i 和 y_j 不能为同一种颜色。若令顶点 y_i 的颜色为 i，则由 y_i 构成的完全子图可着色。其次，考察边集 $\{(x_j, y_i) \mid i \neq j\}$ 及边集 $\{(\overline{x_j}, y_i) \mid i \neq j\}$，则 y_i 和 x_j、y_i 和 $\overline{x_j}$ 不能为同一种颜色。若令顶点 x_i 的颜色为 i 或 $n+1$，则由 x_i 和 y_i 构成的导出子图可着色。同理，若令顶点 $\overline{x_i}$ 的颜色为 i 或 $n+1$，则 $\overline{x_i}$ 和 y_i 构成的导出子图可着色。再次，考察边集 $\{(x_i, \overline{x_i})\}$，则 x_i 和 $\overline{x_i}$ 不能为同一种颜色。如果令 x_i 和 $\overline{x_i}$ 中一个顶点的颜色为 i，另一个顶点的颜色为 $n+1$，则由 x_i、$\overline{x_i}$ 和 y_i 构成的导向子图可着色。最后，考察边集 $\{(x_i, c_k) \mid x_i \notin c_k\}$ 和边集 $\{(\overline{x_i}, c_k) \mid \overline{x_i} \notin c_k\}$，因为每个 $c_k (1 \leqslant k \leqslant m)$ 都包含 3 个命题变元或命题变元的否定，而 $n \geqslant 4$，因此，每个 c_k 至少与一对顶点 x_i 及 $\overline{x_i}$ 相连接，从而每个顶点 c_k 的颜色都不能为 $n+1$。如果三元合取范式 f 可满足，则其每个三元析取子句 c_k 都可满足。令 c_k 为

$$c_k = u_r \vee u_s \vee u_t$$

其中，u 为 x 或 $\overline{x}$，$1 \leqslant k \leqslant m$，$1 \leqslant r, s, t \leqslant n$，则 u 可能是正文字或负文字。因为 c_k 为真，在 u_r、u_s、u_t 中，必定有一个为真，假定 u_r 为真，亦即 $u_r \in c_k$，则边 $(u_r, c_k) \notin \{(x_i, c_k) \mid x_i \notin c_k\}$，并且 $(u_r, c_k) \notin \{(\overline{x_i}, c_k) \mid \overline{x_i} \notin c_k\}$。因此，令 c_k 的颜色为 r，可使与边集 $\{(x_i, c_k) \mid x_i \notin c_k\}$、$\{(\overline{x_i}, c_k) \mid \overline{x_i} \notin c_k\}$ 相关联的顶点可着色，从而图 G 可着色。

充分性：若图 G 可着色，则与边集 $\{(x_i, c_k) \mid x_i \notin c_k\}$、$\{(\overline{x_i}, c_k) \mid \overline{x_i} \notin c_k\}$ 相关联的顶点可着色。根据上面的讨论，对所有的 $k (1 \leqslant k \leqslant m)$ 存在着 $r (1 \leqslant r \leqslant n)$，使得 c_k 的颜色值就是 u_r 的颜色值 r。只要 u_r 的真值为真，c_k 的真值就为真，而三元合取范式 f 也就为真。而 u_r 可能是 x_r 或 $\overline{x_r}$，根据上面第 3 个考察，对所有的 r，x_r 和 $\overline{x_r}$ 不能为同一种颜色。因此，x_r 和 $\overline{x_r}$ 中必有一个颜色值为 r，另一个颜色值为 $n+1$，c_k 的颜色值不可能为 $n+1$。这意味着在三元合取范式 f 中，使所有 c_k 取值为真的所有的 x_r 和 $\overline{x_r}$ 不能发生矛盾。所以，三元合取范式 f 是可满足的。

由此，3_SATISFIABILITY $\propto_P$ COLORING。所以，图的着色问题 COLORING 是 NP 完全的。

4. 团问题 (CLIQUE)

给定一个无向图 $G=(V,E)$ 和一个正整数 k，G 中具有 k 个顶点的完全子图，称为 G 的大小为 k 的团，则团判定问题的提法如下：

判定问题：CLIQUE。

输入：无向图 G，正整数 k。

问题：G 中是否包含有大小为 k 的团。

显然，假定 G 的一个 k 个顶点的导出子图是问题的解，并在验证阶段用一个多项式时间的确定性算法验证这个导出子图是一个大小为 k 的团。因此，团问题 CLIQUE 是 NP 问题。

为了证明团问题是 NP 完全的，只要证明以下关系成立：

$$\text{SATISFIABILITY} \propto_{\text{P}} \text{COLORING}$$

为了把 SATISFIABILITY 问题归约为 CLIQUE 问题，给定 SATISFIABILITY 的一个实例 $f=c_1 \wedge c_2 \wedge \cdots \wedge c_m$，它具有 m 个析取子句 $c_i(1 \leqslant i \leqslant m)$，$n$ 个布尔变量 $x_1,x_2,\cdots,x_n$，构造图 $G=\langle V,E \rangle$，使得 V 中的一个顶点对应于 f 中出现的一个文字，而边集 E 由下面的关系给出：

$$E=\{(x_i,x_j) \mid x_i \text{ 和 } x_j \text{ 不在一个子句中，并且 } x_i \neq \overline{x_j}\}$$

例如，SATISFIABILITY 的实例是

$$f=(x \vee y \vee \bar{z}) \wedge (\bar{y} \vee z) \wedge (\bar{x} \vee y \vee z)$$

由上述布尔公式所构造的图 G 如图 10.2 所示，8 个顶点对应于公式中 8 个出现的文字。显然，按照这种方法可以用多项式时间为 SATISFIABILITY 的实例构造所对应的图。因此，若 f 有 m 个析取子句 c_i，只要证明 f 是可满足的，当且仅当 G 中有一个大小为 m 的团。

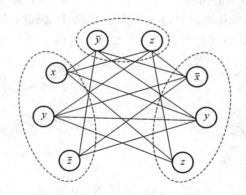

图 10.2　由布尔公式 f 构造的图 G

其证明如下：

必要性：若 f 是可满足的，f 的 m 个析取子句的真值均为真，因此在每一个析取子句 c_i 中，至少有一个文字 x_i 取值为真。从每一个析取子句中取一个真值为真的文字，则共可取出 m 个真值为真的文字 $x_1,x_2,\cdots,x_m$，并且满足 $x_i \neq \overline{x_j}$，它们对应于图 G 中的 m 个顶点。G 的构造，对 $1 \leqslant i,j \leqslant m$，$i \neq j$，边 $(x_i,x_j) \in E$。因此，G 中这 m 个顶点构成了一个大小为 m 的完全子图，它即为 G 中一个大小为 m 的团。

充分性：若 G 中存在一个大小为 m 的团，则必有一个大小为 m 的完全子图。假设这个子图的 m 个顶点对应于文字 x_1，x_2，$\cdots$，x_m，并且对 $1 \leqslant i$，$j \leqslant m$，$i \neq j$，有边 $(x_i, x_j) \in E$。根据图 G 的构造，x_i 和 x_j 不同属于一个子句，并且满足 $x_i \neq \overline{x_j}$，分属于 f 的 m 个子句，并且不会同时出现同一布尔变元的正负文字。因此，只要使 x_1，x_2，$\cdots$，x_m 分别取真值为真，则 f 的真值为真。因此，f 是可满足的。

综上所述，有 SATISFIABILITY $\propto_P$ CLIQUE。所以，CLIQUE 是 NP 完全的。

5. 顶点覆盖问题(VERTEX COVER)

给定一个无向图 $G = \langle V, E \rangle$ 和一个正整数 k，若存在 $V' \subseteq V$，$|V'| = K$，使得对任意的 $(u, v) \in E$ 都有 $u \in V'$ 或 $v \in V'$，则称 V' 为图 G 的一个大小为 k 的顶点覆盖。顶点覆盖问题的提法如下：

判定问题：VERTEX COVER。

输入：无向图 $G = \langle V, E \rangle$，正整数 k。

问题：G 中是否存在一个大小为 k 的顶点覆盖。

对给定的无向图 $G = \langle V, E \rangle$，若顶点集 $V' \subseteq V$ 是图 G 的一个大小为 k 的顶点覆盖，则可以构造一个确定性的算法，以多项式的时间验证 $|V'| = K$，及对所有的 $(u, v) \in E$ 是否有 $u \in V'$ 或 $v \in V'$。因此，顶点覆盖问题是一个 NP 问题。

因为团问题 CLIQUE 是 NP 完全的。若团问题 CLIQUE 归约于顶点覆盖问题 VERTEX COVER，即 CLIQUE $\propto_P$ VERTEX COVER，则顶点覆盖问题 VERTEX COVER 就是 NP 完全的。

可以利用无向图的补图来说明这个问题。若无向图 $G = \langle V, E \rangle$，则 G 的补图 $\overline{G} = \langle V, \overline{E} \rangle$。其中，$\overline{E} = \{(u, v) \mid (u, v) \notin E\}$。例如，图 10.3(b) 是图 10.3(a) 的补图。在图 10.3(a) 中，有一个大小为 3 的团 $\{u, x, y\}$；在 10.3(b) 中，则有一个大小为 2 的顶点覆盖 $\{v, w\}$。显然，可在多项式时间里构造图 G 的补图 $\overline{G}$。因此，只需证明图 $G = \langle V, E \rangle$ 有一个大小为 $|V| - k$ 的团，当且仅当它的补图 $\overline{G}$ 有一个大小为 k 的顶点覆盖。

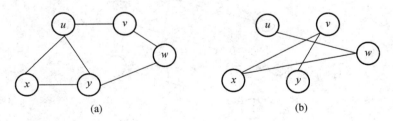

(a)　　　　　　　　　　　　(b)

图 10.3　无向图及其补图

必要性：如果 G 中有一个大小为 $|V| - k$ 的团，则它具有一个大小为 $|V| - k$ 个顶点的完全子图，这 $|V| - k$ 个顶点集合为 V'。令 (u, v) 是 $\overline{E}$ 中的任意一条边，则 $(u, v) \notin E$。所以 (u, v) 中必有一个顶点不属于 V'，即 (u, v) 中必有一个顶点属于 $V - V'$，也就是边 (u, v) 被 $V - V'$ 覆盖。因为 (u, v) 是 $\overline{E}$ 中的任意一条边，所以 $\overline{E}$ 中的边都被 $V - V'$ 覆盖。因此，$V - V'$ 是 $\overline{G}$ 的一个大小为 $|V - V'| = k$ 的顶点覆盖。

充分性：如果 $\overline{G}$ 有一个大小为 k 的顶点覆盖，令这个顶点覆盖为 V'，(u, v) 是 $\overline{E}$ 中的任意一条边，则 u 和 v 中至少有一个顶点属于 V'。因此，对任意的顶点 u 及 v，若 $u \notin V - V'$，

并且 $v \notin V-V'$，则必然有 $(u, v) \in E$，即 $V-V'$ 是 $\overline{G}$ 中一个大小为 $|V|-k$ 的团。

综上所述，团问题 CLIQUE 归约于顶点覆盖问题 VERTEX COVER，即 CLIQUE$\propto_p$ VERTEX COVER。所以，顶点覆盖问题 VERTEX COVER 就是 NP 完全的。

10.2.3　NP 问题的求解

下面是其他的一些 NP 完全问题。

（1）三着色问题：给定无向图 $G=\langle V, E \rangle$，是否可以用 3 种颜色来为图 G 着色，使得图中不会有两个邻接顶点具有同一种颜色。

（2）独立集问题：给定无向图 $G=\langle V, E \rangle$，是否存在一个大小为 k 的独立集 S。其中，$S \subseteq V$。若 S 中任意两个顶点都不互相邻接，则称 S 是图 G 的独立集。

（3）哈密尔顿回路问题：给定无向图，是否存在一条简单回路使得每个顶点经过一次且仅一次。

（4）划分问题：给定一个具有 n 个整数的集合 S，是否能把 S 划分成两个子集 S_1 和 S_2，使得 S_1 中的整数之和等于 S_2 中的整数之和。

（5）子集求和问题：给定整数集 S 和整数 t，是否存在 S 的一个子集 $T \subseteq S$，使得 T 中的整数之和为 t。

（6）装箱问题：给定大小为 $s_1, s_2, \cdots, s_n$ 的物体、箱子的容量 C 以及一个正整数 k，是否能够用 k 个箱子来装这 n 个物体。

（7）集合覆盖问题：给定集合 S 和由 S 的子集构成的集类 A，以及 1 和 $|A|$ 之间的整数 k，在 A 中是否存在 k 个元素的广义并为 S。

（8）多处理器调度问题：给定 m 个性能相同的处理器、n 个作业 $J_1, J_2, \cdots, J_n$、每一个作业的运行时间 $t_1, t_2, \cdots, t_n$ 以及时间 T，是否可以调度这 m 个处理器，使得它们最多在时间 T 里完成这 n 个作业。

10.3　近似算法概述

10.3.1　近似算法的设计思想

难解问题实质上是最优化问题，即要求在满足约束条件的前提下，使某个目标函数达到最大值或最小值的解。在这类问题中，求得最优解往往需要付出极大的代价。

在现实世界中，很多问题的输入数据是用测量方法获得的，而测量的数据本身就存在着一定程度的误差，因此，输入数据是近似的。同时，很多问题的解允许有一定程度的误差，只要给出的解是合理的、可接受的，近似最优解常常就能满足实际问题的需要。此外，采用近似算法可以在很短的时间内得到问题的近似解，所以近似算法是求解难解问题的一个可行的方法。

即使某个问题存在有效算法，好的近似算法也会发挥作用。因为待求解问题的实例是不确定的，或者在一定程度上是不准确的，如果使用近似算法造成的误差比不精确的数据带来的误差小，并且近似算法远比精确算法高效，那么，出于实用的目的，当然更愿意选择近似算法了。

近似算法的基本思想是用近似最优解代替最优解，以换取算法设计上的简化和时间复杂度的降低。近似算法是这样一个过程：虽然它可能找不到一个最优解，但它总会为待求解的问题提供一个解。为了具有实用性，近似算法必须能够给出算法所产生的解与最优解之间的差别或者比例的一个界限，它保证任意一个实例的近似最优解与最优解之间相差的程度。显然，这个差别越小，近似算法越具有实用性。

10.3.2 近似算法的性能

一般来说，近似算法所适用的问题是优化问题。对于一个规模为 n 的问题，近似算法应该满足下面两个基本要求：

(1) 算法能在 n 的多项式时间内完成。

(2) 算法的近似解满足一定的精度。

令问题 Π 是一个最小化问题，I 是问题 Π 的一个实例；A 是解问题 Π 的一个近似算法，$A(I)$ 是用算法 A 对问题 Π 的实例 I 求解时得到的近似值；OPTA 是解问题 Π 的最优算法，OPTA(I) 是算法 OPTA 对问题 Π 的实例 I 求解时所得到的准确值，则可定义近似算法 A 的近似比率 $\rho(I)$ 为

$$\rho(I) = \frac{A(I)}{\text{OPTA}(I)}$$

如果问题 Π 是最大化问题，则 $\rho(I)$ 为

$$\rho(I) = \frac{\text{OPTA}(I)}{A(I)}$$

对于最小化问题，有 $A(I) \geqslant \text{OPTA}(I)$；而对于最大化问题，有 $A(I) \leqslant \text{OPTA}(I)$。因此，算法 A 的近似比率 $\rho(I)$ 总大于或等于 1。这样，近似算法的近似比率越小，算法的性能越好。

有时用相对误差来表示近似算法的精确度，则相对误差定义为

$$\lambda = \left| \frac{\text{OPTA}(I) - A(I)}{\text{OPTA}(I)} \right|$$

若对输入规模为 n 的问题，存在着一个函数 $\varepsilon(n)$，使得

$$\left| \frac{\text{OPTA}(I) - A(I)}{\text{OPTA}(I)} \right| \leqslant \varepsilon(n)$$

则称函数 $\varepsilon(n)$ 为近似算法 A 的相对误差的界。显然，近似算法 A 的近似比率 $\rho(n)$ 与相对误差的界 $\varepsilon(n)$ 存在 $\varepsilon(n) \geqslant \rho(n) - 1$ 的关系。

有很多问题的近似算法，其近似比率 $\rho(n)$ 与相对误差的界 $\varepsilon(n)$ 不随输入规模 n 的变化而变化，对这些算法，就直接使用 ρ 和 ε 来表示它们的近似比率和相对误差的界。

有很多难解问题采用近似算法时，可以增加近似算法的计算量，以改善近似算法的性能。这需要在性能和时间之间取得一个折中。有时，把满足 $\rho_A(I, \varepsilon) \leqslant 1 + \varepsilon$ 的一类近似算法 $\{A_\varepsilon | \varepsilon > 0\}$ 称为优化问题的近似方案（Approximation Scheme）。这时，这些算法的性能比率会聚于 1。如果在近似方案中的每一个算法 A_ε，以输入实例的规模的多项式时间运行，则称该近似方案为多项式近似方案（Polynomial Approximation Scheme，PAS）。多项

式近似方案中算法的计算时间不应随 ε 的减少而增长得太快。在理想情况下,若 ε 减少某个常数倍,则近似方案中算法的计算时间的增长也不会超过某个常数倍,即近似方案中算法的计算时间是 $1/\varepsilon$ 和 n 的多项式,这时就称这个近似方案是完全多项式近似方案(Fully Polynomial Approximation Scheme,FPAS)。

10.4　图中的近似问题

10.4.1　顶点覆盖

无向图 $G=\langle V,E\rangle$,G 的顶点覆盖 C 是顶点集 V 的一个子集,$C\subseteq V$,使得 $(u,v)\in E$,则有 $u\in C$ 或者 $v\in C$。之前将顶点覆盖问题作为判定问题进行了讨论,并证明了它是一个 NP 完全问题,因此,没有一个确定性的多项式时间算法来解它。顶点覆盖的优化问题是找出图 G 中的最小顶点覆盖。为了用近似算法来解这个问题,假定顶点用 $0,1,\cdots,n-1$ 编号,并用下面的邻接表来存放顶点与顶点之间的关联边。

```
struct adj_list{              /* 邻接表节点的数据结构 */
    int v_num;                /* 邻接顶点的编号 */
    struct adj_list * next;   /* 下一个邻接顶点 */
};
typedef struct adj_list NODE;
NODE V[n];                    /* 图 G 的邻接表头节点 */
```

则顶点覆盖问题近似算法的求解步骤可叙述如下:

(1) 顶点的初始编号 $u=0$。

(2) 如果顶点 u 存在关联边,转步骤(3);否则转步骤(5)。

(3) 令关联边为 (u,v),把顶点 u、v 登记到顶点覆盖 C 中。

(4) 删去与顶点 u、v 关联的所有边。

(5) $u=u+1$;如果 $u<n$,转步骤(2);否则算法结束。

其实现过程叙述如下:

算法 10.1　顶点覆盖优化问题的近似算法。

输入:无向图 G 的邻接表 V[],顶点个数 n。

输出:图 G 的顶点覆盖 C[],C 中的顶点个数 m。

```
1. vertex_cover_app(NODE V[], int n, int C[], int &m)
2. {
3.    NODE * p, * p1;
4.    int u, v;
5.    m = 0;
6.    for (u=0;u<n;u++){
7.       p = V[u]. next;
```

```
8.      if (p!=NULL){                    /* 如果 u 存在关联边 */
9.          C[m] = u;  C[m+1] = v = p->v_num;  m += 2;
10.         while (p!=NULL){              /* 则选取边(u,v)的顶点 */
11.             delete_e(p->v_num,u);     /* 删去与 u 关联的所有边 */
12.             p = p->next;
13.         }
14.         V[u]. next = NULL;
15.         p1 = V[v]. next;
16.         while (p1!=NULL){             /* 删去与 v 关联的所有边 */
17.             delete_e(p->v_num,v);
18.             p = p->next;
19.         }
20.         V[v]. next = NULL;
21.     }
22. }
23. }
```

该算法用数组 C 来存放顶点覆盖中的各个顶点，用变量 m 来存放数组 C 中的顶点个数。开始时，把变量 m 初始化为 0，把顶点 u 的编号初始化为 0。然后，从顶点 u 开始，如果顶点 u 存在着关联边，就把顶点 u 及其一个邻接顶点 v 登记到数组 C 中，并删去顶点 u 及顶点 v 的所有关联边。其中，第 11 行的函数 $delete\_e(p->v\_num,u)$ 用来从顶点 $p->v\_num$ 的邻接表中删去顶点 $p->v\_num$ 与顶点 u 相邻接的登记项；第 17 行的函数 $delete\_e(p->v\_num,v)$ 用来从顶点 $p->v\_num$ 的邻接表中删去顶点 $p->v\_num$ 与顶点 v 相邻接的登记项；第 14 行和第 20 行分别把顶点 u 及顶点 v 的邻接表头节点的链指针置为空，从而分别删去这两个顶点与其他顶点相邻接的所有登记项。经过这样的处理，就把顶点 u 及顶点 v 的所有关联边的登记项删去。这种处理一直进行，直到图 G 中的所有边都被删去为止。最后，在数组 C 中存放着图 G 的顶点覆盖中的各个顶点编号，变量 m 表示数组 C 中登记的顶点个数。

图 10.4 展示了这种处理过程。图 10.4(a)表示图 G 的初始状态；图 10.4(b)表示选择边 (a,b)，把关联该边的顶点 a 及 b 放进数组 C 中，并删去与顶点 a 及 b 相关联的所有的边，在这里是删去边 (a,b)、(a,g) 及 (a,j)；图 10.4(c)表示选择边 (c,d)，把关联该边的顶点 c 及 d 放进数组 C 中，并删去边 (c,d)、(c,g) 及 (d,i)；这个过程一直进行，最后得到的结果如图 10.4(g)所示。整个处理过程共选择了 6 条边上的 12 个顶点作为图 G 的一个顶点覆盖，它们分别是 a、b、c、d、e、f、g、h、i、j、k、l、m。可以看到，它不是图 G 的最小的顶点覆盖。图 10.4(h)表示图 G 的一个最小的顶点覆盖，它有 7 个顶点，即 a、c、f、h、i、k、l。

下面估计这个算法的近似性能。假定算法所选取的边集为 E'，则这些边的关联顶点被作为顶点覆盖中的顶点放进数组 C 中。因为一旦选择了某一条边(如边 (a,b))，则与顶点 a 及 b 相关联的所有的边均被删去。再次选择第 2 条边时，第 2 条边与第 1 条边将不会具有公共顶点，则边集 E' 中所有的边都不会具有公共顶点。这样，放进数组 C 中的顶点个数

为 $2|E'|$，即 $|C|=2|E'|$。另一方面，图 G 的任何一个顶点覆盖至少包含 E' 中各条边中的一个顶点。若图 G 的最小顶点覆盖为 $C*$，则有 $|C*|\geqslant|E'|$，所以有

$$\rho=\frac{|C|}{|C*|}\leqslant\frac{2|E'|}{|E'|}=2$$

由此得到，该算法的性能比率小于或等于 2。

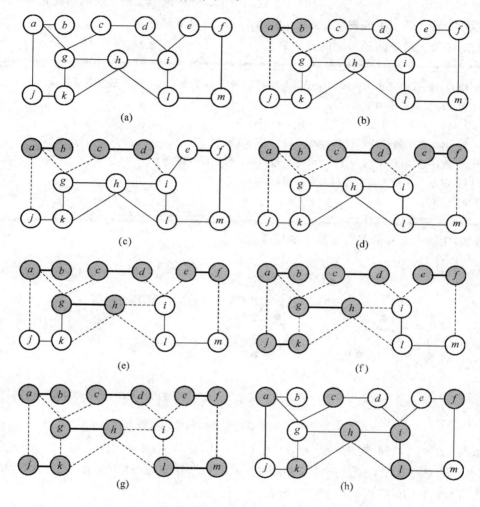

图 10.4　顶点覆盖近似算法的执行过程

10.4.2　最短路径问题

本节首先给出最短路径问题的定义。输入为：加权的完全无向图 $G=(V,E)$，权值函数 $c(E\rightarrow\mathbf{R}^+)$，$c$ 满足三角不等式。输出为：权值最小的哈密顿环。

哈密顿环指的是包含 V 中的每一个顶点恰好一次的简单环。哈密顿环的权值指的是其中所有边的权值之和。如果最短路径问题的权值函数满足三角不等式，即 $c(u,w)\leqslant c(u,v)+c(v,w)$ 对任意 u、v、w 都成立，则称此哈密顿环满足三角不等式。无论最短路径问题是否满足三角不等式，它均是 NP 完全问题。相关定理表明，不满足三角不等式的

最短路径问题不存在常数近似比的近似算法，除非 NP＝P。

　　求解最短路径问题要求选用图中的一组边，将图中所有顶点连接成一个简单环。在图中，最小生成树 T^* 总是以总代价最小的方式将所有顶点相互连接。因此，以深度优化方式遍历最小生成树 T^* 中的每条边两遍，可得到访问所有顶点的回路 L，然后将回路 L 改造成一个简单环 C，从而得到问题的一个近似解 C。分析近似比时，问题的优化解 C^* 和近似解 C 可以通过最小生成树 T^* 关联。由此，可得到以下算法：

算法 10.2　最短路径问题的近似算法。

输入：加权的完全无向图 G＝〈V，E〉；权值函数 c：E→R$^+$，c 满足三角不等式。

输出：权值最小的哈密顿环。

1. 任意选择 V 中的一个顶点 r 作为树根节点；
2. 调用普里姆算法得到图 G〈V，E〉的最小生成树 T^*；
3. 先序遍历 T^*，访问 T^* 中的每条边两遍，得到顶点序列 L；
4. 删除 L 中的重复顶点形成哈密顿环 C；
5. 输出 C。

例如，图 10.5 表示了以上算法的计算过程。

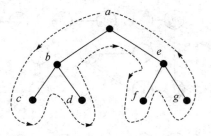
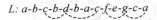

$L: a\text{-}b\text{-}c\text{-}b\text{-}d\text{-}b\text{-}a\text{-}c\text{-}f\text{-}e\text{-}g\text{-}c\text{-}a$

$C: a\text{-}b\text{-}c\text{-}d\text{-}e\text{-}f\text{-}g\text{-}a$

　　（a）最小生成树$T*$的遍历　　　　（b）由遍历结果L构造近似解C

图 10.5　最短路径问题近似算法的操作过程示意

　　该算法的时间复杂度为 $O(|V|^2 * \mathrm{lb}|V|)$。事实上，第 2 步花费为 $O(|E| * \mathrm{lb}|V|)$ 且图 G 是完全图，$O(|E| * \mathrm{lb}|V|)$ 等于 $O(|V|^2 * \mathrm{lb}|V|)$。第 3～4 步的花费为 $O(|V|)$，因为最小生成树恰有 $|V|-1$ 条边。

　　下面分析算法的近似比。用 C^* 和 C 分别表示问题的优化解和算法输出的近似解。对于近似解 C，由于 L 是遍历 T^* 每条边两次得到的回路，则有 $c(L)=2c(T^*)$，而 C 又是关于 L 删除某些重复边后得到的结果，因此 $C \leqslant 2c(T^*)$。而对于优化解 C^*，由于 C^* 是一个简单环，因此删除任一条边便可生成树，而且该树的代价一定不低于最小生成树的代价，因此有 $c(C^*) \geqslant c(T^*)$。

　　综上，有 $C \leqslant 2c(T^*) \leqslant 2C^*$。所以 $C/C^* \leqslant 2$，该算法的近似比为 2。

　　在最小生成树的基础上求解近似问题，其近似比为 2。那是否存在某种算法使得近似比更好？事实上，将最小生成树算法与最大匹配算法结合，就可以实现近似比为 3/2 的算法，但是该算法的时间复杂度较高。

10.5　多项式的近似求解

10.5.1　0/1 背包问题的多项式近似方案求解

令背包的容量为 C，$U = \{u_1, u_2, \cdots, u_n\}$ 是希望装入背包的 n 个物体，物体的体积分别为 $s_1, s_2, \cdots, s_n$，物体的价值分别为 $v_1, v_2, \cdots, v_n$。0/1 背包问题是：物体不能分割，把 U 中的物体装满背包，使得背包中物体的价值最大。

使用贪婪法解 0/1 背包问题的算法，是 0/1 背包问题的一种近似算法。这种算法按物体的价值体积比的递减顺序一个一个地确定装入背包的物体。只要背包中的剩余空间装得下当前的物体，就把该物体装入背包，否则考虑下一个物体。该算法的性能比率是无界的，不会限制于某个常数因子。例如，当 $U = \{u_1, u_2\}$，$s_1 = 1$，$v_1 = 2$，$s_2 = v_2 = C > 2$ 时，问题的最优解是把 u_2 装入背包，背包中物体的最优价值为 C。用贪婪法求解时，则把 u_1 装入背包，背包中物体的价值为 2。因为 C 可以任意大，所以贪婪法解 0/1 背包问题时，其性能比率可能是无界的。

如果把这个算法加以简单的修改，就可以使其性能比率为 2。具体修改如下：一方面，按照正常的贪婪法求解，得到一个解，其价值为 V_r；另一方面，挑选价值最大的物体装入背包，设其价值为 V_s；然后，取 V_r 及 V_s 中最大的一个作为算法的输出。假定每个物体的体积均小于 C，并假定存放物体的数据结构如下：

```
typedef struct {
    int num;              /* 物体序号 */
    float s;              /* 物体体积 */
    float v;              /* 物体价值 */
    float p;              /* 物体的价值体积比 */
} ITEM;
ITEM s[n];
```

则算法描述如下：

算法 10.3　贪婪法解背包问题的近似算法。

输入：背包的容量 C，物体 s[]，物体个数 n。

输出：背包中的物体序号 kp[]，总价值 v，装入背包的物体个数 k。

```
1. void knapsack_reedy(ITEM s[], int n, float C, int kp[], float &V, int &k)
2. {
3.     int i, j;
4.     float r, V1;
5.     mergesort(s,n);                    /* 按价值体积比的递减顺序排序 s 中物体 */
6.     i = k = 0;   r = V = 0;
7.     while ((i<n) && (r<C)){            /* 按贪婪法从 s 中选择物体 */
```

```
8.      if (s[i]. s<=C−r){
9.         kp[k++] = s[i]. num;              /* 装入背包中物体的原始序号 */
10.        r += s[i]. s;                     /* 装入背包中物体的体积累计 */
11.        V += s[i]. v;                     /* 装入背包中物体的价值累计 */
12.     }
13.     i++;
14.  }
15.  V1 = s[0]. v; j = 0;
16.  for (i=1;i<n;i++){                       /* 选取价值最大的物体作为候选者 */
17.     if (V1<s[i]. v){
18.        V1 = s[i]. v; j = i;
19.     }
20.  }
21.  if (V1>V){                              /* 若候选者的价值大于贪婪法选取的价值 */
22.     V = V1; kp[0] = s[j]. num; k = 1;    /* 取候选者作为输出结果 */
23.  }
24. }
```

显然，该算法的时间复杂度取决于物体的排序步骤，所以，时间复杂度为 $O(n\mathrm{lb}n)$。可以证明该算法的性能比率为 2。为了降低算法的性能比率，使其能够达到 $1+\varepsilon$，可以在该算法的基础上加以修改。为此，令 $k=1/\varepsilon$，并按下面的步骤进行：

（1）把 n 个物体按价值体积比的递减顺序排序；令 $i=0$。

（2）令 $j=1$。

（3）从 n 个物体中选取 i 个物体放进背包，这种选择共有 C_n^i 组，选择第 j 组 i 个物体，其余物体的选择按贪婪法（knapsack_reedy）执行；令结果背包中物体的总价值为 V_j，保存背包中物体序号的数组为 KP_j。

（4）若 $j<C_n^i$，则 $j=j+1$，转步骤（3）；否则转步骤（5）。

（5）从 C_n^i 组结果中选取 V_j 最大的一组结果，令其价值为 SV_i，保存相应背包中物体序号的数组为 SKP_i。

（6）$i=i+1$；若 $i\leqslant k$，则转步骤（2）；否则转步骤（7）。

（7）从 $k+1$ 组结果中选取 SV_i 最大的一组结果，令其价值为 V，保存相应背包中物体序号的数组为 KP，则 V 及 KP 为算法的最终输出结果。

如果把上述算法称为算法 A，则算法 A 的运行时间和性能比率有如下的定理。

定理 10.6 对某个 $k\geqslant1$，令 $\varepsilon=1/k$，算法 A 的运行时间为 $O(kn^{k+1})$，算法的性能比率为 $1+\varepsilon$。

证明

（1）时间复杂性的证明。

算法对每个确定的 i 共需进行 C_n^i 组选择，执行 C_n^i 次贪婪法（knapsack_reedy）；i 由 0 递增到 k。因此，共需执行的循环次数为

$$\sum_{i=0}^{k} C_n^i = 1 + n + \frac{n(n-1)}{1 \times 2} + \cdots + \frac{n(n-1) \cdot (n-k+1)}{1 \times 2 \times \cdots \times n}$$

$$\leqslant k \cdot n^k = O(kn^k)$$

因为物体的排序工作已在算法的第(1)步统一完成，因此在执行算法 A 时无须重复执行。所以，在每一轮循环中，把物体装入背包的工作量为 $O(n)$。因此，算法 A 总的运行时间为 $O(kn^{k+1})$。

(2) 性能比率的证明。

令 I 是具有 n 个物体 $U = \{u_1, u_2, \cdots, u_n\}$ 的背包问题的一个实例，X 是相应于最优解的物体集合。有以下两种情况：

① 若 $|X| \leqslant k$，则在算法第(3)步 $\sum_{i=0}^{k} C_n^i$ 组选择中，必有一组选择是最优解(遍历了所有情况)。此时，算法的性能比率为 1。

② 若 $|X| > k$，令 $Y = \{u_1, u_2, \cdots, u_k\}$ 是 X 中 k 个价值最大的物体集合，令 $Z = \{u_{k+1}, u_{k+2}, \cdots, u_r\}$ 是 X 中其余物体的集合。假定对满足 $k+1 \leqslant i \leqslant r-1$ 的所有的 i，有

$$\frac{v_i}{s_i} \geqslant \frac{v_{i+1}}{s_{i+1}} \qquad i = k+1, \cdots, r-1 \tag{10.2}$$

因为 Y 中的物体是 X 中 k 个价值最大的物体集合，则对所有的 $i(i = k+1, \cdots, r)$ 有

$$v_i \leqslant \frac{v_1 + v_2 + \cdots + v_k + v_i}{k+1} \leqslant \frac{\text{OPT}(I)}{k+1} \qquad i = k+1, \cdots, r \tag{10.3}$$

因为 $|X| > k$，所以集合 Y 必是算法第(3)步中 C_n^i 组选择中的某一组选择。

由于算法 A 是近似解，因此算法 A 所选择的物体必然有一部分包含在集合 Z 中，另一部分不包含在集合 Z 中。令不包含在 Z 中那部分物体为 W，必定存在物体 u_m 使得 Z 中的 $\{u_{k+1}, u_{k+2}, \cdots, u_{m-1}\}$ 是算法的所选物体。由此，可把最优解的结果和算法 A 的结果分别写成

$$\text{OPT}(I) = \sum_{i=1}^{k} v_i + \sum_{i=k+1}^{m-1} v_i + \sum_{i=m}^{r} v_i \tag{10.4}$$

$$A(I) = \sum_{i=1}^{k} v_i + \sum_{i=k+1}^{m-1} v_i + \sum_{i \in W}^{r} v_i \tag{10.5}$$

令 C' 为背包中装入物体 $\{u_1, u_2, \cdots, u_{m-1}\}$ 之后的剩余容量，即

$$C' = C - \sum_{i=1}^{k} S_i + \sum_{i=k+1}^{m-1} S_i \tag{10.6}$$

由式(10.2)、式(10.4)及式(10.6)有

$$\text{OPT}(I) \leqslant \sum_{i=1}^{k} v_i + \sum_{i=k+1}^{m-1} v_i + C' \frac{v_m}{s_m} \tag{10.7}$$

令 C'' 为算法 A 装入所有物体之后背包的剩余容量，即

$$C'' = C' - \sum_{i \in W} s_i$$

所以有

$$C' = \sum_{i \in W} s_i + C'' \tag{10.8}$$

对 $u_i \in W$，有 $u_i \notin \{u_1, u_2, \cdots, u_m\}$，根据算法 A 的贪婪选择性质，有 $C'' < s_m$。由上述结果及式(10.7)、式(10.8)、式(10.5)及式(10.3)，可得

$$OPT(I) < \sum_{i=1}^{k} v_i + \sum_{i=k+1}^{m-1} v_i + \sum_{i \in W} v_i + v_m = A(I) + v_m \leqslant A(I) + \frac{OPT(I)}{k+1}$$

即

$$\frac{OPT(I)}{A(I)} < 1 + \frac{OPT(I)}{A(I)} \frac{1}{k+1}$$

整理得

$$\frac{OPT(I)}{A(I)}\left(1 - \frac{1}{k+1}\right) = \frac{OPT(I)}{A(I)}\left(\frac{k}{k+1}\right) < 1$$

所以有

$$\rho_A = \frac{OPT(I)}{A(I)} \leqslant \frac{k+1}{k} = 1 + \frac{1}{k} = 1 + \varepsilon$$

根据定理 10.6，可以取充分大的 k，从而使 ε 充分小。但是，算法的运行时间随着 k 的增大而指数增加。

10.5.2 子集求和问题的完全多项式近似方案求解

令 $s_1, s_2, \cdots, s_n$ 是 n 个不同的正整数集合，要求在这 n 个正整数集合中找出其和不超过正整数 C 的最大和数的子集。把这个问题称为子集求和问题，它是背包问题的一个特例。这时，$s_1, s_2, \cdots, s_n$ 既表示 n 个物体的大小，也表示 n 个物体的价值。这个问题可以用动态规划算法来实现。

算法 10.4 子集求和问题的算法。

输入：n 个正整数 s[]，最大和数上限 C。
输出：不超过 C 的最大和数的子集 x[]，最大和数的值 sum。

```
1. void subset_sum(int s[], int n, int C, BOOL x[], int &sum)
2. {
3.   int i, j, k;
4.   int (* T)[C+1] = new int [n+1][C+1];      /* 分配表的工作单元 */
5.   for (i=0;i<=n;i++){                        /* 初始化表的第 0 列 */
6.     T[i][0] = 0;  x[i] = FALSE;             /* 解向量初始化为 FALSE */
7.   }
8.   for (i=0;i<=C;i++)                         /* 初始化表的第 0 行 */
9.     T[0][i] = 0;
10.  for (i=1;i<=n;i++){                        /* 计算 T[i][j] */
11.    for (j=1;j<=C;j++){
12.      T[i][j] = T[i-1][j];
13.      if ((j>=s[i])&&(T[i-1,j-s[i]]+s[i]>T[i-1][j])
14.      T[i][j] = T[i-1,j-s[i]]+s[i];
15.    }
16.  }
```

```
17.    j = C;                                          /* 求取子集中的数据 */
18.    for (i＝n;i＞0;i－－){
19.      if (T[i][j]＞T[i－1][j]){
20.        x[i] = TRUE;  j = j－s[i];
21.      }
22.    }
23.    sum = T[n][C];
24.    delete T;                                       /* 释放工作单元 */
25.  }
```

显然，该算法可以得到问题的最优解。这时，其时间复杂度和空间复杂度都为 $\Theta(nC)$。

当 C 很大时，可以把 C 除以某一个大于 1 的常数因子 K，同时也把整数集合中的所有数据除以常数因子 K，然后用上述算法求解，再把所得的和数乘以常数因子 K，则所得的结果为原来结果的一个近似值，而算法的时间复杂度和空间复杂度都比原来缩小了 K 倍。

为了使相对误差的界 ε 充分小，可以选取某个正整数 k，使得 $\varepsilon=1/k$，并令

$$K = \frac{C}{2n(k+1)}$$

于是，可以使用下面的步骤来近似地求解子集求和问题：

(1) 令 $C=\lfloor C/K \rfloor$，所有的 $i(i=1, 2, \cdots, n)$，$s_i=\lfloor s_i/K \rfloor$。

(2) 对新的实例 C 和 s_i，调用算法 subset_sum，求得新实例的最大和数的最优值 sum。

(3) 令 $\text{sum}=\text{sum}\times K$，则 sum 是原来实例的最大和数的近似值。

如果把上述算法称为算法 A，则算法 A 的时间复杂度为

$$\Theta(nC/K)=\Theta(n \cdot 2n(k+1))=\Theta(kn^2)=\Theta(n^2/\varepsilon)$$

下面证明这个算法的性能比率为 $1+\varepsilon$。假定对实例 I，最优值是 $\text{OPT}(I)$。

实例 I 中的所有数据及整数 C，经过算法 A 的步骤(1)处理后所得实例为 I'。设该实例的最优值是 $\text{OPT}(I')$。因为最优解不可能包含所有 n 个整数，所以对应于实例 I 和实例 I' 的最优值之间有如下关系：

$$\text{OPT}(I)-K\times\text{OPT}(I')\leqslant Kn$$

因为可以由算法 subset_sum 求得实例 I' 的最优值 $\text{OPT}(I')$，所以，$K\times\text{OPT}(I')$ 为算法 A 对实例 I 所求得的近似值，即

$$A(I)=K\times\text{OPT}(I')$$

于是有

$$\text{OPT}(I)-A(I)\leqslant Kn$$

即

$$A(I)\geqslant\text{OPT}(I)-Kn$$

则有

$$\text{OPT}(I)\leqslant A(I)+Kn=A(I)+\frac{C}{2(k+1)}$$

因此得

$$\rho_A(I) = \frac{\text{OPT}(I)}{A(I)}$$

$$\leqslant 1 + \frac{C/2(k+1)}{A(I)}$$

$$\leqslant 1 + \frac{C/2(k+1)}{\text{OPT}(I) - C/2(k+1)}$$

根据问题的性质，可以假定 $\text{OPT}(I) \geqslant C/2$。如果 $\text{OPT}(I) < C/2$，则整数集合中的数据将具有如下的性质：

（1）不会包含大于 $C/2$ 并且小于 C 的数据 s_i，否则 s_i 将被作为优化子集中的一个元素而使得 $\text{OPT}(I) < C/2$ 不成立。

（2）整数集合中的数据将被划分为两个子集：值大于 C 的子集 W 和值小于 $C/2$ 的子集 S，并且满足

$$\sum_{i \in S} s_i < C/2$$

如果不满足上面这个式子，也将使得 $\text{OPT}(I) < C/2$ 不成立。

这样一来，就可以容易地以线性时间把整数集合中值大于 C 的子集 W 去掉，而保留值小于 $C/2$ 的子集 S，从而可以容易地以线性时间得到最优解。

当假定 $\text{OPT}(I) \geqslant C/2$ 时，算法 A 的性能比率可以写成

$$\rho_A(I) \leqslant 1 + \frac{C/2(k+1)}{C/2 - C/2(k+1)}$$

$$= 1 + \frac{1/(k+1)}{1 - 1/(k+1)}$$

$$= 1 + \frac{1}{k+1} \frac{k+1}{k}$$

$$= 1 + \frac{1}{k}$$

$$= 1 + \varepsilon$$

因此，算法 A 的性能比率为 $1+\varepsilon$。而由算法 A 的时间复杂度看到，该算法的运行时间是 $1/\varepsilon$ 和 n 的多项式时间，因此，该算法是一个完全多项式近似算法。

习　题　10

1. 给出一个装箱问题的实例 I，使得 $\text{FF}(I) \geqslant 3\text{OPT}(I)/4$。

2. 给出一个装箱问题的实例 I，使得 $\text{BF}(I) \geqslant 3\text{OPT}(I)/4$。

3. 给出一个装箱问题的实例 I，使得 $\text{FFD}(I) \geqslant 11\text{OPT}(I)/9$。

4. 令 $G = \langle V, E \rangle$ 是一个无向图，考虑下面寻找 G 中的顶点覆盖的贪婪算法：首先，把图 G 的顶点按度的递减顺序排序；接着，在图中挑选至少关联于一条边且度最高的顶点，把它加入顶点覆盖集合中，并删去与这个顶点关联的所有边，直到把所有的边都覆盖为止。说明这个贪婪算法不总能给出最小的顶点覆盖。

5. 说明第 4 题中寻找无向图顶点覆盖的贪婪算法，其近似性能比率大于 2。

6. 图着色 COLORING 的最优化问题是：在无向图中为图着色，使得相邻两个顶点不具有相同的颜色，而所需的颜色数目最少，给出图着色的优化问题的一个近似算法，并说明所给出的算法的性能比率是有界的还是无界的。

7. 你要去欧洲旅行，总行程为 7 天。对于每个旅游胜地，你都给它分配一个价值——表示你有多想去那里看看，并估算出需要多长时间。你如何将这次旅行的价值最大化？请设计一种贪婪算法，并说明使用这种算法能否得到最优解。

8. 你在一家家具公司工作，需要将家具发往全国各地，为此你需要将箱子装上卡车。每个箱子的尺寸各不相同，你需要尽可能利用每辆卡车的空间，为此你将如何选择要装上卡车的箱子呢？请设计一种贪婪算法，并说明使用这种算法能否得到最优解。

9. 有个邮递员负责给 20 个家庭送信，需要找出经过这 20 个家庭的最短路径。这是一个 NP 完全问题吗？

10. 要制作中国地图，需要用不同的颜色标出相邻的省。为此，要确定最少需要使用多少种颜色才能确保任何两个相邻省的颜色都不同。这是 NP 完全问题吗？

11. 用顶点覆盖问题规约到集合覆盖问题，证明集合覆盖问题是 NP 完全问题。

12. 在结点互不相交的路径问题中输入是一个无向图。该图的一些结点具有特殊标记：节点 $s_1, s_2, \cdots, s_k$ 被标记为"出发点"，另一些相同数量的节点 $t_1, t_2, \cdots, t_k$ 被标记为"目的地"。目标是对所有的 $i=1,2,\cdots,k$，求由 s_i 到 t_i 的 k 条互不相交的路径（即不包含相同节点的路径）。请证明该问题是 NP 完全的。

13. 设计一个贪婪算法，使得其以线性时间寻找树的顶点覆盖。

14. 设计一个欧几里得货郎担问题的近似算法，使其以 $O(n^3)$ 运行，且性能比率为 1.5。

15. 说明 0/1 背包问题的 knapsack_reedy 算法的性能比率为 2。

第 11 章　专用算法设计技术

　　客观世界复杂多样，需要解决的问题更是五花八门、层出不穷，相应的问题求解算法则种类繁多、数不胜数。就目前的情况而言，虽然很难统计出所有算法的数量，但是有一点可以肯定的是，没有任何一种算法可以适用于所有情况，即每一种算法都有其自己的适用范围或者场合。因此，为更好地发挥算法设计的作用，提高算法求解的效率，需要针对某些特定的具体问题设计出专门的算法，这类算法称为专用算法，对这类算法的设计称为专用算法设计。专用算法设计能够根据实际应用中的具体问题的特点和特殊需要有针对性地设计算法，使得设计出的算法更加高效。目前，在各行各业已经积累了很多种专用算法，它们各自在其相应的领域发挥着重要的作用。

　　专用算法的设计一般比较复杂，往往需要涉及与求解问题相关的专业知识，具有一定的深度和难度。本章以数据压缩、数据加密和字符串匹配这 3 个典型的专用算法为例，介绍专用算法设计的基本技术，旨在抛砖引玉，为读者今后设计与自己工作相关的专用算法提供良好的基础和基本思路。

11.1　数据压缩算法

　　信息的本质在于交流和存储，然而现实中很多原始信息的信息量巨大，寻找一种能够在保证信息内容正确的前提下，以较少的信息量用于信息的交流与存储的方法成为一个现实需求。数据压缩就是用于降低原始信息量的方法。本节主要介绍数据压缩的基本知识和算法设计技术，具体包括无损压缩和有损压缩的相关知识和算法设计技术。

11.1.1　数据压缩概述

　　数据压缩并不是一件新奇的事情。在日常生活中，存在着许多数据压缩的事例。例如，数据库中经常使用的出生日期、参加工作日期等形式，以 1997 年 9 月 12 日为例，这些日期可以使用以下 3 种方式表示：

　　(1) 英文字母表示：12 SEPTEMBER 1997。

　　(2) 数字表示：12 09 97。

　　(3) 二进制表示：01100 1001 1010001。

　　在这 3 种表示方法中，最直接的是用英文写出。英语单词中，字母个数最多的月份为 9 月(SEPTEMBER)，占 9 个字符空间，故总计需要 15 个字符空间；如果使用数字进行表示，则只需要 6 个字符；用二进制代码表示则只需 16 bit，也就是说只需要两个字符空间即可（日用 5 bit，月份用 4 bit，年份用 7 bit）。因此，用二进制表示日期比用英文字母和数字可节约不小的字符空间，具有明显的数据压缩效果。另外，只需要按照既定的表示规则对收到的字符或者二进制码做正确的分组，即可得到日期的全部信息。

另一个例子是经常用缩写表示一个概念。例如，将中国缩写成 CHN（中国在联合国注册的国家代码），将中国农业银行缩写为 ABC，将中国工商银行缩写为 ICBC；公司高层职位，也都有相应缩写，如 CEO 表示首席执行官、COO 表示首席运营官等。

近年来，随着数字化的普及，计算机和数据处理设备已渗透到各行各业，数据压缩技术已经被广泛应用于现实生活中。例如，在通信行业，数字通信几乎取代了一切形式的模拟通信，数据的传输、处理、存储要求日益提高。通过数据压缩技术，可以减少数据传输所需要的带宽、存储所需要的容积或处理所需要的时间。因此，数据压缩技术具有非常重要的作用。

所谓数据压缩，是指在不丢失有用信息的前提下尽量缩减数据量以减小存储空间，提高其传输、存储和处理效率。数据压缩技术就是按照一定的算法对数据进行重新组织，减少数据的冗余和存储空间的一种技术方法。

图 11.1 为一个通用的数据压缩方案，其中编码器用于实现压缩，解码器用于实现解压。

图 11.1　一个通用的数据压缩方案

目前，数据压缩技术种类繁多，对其分类的标准主要有如下两种：

一种是按照编码的失真程度，将所有的压缩技术分为无损压缩和有损压缩两大类。无损压缩是利用数据的统计冗余进行压缩，可完全恢复原始数据而不引起任何失真，如游程编码、LZ 编码、哈夫曼编码等是比较常用的无损压缩。有损压缩是指经过压缩、解压后得到的数据与原始数据不同但是非常接近的压缩方法，也就是说，在有损压缩中，原始数据不能完全恢复。一般来说，有损压缩的压缩率要比无损压缩大很多，如多分辨率编码、变换编码、预测编码等是比较常用的有损压缩。

另外一种分类方式是按压缩时所依据的信源输出的分布特性进行分类，据此可将数据压缩分为统计编码（又称为统计压缩）、字典编码（又称为字典压缩）两大类。统计编码根据信源输出符号的统计特性进行编码，以便最大程度上去除被压缩数据之间的统计相关性，经典的统计编码包括香农-范诺编码、游程编码、霍夫曼编码、算术编码等。字典编码又称为 LZ 编码，它是从信源输出数据中选择字符串，并把每个字符串编码成一个标识符，存储在字符串表中，利用查找字典的方式对字符串进行编码，经典的 LZ 编码包括 LZ77 编码算法、LZ78 编码算法、LZW 编码算法、LZA 编码算法、LZAP 编码算法等。

当然，数据压缩还可根据需要按照其他标准进行分类，如按照数据压缩所使用的编码技术、按照被压缩数据的频率范围等。本节将依据无损和有损的分类方式，重点介绍 3 种经典的编码算法，即游程编码算法、LZW 算法、JPEG 图像压缩算法。其中，前两个算法为无损压缩算法，最后一个为有损压缩算法。有关数据压缩的更多内容，读者可以参阅其他相关资料进一步学习。

11.1.2 无损压缩算法

事实上，任意一个非随机文件都含有重复数据，这些重复数据可使用依据其出现频率构建的统计模型进行压缩。无损压缩利用数据统计冗余进行压缩，按照特定的编码机制，用比未经编码少的数据位表示信息，对压缩的数据进行重构后，将会获得与原来数据完全相同的信息。无损压缩的优点是可以完全恢复数据而不会引起任何失真，缺点是其压缩率由于受到数据统计冗余度的理论限制而不会太高。

目前，无损压缩方式已被广泛应用于文本数据、高品质语音数据、特殊图像数据的压缩。下面介绍游程编码和 LZW 算法编码这两种常用的无损压缩算法。

1. 游程编码

游程编码（Run Length Coding，RLC）又称为运行长度编码或行程编码，是一种统计编码。该编码属于无损压缩，比较适合于对二值图像进行压缩。例如，可用游程编码对二值图像中连续的黑、白像素数（游程）以不同的码字进行编码。

所谓行程长度，是指由字符构成的数据流中各个字符重复出现而形成的字符串的长度，简称为行程（游程），一般用英文字母"RL"表示。

如果给定了行程串的字符、串的长度、串的位置，那么就能恢复出初始的数据流。图 11.2 为游程编码的基本数据结构。

图 11.2 中，RL 代表游程的长度，即字符重复出现的次数；X 代表数据流的字符；S_c 代表在一个数据集合中不用的字符，表明在此位置有一个字符串。

RL	X	S_c

图 11.2 游程编码的基本数据结构

显然，只有当字符串的长度 RL 大于 3 时，才有数据压缩的效益。因此，在实际应用中，应该先判断 RL 的值，再决定是否使用游程编码。游程编码解码时需根据紧跟每一个字符 X 后的码字是否为 S_c 来决定其下一个码字的含义。

下面结合实例介绍具体的编解码过程。例如，图 11.3(a)为一幅 9×9 的传真图像，沿水平方向使用游程编码，可得到图 11.3(b)的行程。

8	8	8	8	1	1	1	1	1		(8,4)	(1,5)
9	9	9	9	9	2	2	2	2		(9,5)	(2,4)
0	0	0	0	0	1	1	1	1		(0,5)	(1,4)
0	0	0	0	3	3	3	3	3		(0,4)	(3,5)
0	0	0	1	1	1	1	1	1		(0,3)	(1,6)
0	0	0	0	0	0	0	0	0		(0,9)	
4	4	4	4	7	7	7	7	7		(4,4)	(7,5)
0	0	0	0	0	2	2	2	2		(0,5)	(2,4)
5	5	5	5	5	3	3	3	3		(5,5)	(3,4)

(a)二维传真图像   (b) 行程编码

图 11.3 游程编码示例

由图 11.3 可知，游程编码只用了 17 对数据便可表示 68 个整数；若用直接编码方式，则需要用 81 个整数表示。因此，游程编码对该数据的压缩是十分有效的。

此外，为更好地对数据进行压缩，有时需要在游程编码中引入一些其他的编码技术。例如，JPEG 图像压缩综合使用了游程编码 RLC、离散余弦变换 DCT 和哈夫曼编码 3 种编码技术。该压缩首先对图像分块进行 DCT 变换编码扫描，然后进行游程编码，最后再对游程编码的结果进行哈夫曼编码。

图 11.4 为使用游程编码对字符串进行压缩和解压的具体过程。由图可知，压缩后的字符串的编码长度明显小于原始的字符串，压缩效果较好。显然，解压的字符串与原始字符串相同，由此说明游程编码是一种无损压缩编码。

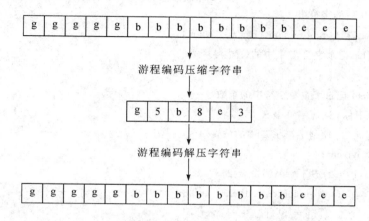

图 11.4　游程编码对字符串进行压缩与解压

算法 11.1　游程编码压缩算法。

输入：初始字符串 A。

输出：压缩后的字符串 S。

```
1.  char A[100];                              //输入的初始字符串{
2.  char S[100];                              //保存压缩后的字符串
3.  char T[100];                              //保存解压后的字符串
4.  void RLC_Compression(char A[],char S[]){
5.       int cnt= 1;                          // 计数器
6.       int i,j;
7.       i = j = 0;
8.       S[0] = A[0];
9.       for(i = 0;A[i]!='\0';i++){
10.          if(A[i] = A[i+1])
11.              cnt++;
12.          else{                            //相邻元素值不相等
13.              S[j+1] = cnt+ 48;            //保存重复字符的个数
14.              j+=2;
15.              S[j] = A[i+1];               //保存下一个字符值
16.              cnt=1;                       //计数器置 1
```

```
17.                    }
18.            }
19.            S[j] = '\0';
20. }
```

当需要对压缩后的字符串进行解压(还原)时,可以使用下面的字符串解压算法。

算法 11.2 游程编码解压算法。

输入:压缩后的字符串 S。

输出:解压后的字符串 T。

```
1. void RLC_Decompression(char S[],char T[]){
2.       //loc 记录字符在 T 中的位置
3. int loc = 0;
4.       //cnt 记录了重复字符串的个数
5.       //下标 i 遍历字符串 S
6.       //下标 j 控制字符在 T 中的位置
7.       int i,j,cnt;
8.       for(i = 0; S[j]= '\0';i+=2){
9.            for(j = loc,cnt=1;cnt<=S[i+1]-48;cnt++,j++){
10.             T[j] = S[i];
11.        }
12.        loc=j;
13. }
14. }
```

2. LZW 算法编码

LZW (Lempel-Ziv-Welch Encoding)算法由 Lemple、Ziv、Welch 3 人共同提出,又称为串表压缩算法,是一种基于字典编码的自适应压缩算法。该算法使用定长码字来表示通常会连续重复出现的字节和子串,因此一个码字可为一个或多个符号/字符所使用,从而达到数据压缩的目的。类似于其他的自适应压缩技术,LZW 编码器和解码器会在接收数据时动态地创建字典,编码器和解码器也会产生相同的字典。目前,LZW 压缩编码算法在很多场合都得到了成功的应用,例如,UNIX 操作系统中的标准文件压缩、图像的 GIF 格式等。

使用 LZW 编码算法,首先需要构建相应的编码字典。LZW 编码算法构建字典的基本思路如下:编码器逐个输入字符,并累积形成一个字符串 w,每当输入一个字符时,就自动拼接在字符串 w 的后面;然后在字典中查找 w,如果成功找到 w,则继续输入下一个字符,否则当添加一个新的字符 k 时,此时未能在字典中查找到 wk,即字符串 w 在字典中,而 wk 不在字典中,进而编码器输出表示字符串 w 的字典的索引号,并更新字典(将 wk 添加到字典中),此时将字符串 w 置为 k。

算法 11.3 LZW 算法构建字典。

---

1. BEGIN
2.   w = next input character;
3.   while not EOF
4.   {
5.   k = next input character;
6.   if w+k exists in the dictionary
7.   w += k;
8.   else{
9.   output the code for w;
10.   add string w+k to the dictionary with a new code;
11.   w = k;
12.   }
13.   }
14.   output the code for w;
15. END

下面结合具体实例介绍 LZW 算法创建字典的具体处理过程。

例如，如果对于图 11.5 所示的一个 3 字母字符串"opopqpopopoooooooo"进行 LZW 编码，那么创建编码字典的具体过程见表 11.1。

位置	1	2	3	4	5	6	7	8	9	10	11	12	13	14	15	16	17
字符	o	p	o	p	q	p	o	p	o	p	o	o	o	o	o	o	o

图 11.5 3 字母字符串

表 11.1 LZW 编码字符串表

w	k	output	字符串表	
			o	1
			p	2
			q	3
o	p	1	op	4
p	o	2	po	5
o	P			
op	q	4	opq	6
q	p	3	qp	7
p	o			
po	p	5	pop	8
p	o			
po	p			

w	k	output	字符串表	
pop	o	8	popo	9
o	o	1	oo	10
o	o			
oo	o	10	ooo	11
o	o			
oo	o			
ooo	o	11	oooo	12
o	EOF	1		

首先初始化字符串表，将 3 个字母 o、p、q 存入字典表中，并分别赋予 3 个码值，1 代表字符串 o，2 代表字符串 p，3 代表字符串 q；然后从左至右读入第 1 个字符 o，由于字符串表中存在字符 o，因此继续读入下一个字符 p，此时表中没有字符串 op，故输出码字 1 代表的字符串 o，并将它的扩充字符串 op 也存入表中，并赋予码值 4；接下来，用 p 作为下一个串的起始字符，读入第 3 个字符 o，由于 p 的扩充字符串 po 不在表中，故将 po 存入表中，并赋予码值 5。以此类推，直到读完字符串中最后一个字符为止。最后得到如表 11.1 所示的编码字典。

根据表 11.1 所示的编码字典，对字符串"opopqpopopooooooo"使用 LZW 算法进行压缩编码，得到压缩编码为 1 2 4 3 5 8 1 10 11 1。如此只需要发送 10 个编码，而不是 17 个字符，压缩比为 17/10＝1.7。需要注意的是，在 LZW 算法中，编码器和解码器分别独立创建自己的字典，故没有任何传输字符串表的开销。

由于给定的待压缩字符串通常存在许多冗余，因此 LZW 算法能够得到较好的压缩效果。当输入的字符串大小超过上百字节时，LZW 的压缩效果会更加明显。

算法 11.4 LZW 压缩编码算法。

输入：待压缩的字符串 cs。

输出：压缩后的字符串 code。

```
1.  # define N 200
2.  struct LZW {
3.      string Dic[200];
4.      int code[N];
5.  };
6.  LZW lzw;
7.  void encode( string cs[N]){
8.      string P,C,K;
9.      P = cs[0];
10.     int l = 0;
11.     for(int i＝1;i＜N;i＋＋){
12.             C = cs[i];
```

```
13.                K = P+C；
14.                if (IsDic(K)){
15.                        P = K；
16.                }
17.                else {
18.                        lzw.code[l] = codeDic(P)；
19.                        lzw.Dic[3+l] = K；
20.                        P = C；
21.                        l++；
22.                }
23.                if((N−l) == i)
24.                        lzw.code[l] = codeDic(P)；
25.        }
26. }
27. int IsDic(string e){
28.     for(int b = 0；b<N；b++){
29.             if(e == lzw.Dic[b])
30.                     return 1；
31.     }
32.     return 0；
33. }
34. int codeDic(string f){
35.     int w = 0；
36.     for(int y = 0；y<N；y++){
37.             if(f == lzw.Dic[y]){
38.                     w = y+l；
39.                     break；
40.             }
41.     }
42.     return w；
43. }
```

下面进一步介绍 LZW 解码算法。要使用 LZW 算法进行解码，首先必须构造解码字典，基本构造思路如下：

首先，初始化字典，并读入一个码字 w；然后，试读一个码字 k，如果码字 k 不可读，则输出 w 对应的字符串，算法结束。如果码字 k 可读，并且 k 存在于字典中，则在 w 对应的字符串末尾加入码字 k 的第一个字符，将形成的字符串加入字典中；如果码字 k 可读，但 k 不存在于字典中，则将 w+w[0]存入字典中；最后，输出 w 对应的字符串。重复上述过程，直到解码字典构建完成。

算法 11.5　LZW 算法构建解码字典。

1. BEGIN

```
2.    w = NIL;
3.    while not EOF
4.    {
5.            k = next input code;
6.            entry = dictionary entry for k;
7.            if(entry == NULL)
8.                    entry = w+w[0];
9.                    output entry;
10.               if(w!=NIL)
11.                        add string w + entry[0] to dictionary
12.                        with a new code;
13.               w = entry;
14.          }
15. END
```

算法 11.6 LZW 解码算法。

输入：待解压缩的字符串 cs。

输出：解压后的字符串 code。

```
1. void decode(int cs[N],int length) {
2.     int w,k;
3.     w = cs[0];
4.     int I = 0;
5.     string p1,p2;
6.     for(int i = 1;i<length;i++){
7.                 k = cs[i];
8.                 p1 = lzw.Dic[w−1];
9.                 if{lzw.Dic[k−1]! ="\0"){
10.                        p2 = lzw.Dic[k−1];
11.                }
12.                else p2 = p1;
13.                lzw.Dic[I+3] = p1+p2[0];
14.                I++;
15.                cout<<p1;
16.                w = k;
17.        }
18.        if(I == length)cout<<lzw.Dic[w−1]<<end1;
19.        cout<<"经过 LZW 译码后的字典如:"<<end1;
20.        for(int r = 0;r<I+3;r++)
21.                cout<<r+1<<""<<lzw.Dic[r]<<end1
22. }
```

例如，对字符串"opopqpopopoooooooo"进行解码。解码器的输入是 1 2 4 3 5 8 1 10 11 1

（即上面 LZW 的编码结果）。LZW 解码算法流程见表 11.2，得到的 LZW 解码结果为 opopqpopopooooooo，与原始字符串完全相同。

表 11.2　LZW 解码算法流程

w	k	output	字符串表	
			o	1
			p	2
			q	3
NIL	1	o		
o	2	p	op	4
p	4	o	po	5
o	3	op	opq	6
op	5	q	qp	7
q	8	po	pop	8
po	1	pop	popo	9
pop	10	o	oo	10
o	11	oo	ooo	11
oo	1	ooo	oooo	12
ooo	EOF			

11.1.3　有损压缩算法

使用有损压缩算法压缩后的数据，在解压后得到的数据与原始数据会有所不同，但是这种差异处于能够接受的范围之内，或者说在实际应用中可以忽略这种差异。其主要思想是将次要的信息数据忽略掉或压缩掉，通过牺牲少量的质量来减少大量的数据量。有损压缩相对于无损压缩，压缩比一般都会得到较大的提高。有损压缩主要用于存储大量普通视频图像文件和普通音频文件，通过忽略视频图像和音频数据的一些次要信息，达到对视频图像和音频数据的较高压缩效率。现以 JPEG 编码算法为例介绍有损压缩编码技术。

JPEG 是由联合图像专家组（Joint Photographic Experts Group）开发的一种主要针对静止图像的压缩标准，并于 1992 年被正式采纳为国际标准。JPEG 图像压缩的主要编码技术是变换编码，即离散余弦变换（DCT），并结合若干其他技术，如量化、熵编码、对 AC 系数（交流分量）的游程编码、对 DC 系数（直流分量）的 DPCM 编码（差分脉冲编码）等。

图 11.6 为 JPEG 编码的基本流程。JPEG 的编码和解码是一个完全互逆的关系，因此，如果逆着图 11.6 中的箭头方向就会得到相应的 JPEG 的解码器。下面着重介绍 JPEG 编码的基本过程。

JPEG 编码主要分为以下几个基本步骤：

（1）将 RGB 转化为 YIQ 或 YUV。

（2）将原始图像分为 8×8 的小块，每个块里有 64 个像素。

（3）对图像块进行 DCT 变换。

（4）量化。

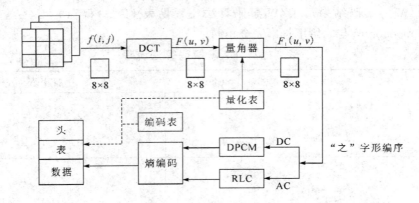

图 11.6　JPEG 编码的基本流程

（5）"之"字形编序。

（6）AC 系数的游程编码。

（7）DC 系数的 DPCM 编码。

（8）熵编码。

下面着重介绍其中的几个关键步骤。

1. 将原始图像划分为 8×8 的小块

为了提高图像压缩效率，考虑到局部子块中图像的相关性较强，将每个分量图像分割为互不重叠的 8×8 像素块。例如，图 11.7 为将原始图像（对 Y 分量）划分为 8×8 的小块，每个小块内含有 64 个像素。

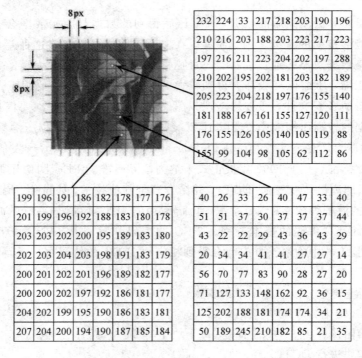

图 11.7　将原始图像划分为 8×8 的小块，每个小块内含有 64 个像素

2. 对图像块进行 DCT 变换

离散余弦变换，即 DCT 变换，是一种经典的变换编码方法，它能以数据无关的方式解除输入信号之间的相关性。

以二维 DCT 为例，设一个有两个整数变量的函数 $f(i,j)$（8×8 图像块），二维 DCT 变换会将 $f(i,j)$ 变换成一个新的函数 $F(u,v)$，变换的定义如下：

$$F(u,v) = \frac{C(u)C(v)}{4} \sum_{i=0}^{7} \sum_{j=0}^{7} \cos\frac{(2i+1)u\pi}{16} \cos\frac{(2j+1)v\pi}{16} f(i,j) \tag{11.1}$$

式中，$i,j,u,v = 0,1,2,\cdots,7$；$f(i,j)$ 为图像块内的像素点的值，常数 $C(u)$ 和 $C(v)$ 由式（11.2）得出。

$$C(x) = \begin{cases} \dfrac{\sqrt{2}}{2} & x=0 \\ 1 & \text{其他} \end{cases} \tag{11.2}$$

下面结合具体实例介绍对图像块的 2D DCT 变换。例如，对于图 11.8 所示的一个 8×8 图像块，对其利用式（11.1）和式（11.2）进行 2D DCT 变换，使得该块的像素值变成图 11.9 所示的另外一组 8×8 数字，低频部分集中在左上角，高频部分集中在右下角。

200	202	189	188	189	175	175	175
200	203	198	188	189	182	178	175
203	200	200	195	200	187	185	175
200	200	200	200	197	187	187	187
200	205	200	200	195	188	187	175
200	200	200	200	200	190	187	175
205	200	199	200	191	187	187	175
210	200	200	200	188	185	187	186

图 11.8　8×8 图像块 $f(i,j)$

515	65	-12	4	1	2	-8	5
-16	3	2	0	0	-11	-2	3
-12	6	11	-1	3	0	1	-2
-8	3	-4	2	-2	-3	-5	-2
0	-2	7	-5	4	0	4	-4
0	-3	-1	0	4	1	-1	0
3	-2	-3	3	3	-1	-1	-3
-2	5	-2	0	2	2	-3	0

图 11.9　变换后的块 $F(u,v)$

根据 DCT 变换随着频率的增加准确表示 DCT 系数的重要性逐步降低的性质特点可知，DCT 变换的低频部分比高频部分重要得多。通常去除 50% 的高频信息对于编码信息可能只损失了 5%，因此，把一些高频部分置零也不会丢失很多信息。

在 JPEG 图像压缩算法中，DCT 变换的作用就是为了减少高频信息，从而达到压缩数据的目的。因此，JPEG 图像压缩是一种有损压缩，损失部分就是高频部分。

需要注意的是，JPEG 中的图像块大小是经过仔细权衡后确定的。虽然大于 8 的数值会使得图像在低频处的效果更好，但使用 8×8 的图像块能够加速 DCT 变换的计算。因而，使用 8×8 的图像块是一种折中的考虑。

3. 量化

JPEG 图像压缩使用量化方式忽略高频分量，基本思路如下：将经过 DCT 变换后的系数矩阵 $F(u,v)$ 中的所有元素除以一个整数，然后取整，即利用如下量化计算公式：

$$F_1(u,v) = \text{round}\left(\frac{F(u,v)}{Q(u,v)}\right) \tag{11.3}$$

式中，$F(u,v)$ 代表 DCT 系数，$Q(u,v)$ 为量化矩阵，$F_1(u,v)$ 代表量化后的 DCT 系数。

JPEG 彩色图像数据采用 YUV 格式。其中，Y 分量代表亮度信息，UV 分量代表色度信息。由于 Y 分量更重要一些，因此对 Y 采用较细量化，对 UV 采用较粗量化。相应地，就有两张量化表，一张是针对 Y 分量的，另一张是针对 UV 分量的。图 11.10 和图 11.11 分别给出了量化矩阵 $Q(u,v)$ 的亮度量化表和色度量化表。表中的这些值是根据心理学的研究结果得来的，能够保证较大的压缩率。

16	11	10	16	24	40	51	61
12	12	14	19	26	58	60	55
14	13	16	24	40	57	69	56
14	17	22	29	51	87	80	62
18	22	37	56	68	109	103	77
24	35	55	64	81	104	113	92
49	64	78	87	103	121	120	101
72	92	95	98	112	100	103	99

图 11.10　亮度量化表

17	18	24	16	99	99	99	99
18	21	26	99	99	99	99	99
24	26	56	99	99	99	99	99
47	66	99	99	99	99	99	99
99	99	99	99	99	99	99	99
99	99	99	99	99	99	99	99
99	99	99	99	99	99	99	99
99	99	99	99	99	99	99	99

图 11.11　色度量化表

量化矩阵 $Q(u,v)$ 右下方的值都较大，可减少更多的高频分量；同时，$Q(u,v)$ 中的元素值都相对较大，可使得 $F_1(u,v)$ 的值的大小和变化都远远小于 $F(u,v)$，从而可以减少对 $F_1(u,v)$ 的位编码。图 11.12 是对图 11.9 中 $F(u,v)$ 进行量化后的结果。显然，量化后的结果为一稀疏矩阵(在矩阵中，若数值为 0 的元素数目远远多于非 0 元素的数目，则称该矩阵为稀疏矩阵)，可利用稀疏特性进一步提高压缩比，后面将介绍具体的实现方法。

4. AC 系数的游程编码

如图 11.12 所示，DCT 系数量化后会得到一个稀疏矩阵。对这一稀疏矩阵进行编码，需要分为两类，一类是 8×8 图像块中的 $F_1(0,0)$ 元素，即 DC 系数(直流分量)，表示该 8×8 图像块的平均值，JPEG 图像压缩对 DC 系数单独编码；另一类是 8×8 图像块中的其他 63 个子块，即 AC 系数(交流分量)，对 AC 系数的编码方式采用游程编码。

首先需要考虑如何对这 63 个子块进行排列，以得到 AC 系数游程编码的较高压缩比。然后采取"之"字形扫描将 8×8 的矩阵 $F_1(u,v)$ 拉伸为一个具有 64 个元素的向量，并保证了低频分量先出现、高频分量后出现的效果，增加了游程中连续 0 的个数。对图 11.12 所示的矩阵 $F_1(u,v)$ 经"之"字形扫描(见图 11.13)后可得到如下向量：

$$(32, 6, -1, -1, 0, -1, 0, 0, 0, -1, 0, 0, 1, 0, 0, 0, \cdots, 0)$$

其中，中间有 3 个连续的 0，结尾处有 51 个连续的 0。

32	6	-1	0	0	0	0	0
-1	0	0	0	0	0	0	0
-1	0	1	0	0	0	0	0
-1	0	0	0	0	0	0	0
0	0	0	0	0	0	0	0
0	0	0	0	0	0	0	0
0	0	0	0	0	0	0	0
0	0	0	0	0	0	0	0

图 11.12　$F_1(u, v)$

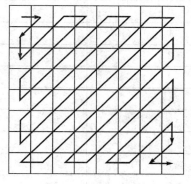

图 11.13　JPEG 中的"之"字形扫描

通过游程编码，矩阵 $F_1(u, v)$ 的 AC 系数中的每一个 0 串可以用{LEN, VALUE}的数对方式表示，"LEN"代表的是 0 串的数目，"VALUE"代表下一个非 0 系数。例如，对 AC 系数进行编码，经过"之"字形扫描后，遇到的第一个非 0 系数为 6，其中遇到 0 的个数为 0，因此可以表示为(0, 6)。为了尽量节约位数，一个特殊的数字对(0, 0)紧跟最后一个非 0 的 AC 系数，意味着到达了块结尾。由此，进一步得到：

$$(0, 6), (0, -1), (0, -1), (1, -1), (3, -1), (2, 1), (0, 0)$$

通过以上步骤，完成了对于 AC 系数的游程编码。

5. DC 系数的 DPCM 编码

DC 系数表示每一个图像块的平均亮度，位于矩阵 $F_1(u, v)$ 的 (0, 0) 位置，一个 8×8 的图像块只含有一个 DC 系数。

由于图像中邻近的两个图像块的 DC 系数具有较大的相关性，一般不会有特别大的变化，因此 JPEG 对量化后的 DC 系数采用无失真 DPCM 编码，即对当前 8×8 图像块的 DC 系数 $F_i(0, 0)$ 和已编码的前一个 8×8 图像块的 DC 系数 $F_{i-1}(0, 0)$ 的差值进行编码。

例如，假设前 7 个图像块的 DC 系数分别为 150、148、149、151、152、155、153，那么 DPCM 编码（差分脉冲编码）后将会得到 150、-2、1、2、1、3、-2（这里假设第 i 个块的预测值为 $d_i = DC_{i+1} - DC_i$，并且 $d_0 = DC_0$）。理想情况下，DPCM 编码后的幅值变化较小，因此给之后的熵编码带来了很大的便利。

JPEG 图像压缩中，AC 系数的游程编码需要对每一个图像块单独进行，而 DC 系数的 DPCM 编码对整个图像实施一次即可。

6. 熵编码

为进一步提高压缩比，需要对 AC 系数和 DC 系数进行最后的熵编码。可以采用霍夫曼编码方法分别对 AC 系数和 DC 系数进行编码。

1）DC 系数的霍夫曼编码

每一个 DC 系数经过无失真 DPCM 编码后都可以用(SIZE, AMPLITUDE)表示，SIZE 表示需要用多少位来表示 DC 系数，AMPLITUDE 表示实际使用的位数。基本熵编码细节见表 11.3。

表 11.3　基本熵编码细节

大　小	幅　度
0	0
1	$-1, 1$
2	$-3, -2, 2, 3$
3	$-7\sim4, 4\sim7$
4	$-15\sim-8, 8\sim15$
5	$-31\sim-16, 16\sim31$
6	$-63\sim-32, 32\sim63$
7	$-127\sim64, 64\sim127$
8	$-225\sim-128, 128\sim225$
9	$-511\sim-256, 256\sim511$
10	$-1023\sim-512, 512\sim1023$

由于 DPCM 的值有可能为负值，因此通过使用一个编码的取反操作来表示负数。例如，当 SIZE＝3 时，AMPLITUDE 的取值范围为 $-7\sim-4$ 和 $4\sim7$。因而，AC 系数为 7 的码字为 111，AC 系数为 -7 的码字为 000，AC 系数为 5 的码字为 101，AC 系数为 -5 的码字为 010。因此，对于上面所举的例子，码字 150、-2、1、2、1、3、-2 可以表示为

$$(8, 10010110), (2, 01), (1, 1), (2, 10), (1, 1), (3, 011), (2, 01)$$

因为 AMPLITUDE 值的变化范围较大，所以在 JPEG 图像压缩标准中，仅对 SIZE 部分进行霍夫曼编码，而 AMPLITUDE 部分保持不变。

采取一种可变长的编码方式对 SIZE 进行霍夫曼编码。例如，当 SIZE＝3 出现的次数较多时，就用一位（0/1）表示 SIZE 3。通常情况下，SIZE 值较小，其出现的次数较为频繁（因为熵较低），故有较好的压缩效果。编码后，定制的霍夫曼编码表可保存在 JPEG 图像的头部，否则需要使用默认的霍夫曼编码表。

2）AC 系数的霍夫曼编码

如前所述，AC 系数采用游程编码方式，并且使用{LEN，VALUE}数对的方式表示。在 JPEG 图像压缩中，与 DC 系数一样，VALUE 也用 SIZE 和 AMPLITUDE 的方式表示。其中，LEN 和 SIZE 分别用 4 位表示，并且合并为一个字节，记为 Symbol 1；AMPLITUDE 的位数用 SIZE 表示，记为 Symbol 2。Symbol 1 和 Symbol 2 的结构如下：

Symbol1：(LEN，SIZE)。

Symbol2：(AMPLITUDE)。

与 DC 系数的霍夫曼编码类似，Symbol 1 采取霍夫曼编码，Symbol 2 直接采取普通的可变长编码方案。例如，根据上面提到的 AC 系数的游程编码结果如下：

$$(0, 6), (0, -1), (0, -1), (1, -1), (3, -1), (2, 1), (0, 0)$$

现对 $(0, 6)$ 进行霍夫曼编码。因为 LEN＝0，VALUE＝6，所以由表 11.3 可知，AMPLITUDE＝6，SIZE＝3，故可得到 AC 中间格式为 $(0, 3)(6)$。类似地，可求得这 8×8 图像块熵编码的中间格式为

$$(0, 3)(6), (0, 1)(-1), (0, 1)(-1), (1, 1)(-1), (3, 1)(-1), (2, 1)(1), (EOB)(0, 0)$$

得到这些 AC 系数熵编码中间格式后，便可对其进行熵编码。采取查 AC 亮度霍夫曼表的方式对 Symbol 1 编码，对 Symbol 2 编码采取可变长编码，结果如下：

对于(0，3)(6)：(0，3)查 AC 亮度霍夫曼表得到 100，6 经过可变字长整数编码为 110。

对于(0，1)(−1)：(0，1)查 AC 亮度霍夫曼表得到 00，−1 是 1 的反码，为 0。

对于(1，1)(−1)：(1，1)查 AC 亮度霍夫曼表得到 1100，−1 是 1 的反码，为 0。

对于(3，1)(−1)：(3，1)查 AC 亮度霍夫曼表得到 111010，−1 是 1 的反码，为 0。

对于(2，1)(1)：(2，1)查 AC 亮度霍夫曼表得到 11100，1 经过可变字长整数编码为 1。

对于(EOB)(0，0)：(EOB)查 AC 亮度霍夫曼表得到 1010。

因此，该 8×8 图像块的 AC 系数的霍夫曼编码最终结果为

$$100110，000，000，11000，1110100，11100，1010$$

共计 33 bit，AC 系数的压缩比为(63×8)/33＝15.3，大约每个像素用 0.5 bit。

至此，全部 JPEG 压缩编码过程介绍完毕。对于 JPEG 解压，其实就是 JPEG 压缩的逆过程，只需要将 JPEG 压缩中的箭头逆向即可，这里不再赘述。

例如，对图 11.8 所示的图像块 $f(i,j)$ 进行 JPEG 解压后可得到图 11.14 所示的图像块 $f'(i,j)$。压缩后的损失 $e(i,j)$ 如图 11.15 所示。JPEG 具有很高的压缩效率，且压缩后的图像质量依然很高。

199	196	191	186	182	178	177	176
201	199	196	192	188	183	180	178
203	203	202	200	195	189	183	180
202	203	204	203	198	191	183	179
200	201	202	201	196	189	182	177
200	200	202	197	192	186	181	177
204	202	199	195	190	186	183	181
207	204	200	194	190	187	185	184

图 11.14　JPEG 解压结果 $f'(i,j)$

1	6	−2	2	7	−3	−2	−1
−1	4	2	−4	1	−1	−2	−3
0	−3	−2	−5	5	−2	2	−5
−2	−3	−4	−3	−1	−4	4	8
0	4	−2	−1	−1	1	5	−2
0	0	1	3	8	4	6	−2
1	−2	0	5	1	1	4	−6
3	−4	0	6	−2	−2	2	2

图 11.15　JPEG 压缩损失 $e(i,j)$

11.2 数据加密算法

在现实生活和工作中，用于交流的信息承担着信息发送方和信息接收方之间的桥梁作用，然而信息发送方和信息接收方之间可能会存在第三者。很多情况下，信息发送方和信息接收方并不希望他们的信息被第三者获取，这就需要对传输的信息进行相关的处理，使得信息只能对合法用户可见。数据加密技术就是对发送方与接收方之间的数据进行安全处理的一种基本技术。本节主要介绍数据加密的基本知识和算法设计技术，具体包括传统加密和非对称加密的相关知识和算法设计技术。

11.2.1 数据加密概述

在信息时代，信息安全越来越受到大家的重视，为了防止信息被一些怀有不良用心的人看到、获取或者破坏，故需要一种强有力的安全措施来保护机密数据不被窃取或篡改。数据加密变换或密码技术，就是对计算机数据进行保护的最实用和最可靠的方法。数据加密的基本思想是对原始数据加以伪装，使非法接入者无法理解信息的真正含义。数据加密的基本过程就是对原来为明文的信息或数据按某种算法进行处理，使其成为不可读的一段代码，称为密文，使其只能在输入相应密钥之后才能显示出本来的内容，由此达到保护数据不被非法窃取的目的。数据加密通常分为两大类——对称式加密和非对称式加密。

一个加密系统采用的基本工作方式称为密码体制。密码体制的基本要素是密码算法和密钥，其中密码算法是一些公式、法则或程序，而密钥则是密码算法中的可变参数。密码算法一般分为加密算法和解密算法两种，前者是将明文变换成密文，后者是将密文变换成明文。密钥相应地也分为加密密钥和解密密钥。一个加密系统的数学符号描述如下：

$$S = \{P, C, K, E, D\} \tag{11.4}$$

式中，P 是明文空间，C 是密文空间，K 是密钥空间，E 是加密算法，D 是解密算法。当给定密钥 $k \in K$ 时，加、解密算法分别记作 E_k 和 D_k，并有

$$C = E_k(P), \quad P = D_k(E) = D_k(E_k(P))$$

或记为 $D_k = E_k^{-1}$ 且 $E_k = D_k^{-1}$。

现代密码学的一个基本原则是一切秘密应寄托于密钥之中，即在设计加密系统时，总是假定密码算法是公开的，真正需要保密的是密钥。

保密通信系统的基本模型如图 11.16 所示。发送者 A 向接收者 B 发送一报文 P，为了不被窃听者 E 窃听，A 需要对报文进行加密，A 使用 $C = E_k(P)$ 对报文进行加密，生成密文 C，然后在通信信道上将 C 传输给 B，当 B 收到加密后的报文后，需要使用 $P = D_k(E) = D_k(E_k(P))$ 进行解密，得到原来的报文 P。

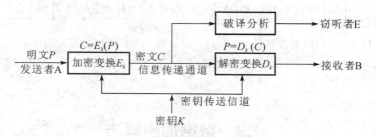

图 11.16 保密通信系统的基本模型

11.2.2 传统加密算法

传统加密算法有很多种，这里主要介绍对称加密算法。对称加密算法又称单密钥密码算法或者常规密码算法，对称密码算法的模型如图 11.17 所示。由于对称密码体制中加密密钥和解密密钥为同一密钥，因此，信息的发送者和信息的接收者在进行信息的传输与处理时，必须共同持有该密钥。如图 11.17 所示，在对称密码算法中，信息的发送方通过加密算法 E 根据需要发送的信息 P 和密钥 k 生成密文 $C = E_k(P)$；信息的接收方通过解密算

法 D 根据密文 C 和密钥 k 解密密文为 $P=D_k(C)$。

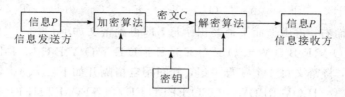

图 11.17 对称加密算法的模型

对称加密算法加密和解密的速度较快，能够在短时间内对一定的数据进行加密。但是，当信息的发送方和信息的接收方第一次通信时，密钥的传输会成为一个严峻的问题。

下面通过凯撒密码、铁轨法和 DES 来进一步理解加密算法。虽然凯撒密码和铁轨法比较简单，一般可以以手动方式实现信息的加密和解密，但它们有助于理解 DES 和其他复杂算法。DES 算法曾经广泛应用到生活实践中，是一个非常经典的对称加密算法。

1. 凯撒加密算法

凯撒加密算法是一种较简单且广为人知的加密技术，它是一种替换加密技术，其基本加密思想为：首先使用 0~25 之间的数字表示 A~Z 26 个字母；然后对于每一个非负整数 P（$P \leqslant 25$）定义其加密函数值 $f(P)$ 为 $\{0, 1, 2, \cdots, 25\}$ 中的某个数字。加密函数 $f(P)$ 有多种定义方法，例如：

$$f(P) = (2P - 5) \bmod 26 \tag{11.5}$$

现采用如下加密函数：

$$f(P) = (P + 3) \bmod 26 \tag{11.6}$$

此时，P 表示的字母用 $(P + 3) \bmod 26$ 代表的字母替代，实现数据加密。

例如，对"WELCOME TO HEFEI"进行加密，首先用数字代替信息中的字母，具体如下：

W	E	L	C	O	M	E	T	O	H	E	F	E	I
22	4	1	2	14	12	4	19	14	7	4	5	4	8

使用加密函数 $f(P) = (P+3) \bmod 26$ 代替 P，得到的结果如下：

w	e	l	c	o	m	e	t	o	h	e	f	e	i
25	7	14	5	17	15	7	21	17	10	7	8	7	11

翻译成字母后，获得的加密信息为"ZHOFRPH VR KHIHL"。

解密需要使用加密函数 f 的反函数 f^{-1}。当解密时，同样需要将加密信息转换成数字，然后使用 f^{-1} 把 $\{0, 1, 2, \cdots, 25\}$ 中的整数 P 通过函数

$$f^{-1}(P) = (P + 3) \bmod 26 \tag{11.7}$$

恢复成信息原文对应的整数，之后再将数字转换成字母，获得原文。

2. 铁轨加密算法

铁轨法是一种基本的换位加密算法，要求明文的长度必须是 4 的倍数，不符合要求则需要在明文最后补充一些字母以符合加密条件。例如，对于满足加密条件的明文（不考虑空格和逗号）：

HELLO EVERYBODY, WELCOME TO HEFEI

首先，将其以从上到下的顺序逐列写出，具体如下：

H L O V R B D W L O E O E E
E L E E Y O Y E C M T H F I

然后再依序由左而右、再由上而下地写出字母，即得到密文如下：

H L O V R B D W L O E O E E E L E E Y O Y E C M T H F I

为便于计算，将密文每 4 个字母一组，其间用空格隔开如下：

HLOV RBDW LOEO EEEL EEYO YECM THFI

这就是密文长度必须为 4 的倍数的原因。接收方在收到此密文后，可将密文以直线从中分为两部分，如下所示：

HLOV RBDW LOEO EE | EL EEYO YECM THFI

然后，左半部分和右半部分依序轮流读出字母便可以还原成原来的明文。

当然，在写明文时也可以写成 3 列或 4 列等。写法不同，解法也相应不同。关键是接收方要知道具体的加密方式。

可以将上述铁轨法进行推广，得到一种所谓的路由加密算法，该算法按照事先约定的游走路径加密明文。例如，采用路由算法加密如下明文：

HELLO EVERYBODY，WELCOME TO HEFEI

采用图 11.18 所示的游走路径，分组如下：

H E L L O E V
E R Y B O D Y
W E L C O M E
T O H E F E I

根据上述游走路径，可获得如下密文：

H E W T O E R E L Y L H E C B L O O O F E M D E V Y E I

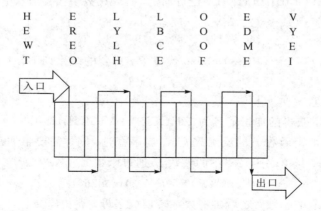

图 11.18　游走路径

3. 数据加密标准算法

美国数据加密标准（Data Encryption Standard，DES）是在 20 世纪 70 年代中期由美国 IBM 公司的一个密码算法发展而来的，1977 年美国国家标准局公布 DES 密码算法作为美国数据加密标准。DES 算法是一种分组加密算法，以 64 bit（8B）为分组对数据加密，其中有 8 bit 奇偶校验，有效密钥长度为 56 bit。

DES 是一种对称加密算法,加密和解密使用同一个算法,即加密和解密是互逆的。无论是明文还是密文,其数据大小通常是大于 64 bit 的,64 bit 一组的明文从算法的一端输入,64 bit 的密文从另一端输出。对于大于 64 bit 的明文和密文,需将其中每 64 bit 当成一个分组加以切割,再对每一个分组做加密或解密即可。当切割到最后一个分组小于 64 bit 时,要在此分组后附加"0"位,直到该分组为 64 bit 为止。DES 算法流程图如图 11.19 所示。

DES 对 64 bit 的明文分组进行操作,通过一个初始置换将明文分组分成左半部分和右半部分,各 32 bit。然后进行 16 轮完全相同的运算,这些运算被称为函数 f,在运算过程中数据与密钥结合。经过 16 轮运算之后,将左半部分和右半部分合在一起经过一个末置换(初始置换的逆置换),完成对数据的加密或者解密。

如图 11.20 所示,在 DES 加密算法的每一轮迭代运算中,首先将密钥位做相应的移位;然后再从密钥的 56 bit 中选出 48 bit,通过一个扩展置换将数据的右半部分扩展成 48 bit,并通过一个异或操作与 48 bit 密钥结合,通过 8 个 S 盒(分组密码算法中的非线性结构)将这 48 bit 替代成新的 32 bit 数据,再将其置换一次,这 4 步运算构成了函数 f;最后,再通过另一个异或运算将函数 f 的输出与左半部分结合,其结果即成为新的右半部分,原来的右半部分成为新的左半部分,由此完成一次完整的迭代运算操作。

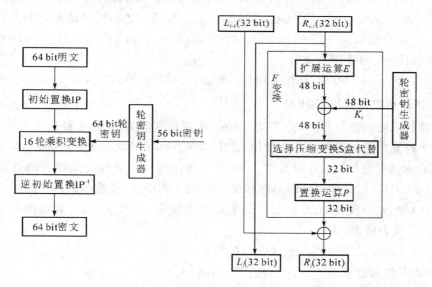

图 11.19　DES 算法流程图　　　　图 11.20　DES 算法的一轮迭代处理过程

将上述的迭代运算操作连续迭代 16 次,便实现了 DES 的 16 轮运算。下面结合具体实例详细介绍 DES 加密算法的实现过程。

已知明文 $m=$ computer,密钥 $k=$ program。

(1) 为了方便处理,分别使用 ASCII 码表示明文与密钥如下:

m = 01100011 01101111 01101101 01110000 01110101 0111010001100101 01110010

k = 01110000 01110010 01101111 01100111 01110010 01100001 01101101

因为 k 只有 56 bit,所以必须插入第 8,16,24,32,40,48,56,64 位的奇偶校验位,合成 64 bit,而添加的这 8 bit 对整个加密过程没有影响。

(2) m 经过 IP 置换后得到如下结果:

$L_0 = 11111111 \quad 10111000 \quad 01110110 \quad 01010111$

$R_0 = 00000000 \quad 11111111 \quad 00000110 \quad 10000011$

（3）密钥 k 通过 PC-1 得到如下结果：

$C_0 = 11101100 \quad 10011001 \quad 00011011 \quad 1011$

$D_0 = 10110100 \quad 01011000 \quad 10001110 \quad 0110$

（4）左移一位，通过 PC-2 得到 48 bit 的结果如下：

$k_1 = 00111101 \quad 10001111 \quad 11001101 \quad 00110111 \quad 00111111 \quad 00000110$

R_0 经过扩展运算 E 作用膨胀为 48 bit，具体如下：

$$10000000 \ 00010111 \ 11111110 \ 10000000 \ 11010100 \ 00000110$$

再和 k_1 做异或运算得到：

$$101111 \ 011001 \ 100000 \ 110011 \ 101101 \ 111110 \ 101101 \ 001110$$

（5）通过 S 盒后输出的 32 bit 结果如下：

$$01110110 \ 00110100 \ 00100110 \ 10100001$$

S 盒的输出经过 P 置换得到：

$$01000100 \ 00100000 \ 10011110 \ 10011111$$

由于 $f(R_0, k_1) R_1 = L_0 \oplus f(R_0, k_1) L_1 = R_0$，故第一趟迭代的结果如下：

$00000000 \ 11111111 \ 00000110 \ 10000011 \ 10111011 \ 10011000 \ 11101000 \ 11001000$

经过 16 次迭代后，可获得密文为

$01011000 \ 10101000 \ 01000001 \ 1011100001101001 \ 11111110 \ 1010111000110011$

4. 三种数据加密算法(3DES)

随着计算机处理能力的提高，只有 56 bit 密钥长度的 DES 算法目前不再安全。因此，需要采用一种安全可行的加密方法替代 DES。3DES 加密算法以 DES 为基本模块，使用 3 条 64 bit 的密钥对数据进行 3 次加密，是 DES 算法的一个更具安全性的改进算法。1999 年，NIST 将 3DES 指定为过渡的加密标准，是 DES 向 AES 过渡的加密算法。

设 $E_k()$ 和 $D_k()$ 代表 DES 算法的加密和解密过程，k 代表 DES 算法使用的密钥，P 代表明文，C 代表密表，则

（1）3DES 加密过程为 $C = E_{k_3}(D_{k_2}(E_{k_1}(p)))$。

（2）3DES 解密过程为 $P = D_{k_1}(E_{k_2}(D_{k_3}(c)))$。

3DES 的使用有 4 种模式：

（1）DES-EEEE 模式。该模式使用 3 个不同的密钥，并且顺序使用 3 次 DES 加密算法。

（2）DES-EDE3 模式。该模式使用 3 个不同的密钥，依次使用加密、解密、加密算法。

（3）DES-EEE2 模式。该模式使用 3 次 DES 加密算法，其中第 1 次和第 3 次使用的密钥相等，即 $k_1 = k_3$。

（4）DES-EDE2 模式。该模式依次使用加密、解密、加密算法，其中第 1 次和第 3 次使用的密钥相等，即 $k_1 = k_3$。

k_1、k_2、k_3 决定了算法的安全性，若 3 个密钥互不相同，则本质上就相当于用一个长为 168 bit 的密钥进行加密。多年来，它在应对强力攻击场合是比较安全的。若数据对安全性要求不那么高，则 k_1 可以等于 k_3。在这种情况下，密钥的有效长度为 112 bit。

3DES 有两点值得注意:

(1) 它的有效密钥长度为 168 bit,克服了 DES 算法中易受蛮力攻击的弱点。

(2) 3DES 的基础加密算法与 DES 相同,能够提供比其他加密算法更好的安全性。

3DES 的主要缺点是计算速度相对较慢,其循环次数是 DES 的 3 倍,计算效率不高,而且 DES 最初是为 20 世纪 70 年代的硬件实现而设计的,不能产生有效的软件代码。3DES 的另一个缺点是使用的是 64 bit 块规模,但为了更加高效和安全,算法还需要适应更大的块规模。

11.2.3　非对称加密算法

非对称加密算法又称为公开密钥加密算法,需要公钥和私钥两个密钥,如果用公钥对数据进行加密,则必须用对应的私钥才能解密;如果用私钥对数据进行加密,则必须用对应的公钥才能解密,算法的基本思路如图 11.21 所示。

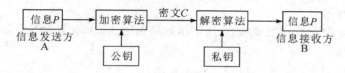

图 11.21　非对称加密算法的模型

信息发送方 A 生成一对密钥并将其中的一把作为公钥向其他方公开;得到公钥的信息接收方 B 使用该公钥对机密信息进行加密后再发送给 A;A 再用自己保存的另一把专用密钥(即私钥)对加密后的信息进行解密。另一方面,A 可以使用自己的私钥对机密信息进行加密后再发送给 B,B 再用 A 的公钥对加密后的信息进行解密。A 只能用其私钥解密由其公用密钥加密后的信息。

非对称加密算法消除了最终用户交换密钥的需要,具有非常好的保密性。对称加密算法只有一种密钥,并且是非公开的,如果要解密就得让对方知道密钥,保证加密数据的安全其实就是要保证密钥的安全。而非对称加密算法有两种密钥,其中一个是公开的,不需要像对称加密算法那样将加密密钥传输给对方,大大提高了安全性。

RSA 算法由 3 位数学家 Rivest、Shamir 和 Adleman 于 1977 年共同提出,是至今使用最为广泛的非对称加密算法,特别适合于对通过互联网传送的数据进行加密,通常用于数字签名等场合。RSA 算法使用整数模余运算的性质生成公钥和私钥,并进行加密和解密,其基本处理流程如图 11.22 所示。下面介绍 RSA 算法的基本原理和具体计算过程。

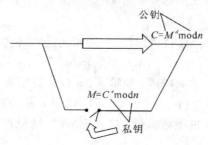

图 11.22　RSA 算法的基本处理流程

在 RSA 加密算法中，明文、密钥和密文都是数字且具有如下关系：

$$\text{明文空间 } M = \text{密文空间 } C = Z_n$$

式中，Z_n 表示 mod n 所组成的整数空间，其取值的范围为 $0 \sim n-1$。

RSA 加密与解密的基本原理如下：

- 加密过程：密文 $=$（明文）^{e} mod n。
- 解密过程：明文 $=$（密文）^{d} mod n。

下面详细介绍 RSA 算法的密钥生成、加密、解密的具体过程。

1. 密钥的生成

RSA 算法的密钥生成过程如下：

首先生成两个相互不同的大素数 p 和 q，这两个大素数是保密的，不对外公开。通过 p 和 q 两个数字相乘获得 n，即

$$n = p \times q \tag{11.8}$$

式中，数字 n 对外公开。

然后，计算 n 的欧拉函数 $\Phi(n)$，这个函数是保密的。具体做法为：随机选择一个正整数 e，满足：

$$2 \leqslant e \leqslant \Phi(n) \tag{11.9}$$

式中，$\Phi(n) = (p-1) \times (q-1)$ 且 $\gcd(e, \Phi(n)) = 1$；e 为加密密钥，需要将其公开。根据数论的相关知识，得到解密指数为

$$d = e^{-1} \bmod \varphi(n) \tag{11.10}$$

其值需要保密。

由此得到 RSA 加密算法中的公钥为

$$KU = \{e, n\} \tag{11.11}$$

私钥为

$$KR = \{d, p, q\} \tag{11.12}$$

2. 加密过程

算法要求明文 $M < n$，明文与密文空间均为 Z_N，即在 $0 \sim n-1$ 的范围内。实际处理过程对于 $M \geqslant n$ 的情况，需要对大明文进行分组，以确保每一组满足条件 $M < n$。

RSA 算法使用公钥 $KU = \{e, n\}$ 通过式（11.13）对明文进行加密：

$$C = M^e \bmod n \tag{11.13}$$

3. 解密过程

使用私钥 $KR = \{d, p, q\}$ 通过式（11.14）对密文进行解密：

$$M = C^d \bmod n \tag{11.14}$$

在 RSA 算法中，因为 $n = (p \times q)$，如果 p、q 被信息窃取者获得，即信息窃取者可以将 n 分解，则可以算出 $\Phi(n) = (p-1) \times (q-1)$。由于 e 是公开密钥，且解密密钥 d 关于 e 满足 $d \times e = \bmod \varphi(n)$，则 d 也不难求得，这样 RSA 系统便被完全攻破，信息窃取者就会很容易地获得加密的信息。

RSA 算法中的素数都是十进制整数，怎样才能选择出好的 p 和 q 是 RSA 加密算法最

关键的问题。针对素数 p 和 q 的选择，1978 年 Rivest 等人在关于 RSA 公开密钥的论文中，建议素数 p 和 q 的选择应当满足以下几点，并把满足这些条件的素数称为安全素数。

（1）p 和 q 要足够长，在长度上应相差几位，且二者之差与 p 和 q 的位数相近。

（2）$p-1$ 和 $q-1$ 的最大公约数 $\gcd(p-1, q-1)$ 要尽量小。

（3）$p-1$ 和 $q-1$ 均应至少含有一个大的素数因子。

下面结合具体实例介绍 RSA 加密算法的计算过程。例如，使用 RSA 算法为信息"GOOD"进行加密，其中已知 $p=43$，$q=59$，$e=13$，故有

$$n = p \times q = 43 \times 59 = 2537$$

且有

$$\gcd(e, (p-1)(q-1)) = \gcd(13, 42 \times 58) = 1$$

首先，将"GOOD"字母转换成相应的数字。具体做法与凯撒密码算法相同，采用 0～25 这 26 个正整数代表 A～Z 26 个大写字母。G 对应的正整数为 06，O 对应的正整数为 14，D 对应的正整数为 03，所以 GOOD 对应的数字码为 06141403。

然后将数字码按每 4 个数字一组分段为

$$0614 \qquad 1403$$

使用映射 $C = M^e \bmod n$ 得到

$$C = M^{13} \bmod 2537 \tag{11.15}$$

对于 $C = 0614^{13} \bmod 2537$ 的计算并不是一件简单的事情，一种快速计算方法如下：

在计算 $a^m \bmod n$ 时，需要更新一个三维数组 (X, M, Y)，其初始值为 $(a, m, 1)$。如果 M 是奇数，则使用 $X \times Y \bmod n$ 取代 Y，用 $M-1$ 取代 M，X 的值保持不变；如果 M 是偶数，则使用 $X \times X \bmod n$ 取代 X，用 $M/2$ 取代 M，Y 的值保持不变；如果 $M=0$，则对应于 $Y = a^m \bmod n$。例如，算式 $7^{750} \bmod 561$ 的计算过程见表 11.4。

表 11.4 计算过程

步数	0	1	2	3	4	5	6	7	8	9	10	11	12
X	7	49	157	526	103	103	511	511	256	460	103	511	511
M	560	280	140	70	35	34	17	16	8	4	2	1	0
Y	1	1	1	1	1	103	103	460	460	460	460	460	1

因此，$7^{750} \bmod 561 = 1$。

用 C 依次为每一段数字加密，得到

$$0614^{13} \bmod 2537 = 1422$$
$$1403^{13} \bmod 2537 = 1384$$

得到密文为 14221384。

当密文接收者收到上述密文时，需要对其进行解密，这里已知密文是由 $n = p \times q = 43 \times 59 = 2537$ 和指数 13 加密。解密时，使用 $d = 937$（937 是 13 模 2436 的逆）作为解密指数。于是，需要解密的数字块 C 通过计算

$$P = C^{937} \bmod 2537 \tag{11.16}$$

来解密上述信息。

同样，采用前述快速方法计算：

$$1422^{937} \bmod 2537 = 0614 \qquad (11.17)$$

$$1384^{937} \bmod 2537 = 1403 \qquad (11.18)$$

从而获得明文的数码形式为 06141403，将其转换成字母，得到明文 GOOD。

RSA 采用公钥加密，对公钥的更新很容易，各通信对象只需要保密自己的密钥即可，因此在密钥管理方面 RSA 优于 DES。但是，在处理速度方面 DES 优于 RSA。所以在实际使用中应综合运用 DES 和 RSA 这两种加密算法，取长补短，实现优势互补。

11.3 遗 传 算 法

11.3.1 遗传算法概述

1. 引入

顾名思义，遗传算法模仿了生物进化过程，利用"优胜劣汰"的原则进行繁衍，不断优化。最早是由美国 Michigan 大学 Holland 教授等人提出的。在 30 年的发展历程中，它的应用范围不断扩大，解决了众多的优化问题，显示出了很强的生命力，是被广泛应用的热门方法。

在介绍遗传算法时，先通过一个最简单的例子讲述它的求解过程。其中用到的一些方法具有普遍性，在解其他问题时可以参考。

例如，求函数

$$f(x, y, z) = \frac{xz\sqrt{y}}{(2x^3 z^2 + 3x^3 y^2 + 2y^2 z^3 + x^3 y^2 z^3)^{1/2}}$$

在域 D（$1 \leqslant x^2 + y^2 + z^2 \leqslant 4$，$x, y, z > 0$）上的极大值。

生物的遗传基因是通过它的载体——染色体交叉变换的。生物的染色体是一组编码。同样的，讨论的问题也有一组"种群"，它们的"染色体"也是一组编码——D 域上随机生成的点 (x_i, y_i, z_i)（$i = 1, 2, \cdots, n$）。其中 x_i、y_i、z_i 满足 $x^2 + y^2 + z^2 \leqslant 4$。

当然，要有一个随机数产生器。最简单的 0,1 符号串如下：

$$a_1 a_2 \cdots a_m \quad a_i = 0, 1; i = 1, 2, \cdots, m$$

此符号串通过掷银币产生，出现正面为 0，反面为 1，掷 n 次便得长度为 n 的 0,1 符号串，它也代表一随机的二进制数。计算机有随机生成 0,1 符号串的算法，稍后介绍。

种群 (x_i, y_i, z_i)（$i = 1, 2, \cdots, n$）的大小及有效数字的位数决定了"染色体"——0,1 符号串的长度，也就是"基因"的位数。以生成 (a, b) 区间上小数点后面 6 位有效数为例：

$$2^{20} = 1\ 048\ 576, \quad 2^{21} = 2\ 097\ 152$$

如取 20 位二进制数：

$$(b_{19}b_{18}\cdots b_1b_0)_2 = \sum_{i=1}^{19} b_j 2^i = \xi$$

则

$$x = a + \frac{(b-a)\xi}{1\,048\,575} = a + \frac{(b-a)\xi}{2^{20}-1}$$

表达了 $(a，b)$ 区间上的一个数。

至于 $1 \leqslant x^2+y^2+z^2 \leqslant 4$ 的 $(x，y，z)$ 可随机生成，不满足上述条件的自动放弃。例如，第一批"种群"的"染色体"有如下 30 个：

$$V_1 = (0.3903, 0.6723, 1.2507), V_2 = (0.9167, 0.2930, 0.3297)$$
$$V_3 = (0.2373, 0.1267, 1.7370), V_4 = (0.8523, 0.9683, 1.4477)$$
$$V_5 = (0.1280, 0.8337, 1.1807), V_6 = (0.3283, 0.6830, 1.8263)$$
$$V_7 = (1.1223, 0.6363, 1.2303), V_8 = (0.5020, 0.8447, 1.0840)$$
$$V_9 = (0.0490, 1.7077, 0.2813), V_{10} = (0.5643, 0.5450, 1.6913)$$
$$V_{11} = (1.1430, 0.6000, 0.3623), V_{12} = (1.6243, 1.0153, 0.5573)$$
$$V_{13} = (0.7953, 1.3563, 1.1223), V_{14} = (0.1240, 1.7903, 0.5593)$$
$$V_{15} = (1.2320, 0.0733, 0.9930), V_{16} = (1.4473, 1.3397, 0.2947)$$
$$V_{17} = (0.3960, 0.6173, 1.2623), V_{18} = (0.5420, 0.4000, 1.6593)$$
$$V_{19} = (0.1517, 1.0047, 0.5590), V_{20} = (1.2550, 1.2957, 0.6413)$$
$$V_{21} = (0.1313, 0.8217, 1.4523), V_{22} = (0.2383, 1.2930, 0.3637)$$
$$V_{23} = (1.3047, 0.4163, 0.4673), V_{24} = (1.7893, 0.5220, 0.4343)$$
$$V_{25} = (1.1910, 0.1460, 0.5890), V_{26} = (0.6023, 1.3187, 0.3897)$$
$$V_{27} = (0.9907, 0.8447, 0.9030), V_{28} = (0.7467, 1.2017, 1.0873)$$
$$V_{29} = (0.9263, 1.5153, 0.0503), V_{30} = (0.0823, 0.1867, 1.1217)$$

通过计算得出数值：

$$f(V_1) = 0.2696, f(V_2) = 0.2596, f(V_3) = 0.2922$$
$$f(V_4) = 0.3574, f(V_5) = 0.0906, f(V_6) = 0.2002$$
$$f(V_7) = 0.3850, f(V_8) = 0.3010, f(V_9) = 0.0469$$
$$f(V_{10}) = 0.3382, f(V_{11}) = 0.2322, f(V_{12}) = 0.2575$$
$$f(V_{13}) = 0.3116, f(V_{14}) = 0.0825, f(V_{15}) = 0.1715$$
$$f(V_{16}) = 0.1404, f(V_{17}) = 0.2814, f(V_{18}) = 0.3562$$
$$f(V_{19}) = 0.1304, f(V_{20}) = 0.2665, f(V_{21}) = 0.0843$$
$$f(V_{22}) = 0.1466, f(V_{23}) = 0.0843, f(V_{24}) = 0.2482$$
$$f(V_{25}) = 0.2367, f(V_{26}) = 0.1808, f(V_{27}) = 0.3570$$
$$f(V_{28}) = 0.3182, f(V_{29}) = 0.0245, f(V_{30}) = 0.1257$$

平均函数值 $\overline{f} = 0.2192$，函数的最大值 $f_{max} = 0.3850$。按 $f(V_i)$ 的值从大到小顺序排列如下：

$V'_1 = (1.1223, 0.6363, 1.2303) = (V_7)$, $V'_2 = (0.8523, 0.9683, 1.4477) = (V_4)$

$V'_3 = (0.9907, 0.8447, 0.9030) = (V_{27})$, $V'_4 = (0.5420, 0.4000, 1.6593) = (V_{18})$

$V'_5 = (0.5643, 0.5450, 1.6913) = (V_{10})$, $V'_6 = (0.7467, 1.2017, 1.0873) = (V_{28})$

$V'_7 = (0.7953, 1.3563, 1.1223) = (V_{13})$, $V'_8 = (0.5020, 0.8447, 1.0840) = (V_8)$

$V'_9 = (0.2373, 0.1267, 1.7370) = (V_3)$, $V'_{10} = (0.3960, 0.6173, 1.2623) = (V_{17})$

$V'_{11} = (1.3047, 0.4163, 0.4673) = (V_{23})$, $V'_{12} = (0.3903, 0.6723, 1.2507) = (V_1)$

$V'_{13} = (1.2550, 1.2957, 0.6413) = (V_{20})$, $V'_{14} = (0.9167, 0.2930, 0.3297) = (V_2)$

$V'_{15} = (1.6243, 1.0153, 0.5573) = (V_{12})$, $V'_{16} = (1.7893, 0.5220, 0.4343) = (V_{24})$

$V'_{17} = (1.1910, 0.1460, 0.5890) = (V_{25})$, $V'_{18} = (1.1430, 0, 6000, 0.3623) = (V_{11})$

$V'_{19} = (0.3283, 0.6830, 1.8263) = (V_6)$, $V'_{20} = (0.6023, 1.3187, 0.3897) = (V_{26})$

$V'_{21} = (1.2320, 0.0733, 0.9930) = (V_{15})$, $V'_{22} = (1.4473, 1, 3397, 0.2947) = (V_{16})$

$V'_{23} = (0.2383, 1.2930, 0.3637) = (V_{22})$, $V'_{24} = (0.1517, 1.0047, 0.5590) = (V_{19})$

$V'_{25} = (0.0823, 0.1867, 1.1217) = (V_{30})$, $V'_{27} = (0.1313, 0.8217, 1.4523) = (V_{21})$

$V'_{26} = (0.1280, 0.8337, 1.1807) = (V_5)$, $V'_{28} = (0.1240, 1.7903, 0.5593) = (V_{14})$

$V'_{29} = (0.0490, 1.7077, 0.2813) = (V_9)$, $V'_{30} = (0.9263, 1.5153, 0.0503) = (V_{29})$

2. 适应度的评价

前面已对"种群"的"染色体"的优劣进行了排序。遗传算法的目的在于让好的"染色体"在繁衍下一代时占得的优势多一些，差一些的"染色体"处于劣势。评价函数为此目的而设，现举例以供参考。

（1）最容易想到的适应度评价函数如下：

$$F(V_i) = \frac{f_i}{\sum_{j=1}^{N} f_i} \quad i = 1, 2, \cdots, N$$

显然，$\sum_{j=1}^{N} F(V_i) = 1$，$N$ 是"种群"的规模，本例 $N = 30$。

（2）$F(V_1) = \alpha$，$F(V_2) = \alpha(1-\alpha)$，$\cdots$，$F(V_N) = \alpha(1-\alpha)^{N-1}$，所以 $F(V_1) = \alpha$，$F(V_2) = \alpha(1-\alpha)$，$\cdots$，$F(V_N) = \alpha(1-\alpha)^{N-1}$。若本例取 $\alpha = 0.05$，则有

$$F(V'_1) = 0.0500$$
$$F(V'_2) = 0.05 \times 0.95 = 0.0475$$
$$F(V'_3) = 0.0475 \times 0.95 = 0.0454$$
$$F(V'_4) = 0.0454 \times 0.95 = 0.0421$$
$$\vdots$$
$$F(V'_{30}) = 0.05 \times 0.95^{29} = 0.0113$$
$$\sum_{i=1}^{30} F(V'_i) = 0.05(1 + 0.95 + 0.95^2 + \cdots + 0.95^{29})$$
$$= 0.05 \frac{1 - 0.95^{30}}{0.95} = 0.7854$$

相当于在 $[0, 0.7854]$ 区间取分点（见图 11.23）：

$$q_1 = 0.0500, \quad q_2 = 0.0500 + 0.0475 = 0.0975$$
$$q_3 = 0.0975 + 0.0454 = 0.1426$$
$$q_4 = 0.1855, \quad q_5 = 0.2262, \quad q_6 = 0.2649$$
$$q_7 = 0.3017, \quad q_8 = 0.3366, \quad q_9 = 0.3698$$
$$q_{10} = 0.4013, \quad q_{11} = 0.4312, \quad q_{12} = 0.4596$$
$$q_{13} = 0.4867, \quad q_{14} = 0.5123, \quad q_{15} = 0.5367$$
$$q_{16} = 0.5599, \quad q_{17} = 0.5819, \quad q_{18} = 0.6028$$
$$q_{19} = 0.6226, \quad q_{20} = 0.6415, \quad q_{21} = 0.6594$$
$$q_{22} = 0.6765, \quad q_{23} = 0.6926, \quad q_{24} = 0.7080$$
$$q_{25} = 0.7226, \quad q_{26} = 0.7365, \quad q_{27} = 0.7497$$
$$q_{28} = 0.7622, \quad q_{29} = 0.7741, \quad q_{30} = 0.7854$$

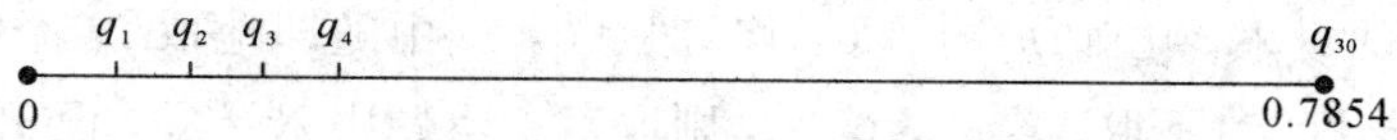

图 11.23　$[0, 0.7854]$ 区间的分点

不难看出，从左向右 q_i 到 q_{i+1} 点的间隔下降。若令 (q_i, q_{i+1}) 区间对应于 V_i' 的领域，则随着 $F(V_i')$ 的大小成比例变化，对应的领域有区别。

3. 选择

可以设想一赌盘，周长是 0.7854，圆周有 $q_1, q_2, \cdots, q_{30}$，如图 11.24 所示。让指针旋转，随机地停在一个地方，假设指针所指处属于 (q_i, q_{i+1}) 范围内，则取 V_i' 作为下一代的新种群。显然，(q_i, q_{i+1}) 的区间越长，被选上的机会越大。

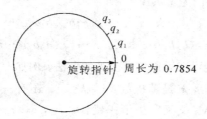

图 11.24　赌盘

计算机模拟赌盘，相当于在 $[0, 0.7854]$ 区间随机地产生 30 个数。比如，第 1 个随机数为 0.0425（$0 < 0.0425 < 0.05$），则 V_1' 被选上；第 2 个随机数为 0.1263，$0.0975 < 0.1263 < 0.1426$；依此类推。

新的种群如下：

$$V_1'' = (1.1223, 0.6363, 1.2303) = V_1', \quad V_2'' = (0.9907, 0.8447, 0.9030) = V_3'$$
$$V_3'' = (0.7467, 1.2017, 1.0873) = V_6', \quad V_4'' = (1.1223, 0.6363, 1.2303) = V_1'$$
$$V_5'' = (0.9167, 0.2930, 0.3297) = V_{14}', \quad V_6'' = (0.5420, 0.4000, 1.6593) = V_4'$$
$$V_7'' = (0.9167, 0.2930, 0.3297) = V_{14}', \quad V_8'' = (0.8523, 0.9683, 1.4477) = V_2'$$

$$V_9'' = (1.3047, 0.4163, 0.4673) = V_{11}', \quad V_{10}'' = (0.9263, 1.5153, 0.0503) = V_{30}'$$

$$V_{11}'' = (0.0823, 0.1867, 1.1217) = V_{25}', \quad V_{12}'' = (0.5020, 0.8447, 1.0840) = V_8'$$

$$V_{13}'' = (0.9263, 1.5153, 0.0503) = V_{30}', \quad V_{14}'' = (0.9263, 1.5153, 0.0503) = V_{30}'$$

$$V_{15}'' = (0.3960, 0.6173, 1.2623) = V_{10}', \quad V_{16}'' = (1.7893, 0.5220, 0.4343) = V_{16}'$$

$$V_{17}'' = (0.8523, 0.9683, 1.4477) = V_2', \quad V_{18}'' = (0.9263, 1.5153, 0.0503) = V_{30}'$$

$$V_{19}'' = (0.6023, 1.3187, 0.3897) = V_{20}', \quad V_{20}'' = (0.1313, 0.8217, 1.4523) = V_{27}'$$

$$V_{21}'' = (0.9263, 1.5153, 0.0503) = V_{30}', \quad V_{22}'' = (1.3047, 0.4163, 0.4673) = V_{11}'$$

$$V_{23}'' = (1.1223, 0.6363, 1.2303) = V_1', \quad V_{24}'' = (0.8523, 0.9683, 1.4477) = V_{15}'$$

$$V_{25}'' = (1.1910, 0.1460, 0.5890) = V_{17}', \quad V_{26}'' = (0.9907, 0.8447, 0.9030) = V_3'$$

$$V_{27}'' = (0.1517, 1.0047, 0.5590) = V_{24}', \quad V_{28}'' = (1.1223, 0.6363, 1.2303) = V_1'$$

$$V_{29}'' = (0.0490, 1.7077, 0.2813) = V_{29}', \quad V_{30}'' = (1.6243, 1.0153, 0.5573) = V_{15}'$$

4. 杂交

确定一杂交的概率，比如 $p = 0.20$，修订从 $[0, 1]$ 中随即地取 N 个数：α_1, α_2, $\cdots$, α_N. 若 $\alpha_i > 0.20$，则 V_i'' 不取；若 $\alpha_i \leqslant 0.20$，则取 V_i''。本题中 $N = 30$，设 α_1, α_2, $\cdots$, α_{30} 中 α_2, α_3, α_4, α_6, α_{12}, α_{13}, α_{15}, α_{16}, α_{19}, α_{28} 小于 0.20，则共 10 个 V_i''（V_2'', V_3'', V_4'', V_6'', V_{12}'', V_{13}'', V_{15}'', V_{16}'', V_{19}'', V_{28}''）参与杂交。若是奇数个 V_i''，则随机地取消其中一个。现将上面 10 个 V_i'' 随机地分成 5 组：

$$(V_{16}'', V_{19}''), \ (V_3'', V_6''), \ (V_{15}'', V_2''), \ (V_4'', V_{12}''), \ (V_{13}'', V_{28}'')$$

参与杂交的操作，设随机产生 (i, j) $(i < j)$ 作为参加杂交的一对。令

$$V_1 = (a_1 a_2 \cdots a_{i-1} a_i \cdots a_{j-1} a_j \cdots a_n)$$

$$V_2 = (b_1 b_2 \cdots b_{i-1} b_i \cdots b_{j-1} b_j \cdots b_n)$$

由 V_1 和 V_2 杂交产生的后代设为 V_1'、V_2'，则有

$$V_1' = (a_1 a_2 \cdots a_{i-1} b_i b_{i+1} \cdots b_{j-1} b_j a_{j+1} \cdots a_n)$$

$$V_2' = (b_1 b_2 \cdots b_{i-1} a_i a_{i+1} \cdots a_{j-1} a_j b_{j+1} \cdots b_n)$$

取代原来的 V_1 和 V_2。当然也可以采取单点交叉的方法，例如 $V_1' = (a_1 a_2 \cdots a_k b_{k+1} b_{k+2} \cdots b_n)$，$V_2' = (b_1 b_2 \cdots b_k a_{k+1} a_{k+2} \cdots a_n)$，$k$ 是随机数，$1 \leqslant k < n$。还有一种交叉的方式，随机地产生一个 α $(0 < \alpha < 1)$，则 V_1 和 V_2 交叉产生下一代：

$$V_1''' = \alpha V_1'' + (1 - \alpha) V_2''$$

$$V_2''' = (1 - \alpha) V_1'' + \alpha V_2''$$

后面一种交叉操作对于可行域是凸域时不发生不在域内的后代。两个后代都可行当然是理想，如果不是两个后代都可行，则留下其中一个可行的（如果有的话），令其产生随机数 α'，直到产生一堆属于可行解的后代为止。

不参加交叉的种群保持不动。交叉操作后得到如下的一个种群：

$$V_1''' = (1.1223, 0.6363, 1.2303), \quad V_2''' = (0.5631, 0.6812, 1.1614)$$

$$V_3''' = (0.6068, 0.6540, 1.4781), \quad V_4''' = (1.0155, 0.6722, 1.2051)$$

$$V_5''' = (0.9167, 0.2930, 0.3297), \quad V_6''' = (0.3283, 0.6830, 1.8263)$$

$$V'''_7=(0.9167，0.2930，0.3297)，V'''_8=(0.8523，0.9683，1.4477)$$
$$V'''_9=(1.3047，0.4163，0.4673)，V'''_{10}=(0.9263，1.5153，0.0503)$$
$$V'''_{11}=(0.0823，0.1867，1.1217)，V'''_{12}=(0.6088，0.8088，1.1092)$$
$$V'''_{13}=(0.9810，1.2702，0.3794)，V'''_{14}=(0.9263，1.5153，0.0503)$$
$$V'''_{15}=(0.8236，0.7808，1.0040)，V'''_{16}=(1.6400，0.6222，0.4287)$$
$$V'''_{17}=(0.8523，0.9683，1.4477)，V'''_{18}=(0.9263，1.5153，0.0503)$$
$$V'''_{19}=(0.7517，1.2184，0.3953)，V'''_{20}=(0.1313，0.8217，1.4523)$$
$$V'''_{21}=(0.9263，1.5153，0.0503)，V'''_{22}=(1.3047，0.4163，0.4673)$$
$$V'''_{23}=(1.1223，0.6363，1.2303)，V'''_{24}=(1.6243，1.0153，0.5573)$$
$$V'''_{25}=(1.1910，0.1460，0.5890)，V'''_{26}=(0.9907，0.8447，0.9030)$$
$$V'''_{27}=(0.1517，1.0047，0.5590)，V'''_{28}=(1.0667，0.8814，0.9013)$$
$$V'''_{29}=(0.0490，1.7077，0.2813)，V'''_{30}=(1.6243，1.0153，0.5573)$$

5. 变异

变异是遗传算法模拟染色体基因突变的一种操作。和交叉一样，变异使遗传算法具有很强的鲁棒性，即不至于陷入局部优化的困境而不能自拔。

先介绍什么是基因突变。设已知染色体 $V=11010011101101011100$，长度为 20，若在 [1，20] 区间产生一随机数 k，比如 $k=30$，V 的第 13 个基因为 0。将 0 改为 1 得
$$V'=11010011101111011100$$
V' 便是由 V 的第 13 位变异引起的。

又如本例中"染色体"用浮点表达，每一位有它的最大值和最小值。例如：
$$V=(a_1a_2\cdots a_i\cdots a_n)$$
其中，每一位（设为 a_i）的最高值 $\max_i$ 及最小值 $\min_i$ 在 $(\min_i，\max_i)$ 区间产生一随机数 h，可得 V 的变异：
$$V'=(a_1a_2\cdots h\cdots a_n)$$
$$\uparrow$$
$$第\ i\ 位$$

下面介绍一种比较常用的变异操作：
$$x=V+md$$
其中，m 是事先给定的足够大的数，d 是随机产生的变异方向的方向数。当 x 满足不了是可行解时，便在 $(0，M)$ 区间随机产生一数 m' 取代 m，直到 x' 在可行解域为止。

类似于交叉概率 P_c，变异也有确定的概率 P_m，随机产生 N 个 $(0，1)$ 区间上的数 β_1，β_2，$\cdots$，β_n。其中，若 $\beta_i<P_m$，则取 V'''_i 参加变异；若 $\beta_i>P_m$，则 V'''_j 不动。比如 $P_m=0.50$，选得
$$V'''_1，V'''_3，V'''_4，V'''_7，V'''_9，V'''_{10}，V'''_{13}，V'''_{14}，V'''_{15}，V'''_{16}，V'''_{17}，V'''_{18}，V'''_{19}，V'''_{20}，V'''_{21}，V'''_{22}，V'''_{23}$$
由此产生新一代的种群：

$V'''_1 = (1.1488, 0.4470, 1.2333), V'''_2 = (0.5631, 0.6812, 1.1614)$

$V'''_3 = (0.1701, 0.6540, 1.4550), V'''_4 = (0.9978, 0.6722, 1.2077)$

$V'''_5 = (0.9167, 0.2930, 0.3297), V'''_6 = (0.6818, 0.9477, 1.2685)$

$V'''_7 = (0.9811, 0.2930, 0.1346), V'''_8 = (0.8523, 0.9683, 1.4477)$

$V'''_9 = (1.3047, 0.4163, 0.4285), V'''_{10} = (0.8192, 1.5153, 0.0503)$

$V'''_{11} = (0.0823, 0.1867, 1.1217), V'''_{12} = (0.6088, 0.8088, 1.1092)$

$V'''_{13} = (0.9810, 1.2702, 0.6591), V'''_{14} = (0.1878, 1.5153, 0.0503)$

$V'''_{15} = (0.8236, 0.7808, 0.7472), V'''_{16} = (1.7911, 0.6222, 0.3176)$

$V'''_{17} = (0.6160, 0.9683, 1.4477), V'''_{18} = (1.0359, 1.5153, 0.0503)$

$V'''_{19} = (0.7517, 1.2268, 0.3953), V'''_{20} = (0.1313, 0.8217, 1.4523)$

$V'''_{21} = (0.9263, 1.7268, 0.3645), V'''_{22} = (1.2524, 0.4163, 0.4673)$

$V'''_{23} = (1.1223, 0.6363, 1.2303), V'''_{24} = (1.6243, 0.8745, 0.5573)$

$V'''_{25} = (1.1910, 0.1460, 0.5890), V'''_{26} = (0.9907, 0.8447, 0.9030)$

$V'''_{27} = (0.1517, 1.0047, 0.5590), V'''_{28} = (1.0667, 0.8814, 0.9013)$

$V'''_{29} = (0.0490, 1.7077, 0.2813), V'''_{30} = (1.6243, 1.0153, 0.5573)$

而且

$$f(V_1) = 0.3654, \ f(V_2) = 0.3410$$

$$f(V_3) = 0.1217, \ f(V_4) = 0.3837$$

$$f(V_5) = 0.2612, \ f(V_6) = 0.3297$$

$$f(V_7) = 0.1345, \ f(V_8) = 0.3491$$

$$f(V_9) = 0.2720, \ f(V_{10}) = 0.0224$$

$$f(V_{11}) = 0.1257, \ f(V_{12}) = 0.3358$$

$$f(V_{13}) = 0.2787, \ f(V_{14}) = 0.0245$$

$$f(V_{15}) = 0.3429, \ f(V_{16}) = 0.2010$$

$$f(V_{17}) = 0.3028, \ f(V_{18}) = 0.0245$$

$$f(V_{19}) = 0.1929, \ f(V_{20}) = 0.0843$$

$$f(V_{21}) = 0.1539, \ f(V_{22}) = 0.2860$$

$$f(V_{23}) = 0.3804, \ f(V_{24}) = 0.2740$$

$$f(V_{25}) = 0.2369, \ f(V_{26}) = 0.3589$$

$$f(V_{27}) = 0.1304, \ f(V_{28}) = 0.3553$$

$$f(V_{29}) = 0.0480, \ f(V_{30}) = 0.0985$$

$$\overline{f} = 0.2460$$

$$f_{max} = 0.3837$$

新一代的种群平均值有所提高。

6. 收敛性判别

给出目标函数的精度要求 ε，如若前后两代的目标函数的平均值误差小于 ε，便认为进

化过程基本稳定，进化收敛，否则仍需继续群体的繁殖过程，最后一代最优个体作为问题的最优解。本例的最优解是

$$X_1^* = 0.8597,\ X_2^* = 0.5273,\ X_3^* = 1.3245$$
$$f^*(0.8597,\ 0.5273,\ 1.3245) = 0.3916$$

11.3.2　遗传算法

前面的一个最简单的例子基本上已将遗传算法的思想阐述清楚了。它的特点在于不需要高深的数学作背景，容易掌握。一般来说，遗传算法就是经过如下过程：

（1）随机地产生一定数目的初始种解及其"染色体"。

（2）用评价函数来对各个"染色体"个体的优劣作数量评价。

（3）选择，目的是从目前的种群中选出优良的"染色体"，作为繁衍后代的新一代。

（4）交叉与变异操作，变异操作在于拓宽搜索区间，交叉操作是遗传算法的"遗传"功能所在。到此才完成一代的更替。一代又一代的更替将最好的染色体作为最优化问题的最优解。

遗传算法大致如此，它的应用范围越来越广，从简单的函数极值到最优控制、时间表安排、生产调度、运输问题等乃至于 NPH 类优化问题，应该说它的每一个应用都是一种创造。不同问题的"染色体"编码不一样。

11.3.3　TSP 问题

1. 编码

已知 n 个顶点 v_1，v_2，$\cdots$，v_n 及距离矩阵

$$\boldsymbol{D} = (d_{ij})_{n \times n}$$

其中，$d_{ij} = v_i$ 到 v_j 的边长度。要求从其中一点出发，遍历各顶点一次且仅一次，最后返回原出发地，使总路程最短。

首先要解决什么是染色体和它的编码问题。以 $n = 10$ 为例，v_1，v_2，$\cdots$，v_{10} 分别用 1，2，$\cdots$，10 表示。如果回路为

$$1-4-3-2-5-8-6-7-10-9$$

当然最容易想到的是(1，4，3，2，5，8，6，7，10，9)就作为染色体编码。

1985 年，Grefenstette 等提出了一种表示"染色体"的方法。假定一序列 S：

$$1,\quad 2,\quad 3,\quad 4,\quad 5,\quad 6,\quad 7,\quad 8,\quad 9,\quad 10$$

第一个回路顶点为1，在 S 中的编号为1，即 $a_1 = 1$，从 S 中除去 1，得

$$2,\quad 3,\quad 4,\quad 5,\quad 6,\quad 7,\quad 8,\quad 9,\quad 10$$

回路的第 2 点为 4，在上面序列中的序号为 3，故 $a_2 = 2$，再将上面序列中除去 4，得

$$2,\quad 3,\quad 5,\quad 6,\quad 7,\quad 8,\quad 9,\quad 10$$

第 3 点为 3，在上面序列的序号为 2，故 $a_3 = 2$，故得 $a_1 a_2 a_3 a_4 a_5 a_6 a_7 a_8 a_9 a_{10}$ 为

$$1\ 3\ 2\ 1\ 1\ 3\ 1\ 1\ 2\ 1$$

2. 初始"种群"的生成

上面讲的 Grefenstette 编码法实际上已给出了一种随机生成回路的办法。下面再讲一些可供参考的方案。例如：

$$n!=(n-1+1)(n-1)!=(n-1)(n-1)!+(n-1)!$$
$$(n-1)!=(n-2)(n-2)!+(n-3)!$$

所以

$$n!=(n-1)(n-1)!+(n-2)(n-2)!+(n-3)!$$
$$=(n-1)(n-1)!+(n-2)(n-2)!+(n-3)(n-3)!+$$
$$\cdots+2\times2!+1\times1!+1!$$

所以

$$n!-1=\sum_{k=1}^{n-1}k\times k!$$

设产生一随机数 m，$0\leqslant m\leqslant n!-1$，$m$ 可表示为

$$m=a_{n-1}(n-1)!+a_{n-2}(n-2)!+\cdots+a_2\times2!+a_1\times1!\qquad 0\leqslant a_i\leqslant i, i=1,2,\cdots,n-1$$

$$m_1=\left\lfloor\frac{m}{2}\right\rfloor=a_{n-1}\frac{(n-1)!}{2}+a_{n-2}\frac{(n-2)!}{2}+\cdots+a_3\times\frac{3!}{2}+a_2\qquad a_1=r_1(余数)$$

$$m_2=\left\lfloor\frac{m_1}{3}\right\rfloor=a_{n-1}\frac{(n-1)!}{3!}+a_{n-2}\frac{(n-2)!}{3!}+\cdots+a_3\qquad a_2=r_2$$

$$\vdots$$

$$m_{n-2}=\left\lfloor\frac{m_{n-3}}{m-1}\right\rfloor\qquad a_{n-1}=r_{n-1}$$

即 m 对应于 $(a_{n-1}a_{n-2}\cdots a_2a_1)$，其中 a_i 为不超过 i 的整数。

以 $n=4$ 为例，$4!=24$。若 $m=17$，则

$$17=a_3\times3!+a_2\times2!+a_1$$
$$\left\lfloor\frac{17}{2}\right\rfloor=8=a_3\frac{3!}{2}+a_2\qquad a_1=1$$
$$\left\lfloor\frac{8}{3}\right\rfloor=2=a_3\qquad a_2=2$$

故 17 对应于 $(2\ 2\ 1)=(a_3a_2a_1)$。

令 a_i 表示 1，2，3，4 的排列中 $i+1$ 这个数右边比它小的数的个数。$a_3=2$，故有

$a_2=2$，故有

	3	4		

$a_1=1$，故有对应排列 3421。

	3	4	2	1

又如，$n=5$，$m=81$，则有

$$81=a_4\times4!+a_3\times3!+a_2\times2!+a_1$$

$$\left\lfloor \frac{81}{2} \right\rfloor = 40 = a_4 \times \frac{4!}{2} + a_3 \times \frac{3!}{2} + a_2 \quad a_1 = 1$$

$$\left\lfloor \frac{40}{3} \right\rfloor = 13 = a_4 \times \frac{4!}{3!} + a_3 \quad a_2 = 1$$

$$\left\lfloor \frac{13}{4} \right\rfloor = 3 = a_4 \quad a_3 = 1$$

故 81 对应于(4 1 1 1)，即 81 对应于排列

5	2	3	4	1

故从区间(0，$n! - 1$)随机生成 N 个数：

$$n_1, n_2, \cdots, n_N$$

对应于 N 个排列，每个排列对应于一条回路。

3. 杂交

1) 单点杂交

例如：

$$V_1 = (131534 \mid 4321)$$
$$V_2 = (221115 \mid 3311)$$

$$6$$

V_1 对应于排列

$$1 \quad 4 \quad 2 \quad 8 \quad 6 \quad 9 \quad 10 \quad 7 \quad 5 \quad 3$$

V_2 对应于排列

$$2 \quad 3 \quad 1 \quad 4 \quad 5 \quad 10 \quad 8 \quad 9 \quad 6 \quad 7$$

单点杂交，随机在(1，10)间取一数 6，则 V_1 和 V_2 杂交得

$$V_1' = (1\ 3\ 1\ 5\ 3\ 4\ 3\ 3\ 1\ 1)$$
$$V_2' = (2\ 2\ 1\ 1\ 1\ 5\ 4\ 3\ 2\ 1)$$

V_1' 对应于排列　1　4　2　8　6　9　7　10　3　5，V_2' 对应于排列　2　3　1　4　5　10　9　8　7　6。

2) 部分映射杂交

部分映射杂交简称为 PMX 杂交法。PMX 是 Partially Matched Crossover 的简写。这种杂交是由 Goldberg 于 1985 年提出的，它是针对利用排列表示回路路径的表示法而提出的。

例如：

$$V_1 = (1\ 4^*\ 2\ M8\ 6\ 9\ M10\ 7\ 5\ 3)$$
$$V_2 = (2\ 3\ 1\ M4^*\ 5\ 10\ M8\ 9\ 6\ 7)$$

随机地将(1，10)区间生成的个数设为 3 和 6。PMX 的操作如下：

令

$$V_1 = (a_1\ a_2\ a_3\ Ma_4\ a_5\ a_6\ Ma_7\ a_8\ a_9\ a_{10})$$
$$V_2 = (b_1\ b_2\ b_3\ Mb_4\ b_5\ b_6\ Mb_7\ b_8\ b_9\ b_{10})$$

对 $j=4,5,6$，有

【若 $a_i=b_i$，则 $a_i \leftarrow a_j$；若 $b_h=a_j$，则 $b_h \leftarrow b_j$，$a_j \leftrightarrow b_j$】

$j=4$ 时，有 $a_2=b_4=4$，$a_4=b_7=8$，故在 a_4 和 b_4 交换的同时，a_2 改为 8，b_1 改为 4。

$$(1 \ 4^* \ 2 \ M8^* \ 6 \ 9 \ M10 \ 7 \ 5 \ 3)$$

$$(2 \ 3 \ 1 \ M4^* \ 5 \ 10 \ M8^* \ 9 \ 6 \ 7)$$

$$\xrightarrow[\Rightarrow]{4 \leftrightarrow 8} (1 \ 8 \ 2 \ M4 \ 6 \ 9 \ M10 \ 7 \ 5^* \ 3)$$

$$(2 \ 3 \ 1 \ M8 \ 5^* \ 10 \ M4 \ 9 \ 6 \ 7)$$

$$\xrightarrow[\Rightarrow]{5 \leftrightarrow 6} (1 \ 8 \ 2 \ M4 \ 6 \ 9 \ M10^* \ 7 \ 6 \ 3)$$

$$(2 \ 3 \ 1 \ M8 \ 6 \ 10^* \ M4 \ 9 \ 6 \ 7)$$

$$\xrightarrow[\Rightarrow]{10 \leftrightarrow 9} (1 \ 8 \ 2 \ M4 \ 5 \ 10 \ M9 \ 7 \ 6 \ 3)$$

$$(2 \ 3 \ 1 \ M8 \ 6 \ 9 \ M4 \ 9 \ 6 \ 7)$$

PMX 算法：

一般设"染色体" $V_1=(a_1 a_2 \cdots a_i \cdots a_j \cdots a_n)$，$V_2=(b_1 b_2 \cdots b_i \cdots b_j \cdots b_n)$。

(1) 在 $[1,n]$ 区间取两个随机数 i 和 $j(i<j)$，$[a_{i+1} a_{i+2} \cdots a_j]$ 和 $[b_{i+1} b_{i+2} \cdots b_j]$ 作为 V_1 和 V_2 交叉的区域。

(2) k 从 $i+1, i+2, \cdots j$ 有：

【若 $\exists h$ 满足 $(1 \leqslant h \leqslant i) \vee (j \leqslant h \leqslant n)$，

① 若 $a_h=b_p$，则有

$$a_h \leftarrow a_p$$

② 若 $\exists k$ 满足 $(1 \leqslant k \leqslant i) \vee (j \leqslant k \leqslant n)$，使 $b_k=a_p$，做 $b_h \leftarrow b_p$，则有

$$a_p \leftrightarrow b_p$$

】

3）顺序交叉

下面还是以上面的例子来说明顺序交叉的方法。

假定在 $(1,10)$ 区间产生两个随机数 3，6，令

$$V_1' = (\times \times \times \ 8 \ 6 \ 9 \ \times \times \times \times)$$

$$V_2' = (\times \times \times \ 4 \ 5 \ 10 \ \times \times \times \times)$$

即基因第 4 位到第 6 位保持不动。$\times$ 表示未定位。V_1 从第 2 交叉点第 7 位开始的路径是

$$10-7-5-3-1-4-2-8-6-9$$

V_2 已有 4，5，10，上面的路径去掉 4，5，10，得

$$7-3-1-2-8-6-9$$

将它接到 V_2' 的第 2 交叉点，即第 7 位开始的后面得 V_2''：

$$8-6-9-4-5-10-7-3-1-2$$

同理可得 V_1''：

$$4-5-10-8-6-9-7-2-3-1$$

顺序交叉中,第 4 位到第 6 位接受 V_1 的遗传,其余位接受 V_2 的部分基因。

顺序交叉算法如下:

(1) 在 $[1,n]$ 区间上生成两个随机数,设为 i 和 $j(i<j)$,$[a_{i+1}a_{i+2}\cdots a_j]$ 和 $[b_{i+1}b_{i+2}\cdots b_j]$ 作为交叉区间。

(2) 从序列

$$a_{j+1}a_{j+2}\cdots a_n a_1 a_2 \cdots a_i a_{i+1} \cdots a_j$$

中清除出现在 $[b_{i+1}b_{i+2}\cdots b_j]$ 区间的基因,得序列

$$C = c_1 c_2 \cdots c_{n-(j-i)}$$

将序列 C 和 $[b_{i+1}b_{i+2}\cdots b_j]$ 连接,得到

$$V_1' = c_{n-j+1} c_{n-j+2} \cdots c_{n-(j-i)} b_{i+1} b_{i+2} \cdots b_j c_1 c_2 \cdots c_{n-j}$$

(3) 从序列

$$b_{j+1}b_{j+2}\cdots b_n b_1 b_2 \cdots b_i b_{i+1} \cdots b_j$$

中清除出现在 $[a_{i+1}a_{i+2}\cdots a_j]$ 区间的基因,得序列

$$D = d_1 d_2 \cdots d_{n-(j-i)}$$

将序列 D 和 $[a_{i+1}a_{i+2}\cdots a_j]$ 连接,得

$$V_2' = d_{nj+1} d_{nj+2} \cdots d_{n-(j-i)} a_{i+1} a_{i+2} \cdots a_j d_1 d_2 \cdots d_{(n+j)}$$

例如:

$$V_1 = (1\ 4\ \text{M}2\ 8\ 6\ \text{M}9\ 10\ 7\ 5\ 3)$$
$$V_2 = (2\ 3\ \text{M}1\ 4\ 5\ \text{M}10\ 8\ 9\ 6\ 7)$$

从 V_1 的 9,10,7,5,3,1,4,2,8,6 中清除 1,4,5 得

$$9\ 10\ 7\ 3\ 2\ 8\ 6$$

接到 V_2 的 1,4,5 后面得

$$8\ 9\ 1\ 4\ 5\ 9\ 10\ 7\ 3\ 2\ 8\ 6$$

同理从 V_2 的 10,8,9,6,7,2,3,1,4,5 中清除 2,8,9 得

$$10\ 6\ 7\ 3\ 1\ 4\ 5$$

接到 V_1 的 2,8,6 后面得

$$4\ 5\ 2\ 8\ 6\ 10\ 6\ 7\ 3\ 1\ 4\ 5$$

4) 边重组交叉

前面几种交叉算法仅考虑排列位置,未考虑到点与点间的连接关系,而遗传信息多是通过点与点的关系来传递的。

下面介绍边重组交叉,还是先通过例子叙述方法。设已知 $V_1 = (1\ 4\ 2\ 8\ 6\ 9\ 10\ 7\ 5\ 3)$,$V_2 = (2\ 3\ 1\ 4\ 5\ 10\ 8\ 9\ 6\ 7)$,与 k 点邻近的点用 A_k 表示,则有

$$A_1 = \{3,4\}, \qquad A_2 = \{4,8,3,7\}, \qquad A_3 = \{1,2,4\}$$
$$A_4 = \{1,2,5\}, \qquad A_5 = \{3,4,7,10\}, \qquad A_6 = \{7,8,9\}$$
$$A_7 = \{2,5,6,10\}, \quad A_8 = \{2,6,9,10\}, \qquad A_9 = \{6,8,10\}$$
$$A_{10} = \{5,7,8,9\}$$

$$V_1' = (1\ \times\ \times\ \times\ \times\ \times\ \times\ \times\ \times\ \times) \qquad \text{从 } A_1 \text{ 中随机取 } 4$$
$$\rightarrow (1\ 4\ \times\ \times\ \times\ \times\ \times\ \times\ \times\ \times), \qquad \text{从 } A_4 \text{ 中随机取 } 5$$
$$\rightarrow (1\ 4\ 5\ \times\ \times\ \times\ \times\ \times\ \times\ \times), \qquad \text{从 } A_5 \text{ 中随机取 } 3$$

$\rightarrow$（1 4 5 3 × × × × × ×），　　　从 A_3 中随机取 2

$\rightarrow$（1 4 5 3 2 × × × × ×），　　从 A_2 中随机取 8

$\rightarrow$（1 4 5 3 2 8 × × × ×），　　从 A_8 中随机取 6

$\rightarrow$（1 4 5 3 2 8 6 × × ×），　　从 A_6 中随机取 7

$\rightarrow$（1 4 5 3 2 8 6 7 × ×），　　从 A_7 中随机取 10

$\rightarrow$（1 4 5 3 2 8 6 7 10 ×）　　从 A_{10} 中随机取 9

$\rightarrow$（1 4 5 3 2 8 6 7 10 9）

边重组算法如下：

(1) 从 V_1、V_2 构造 $A_i(i=1,2,\cdots,n)$，$k \leftarrow 1$，$c_1 \leftarrow a_1$。

(2) 从 A_i 中删除 c_k，从 A_{c_k} 中随机产生元素 α，$k \leftarrow k+1$，$c_k \leftarrow \alpha$。

(3) 若 $k \leqslant n$，则转 S(2)，否则输出 $V'_k = (c_1 c_2 \cdots c_n)$ 并结束。

类似方法构造 V'_2。

4. 变异算子

1）采用 Grefenstette 编码

设 $V=(a_1 a_2 \cdots a_n)$，随机地从 $[1,n]$ 区间产生一数 i，从 $[1,n-i+1]$ 区间随机地产生一 a_i^*，即

$$V' = (a_1 a_2 \cdots a_i^* \ a_{i+1} \cdots a_n)$$

$$\uparrow$$

第 i 位

2）采用路径表示法

设 $V=(a_1 a_2 \cdots a_n)$，在 $(1,n)$ 区间随机产生两个数 i、j，设 $i<j$。令

$$V^* = (a_1 a_2 \cdots a_i a_j a_{j-1} \cdots a_{i+1} a_{j+1} \cdots a_n)$$

它便是 V 的一种变异。

3）交换变异

从 $[1,n]$ 区间上随机产生 i、j，设 $i<j$。令

$$a_i \leftrightarrow a_j$$

$$V' = (a_1 a_2 \cdots a_{i-1} a_j a_{i+1} \cdots a_{j-1} a_i \cdots a_n)$$

4）插入变异

与交换编译不同的是 $V'=(a_1 a_2 \cdots a_i a_j a_{i+1} \cdots a_{j-1} a_{j+1} \cdots a_n)$。遗传算法的应用范围还在不断扩大，每一个新应用的提出都是一种创造。深入的讨论已超出本书的范围，此处不再叙述。

5. 模式定理

遗传算法的执行过程有许许多多的随机操作，它的数学基础研究还没有完成得很彻底，现引进"模式"的概念，并讨论在杂交突变过程中对模式的影响。

种群中个体的基因串中的相似样板称为模式。例如，{010010，011110，110111，011111}，在这些 01 符号串中 * | * * | * 是它们共同的模式，其中 * 可取 0 也可取 1。

不失一般性，以二进制编码为例，个体是由 {0,1} 组成的字符串，而模式则是由 {0,1,

*　}组成的字符串。

在模式 H 中具有确定值的位置数目称为该模式的阶，用 $O(H)$ 表示它。例如，$O(110$ $*1*)=4$，$O(010 * *)=3$，在模式 H 中，第一个确定值的位置与最后一个确定值的位置之间的距离（即位置数之差）。H 的定义距离用 $\delta(H)$ 表示。例如，$\delta(110 * 1 *)=4$，$\delta(010 \times \times \times)=2$。$H=110 * 1 *$，第 1 个确定的位置数为 1，最后一个确定值的位置数为 5，故 $\delta(H)=5-1=4$，则

$$\delta(0 * * * \cdots *)=1$$

（1）考虑群体的选择与模式 H 的关系。如果在 t 时刻，模式 H 有 m 个染色体在当时的种群中，用 $m=m(H,t)$ 表示它。每个染色体都根据适应值的估计函数进行复制，则染色体 V_i 的再生概率为

$$p_i = \frac{f_i}{\sum_{f=1}^{N} X_i}$$

则

$$m(H,t+1)=m(H,t) \times \frac{\overline{f(H)}}{\frac{1}{N}\sum_{j=1}^{N} f_j}$$

其中，$f(H)$ 是 t 时刻模式 H 的染色体的平均适应度估计值。整个种群的适应度估计值的平均数为

$$\overline{f} = \frac{\sum_{j=1}^{N} f_i}{N}$$

所以 $m(H,t+1)=m(H,t) \times \overline{f(H)}/\overline{f}$。

这表明模式 H 的增长速度为 $f(H)/\overline{f}$，即 H 的平均适应度 $f(H)$ 和种群的适应度平均值 $\overline{f}$ 之比。如果 $f(H)/\overline{f} \geqslant 1$，则 $m(H,t+1) \geqslant m(H,t)$。

令

$$\frac{\overline{f(H)}}{\overline{f}} = 1+\alpha \quad \alpha > 0$$

则

$$\begin{aligned}m(H,t+1)&=m(H,t)(1+\alpha)\\&=m(H,t-1)(1+\alpha)^2=\cdots\\&=m(H,0)(1+\alpha)^t\end{aligned}$$

（2）进一步考虑进行交叉操作对模式的影响，无疑 $\delta(H)$ 越大，进行交叉操作模式 H 被破坏的概率越大。一般都确认模式 H 被破坏的概率为 $\delta(H)/(n-1)$，n 是"染色体"的长度。模式 H 能够保存下来的概率为 $1-\delta(H)/(n-1)$。

考虑参加杂交的概率为 P_c，故通过杂交模式保存下来的概率为

$$P_s \geqslant 1 - P_c \frac{\delta(H)}{n-1}$$

（3）考虑变异对模式 H 的影响。参加变异的概率为 P_m，假定随机地改变一个位上的值作为变异形式，模式 H 中阶 $O(H)$ 个值都存活的概率应为

$$(1-P_{\mathrm{m}})^{O(H)} \approx 1-O(H)P_{\mathrm{m}}$$

综上所述，通过选择复制、交叉、变异，从 t 时刻的数目 $m(H,t)$ 到 $m(H,t+1)$ 有关系式：

$$m(H,t+1) \geqslant m(H,t) \times \frac{f(H)}{\bar{f}} \left[1-P_{\mathrm{c}}\frac{\delta(H)}{n-1}-O(H)P_{\mathrm{m}} \right]$$

即具有低阶、短定义距，而且平均适应度高于种群平均适应度的模式，是指数增长。

习　题　11

已知 10 个城市的距离矩阵如下，试用遗传算法求 TSM 问题的解。

$$D=\begin{bmatrix} - & 8 & 98 & 71 & 18 & 105 & 30 & 38 & 14 & 62 \\ 29 & - & 35 & 82 & 47 & 26 & 21 & 50 & 39 & 26 \\ 50 & 112 & - & 86 & 41 & 21 & 9 & 33 & 30 & 42 \\ 144 & 95 & 85 & - & 61 & 12 & 49 & 61 & 25 & 96 \\ 23 & 69 & 193 & 38 & - & 16 & 30 & 101 & 10 & 62 \\ 8 & 93 & 23 & 51 & 97 & - & 60 & 38 & 25 & 96 \\ 49 & 31 & 38 & 32 & 89 & 44 & - & 106 & 14 & 77 \\ 16 & 44 & 29 & 103 & 108 & 81 & 59 & - & 55 & 68 \\ 82 & 87 & 72 & 24 & 35 & 47 & 61 & 14 & - & 93 \\ 17 & 138 & 37 & 74 & 26 & 57 & 92 & 71 & 48 & - \end{bmatrix}_{10\times10}$$

参 考 文 献

[1] 莱维汀. 算法设计与分析基础[M]. 3版. 北京：清华大学出版社，2015.

[2] 徐义春，万书振，解德祥. 算法设计与分析[M]. 北京：清华大学出版社，2016.

[3] 邹永林，周蓓，唐晓阳. 数据结构与算法习题解析与实验指导[M]. 北京：清华大学出版社，2015.

[4] 张琨，张宏，朱保平. 数据结构与算法分析[M]. 北京：人民邮电出版社，2016.

[5] 李春葆. 算法设计与分析[M]. 北京：清华大学出版社，2015.

[6] 张威，葛琳琳，王军. 算法设计与分析[M]. 北京：中国石化出版社，2015.

[7] 屈婉玲. 算法设计与分析[M]. 2版. 北京：清华大学出版社，2016.

[8] 师智斌. 算法分析与设计及案例教程[M]. 北京：清华大学出版社，2015.

[9] 司存瑞. 算法分析与设计技巧[M]. 西安：西安电子科技大学出版社，2016.

[10] 张琨，张宏，朱保平. 数据结构与算法分析：C++语言版[M]. 北京：人民邮电出版社，2016.

[11] GOODRICH MT. 算法分析与设计[M]. 北京：人民邮电出版社，2006.

[12] 邓向阳，万婷婷. 算法分析与设计[M]. 北京：冶金工业出版社，2006.

[13] WEISS M A. 数据结构与算法分析：C语言描述[M]. 北京：机械工业出版社，2004.

[14] 周培德. 计算几何：算法分析与设计[M]. 北京：清华大学出版社，2000.

[15] 屈婉玲. 算法设计与分析习题解答与学习指导[M]. 北京：清华大学出版社，2014.

[16] 吕国英. 算法设计与分析[M]. 3版. 北京：清华大学出版社，2015.

[17] 麻新旗，王春红. 计算思维与算法设计[M]. 北京：人民邮电出版社，2015.

[18] 列维京潘彦. 算法设计与分析基础：Introduction to the design and analysis of algorithms[M]. 北京：清华大学出版社，2015.

[19] 郑宗汉，郑晓明. 算法设计与分析[M]. 2版. 北京：清华大学出版社，2011.

[20] 徐子珊. 算法设计，分析与实现[M]. 北京：人民邮电出版社，2012.

[21] 王红梅，胡明. 算法设计与分析[M]. 2版. 北京：清华大学出版社，2013.

[22] 王晓东. 算法设计与分析[M]. 3版. 北京：清华大学出版社，2014.

[23] LEVITIN A. 算法设计与分析基础. [M]. 3版. 北京：清华大学出版社，2015.

[24] 霍红卫. 算法设计与分析[M]. 2版. 西安：西安电子科技大学出版社，2010.

[25] 陈慧南. 算法设计与分析[M]. 2版. 北京：电子工业出版社，2012.

[26] 寇伟，申国霞，王文霞. 计算机算法设计与分析[M]. 北京：中国水利水电出版社，2015.

[27] 孔丽英，夏艳，徐勇. 程序设计与算法语言：C++程序设计基础[M]. 北京：清华大学出版社，2011.

[28] 文风，孙旭. 算法与程序设计基础教程[M]. 北京：清华大学出版社，2010.

[29] 陈慧南. 算法设计与分析：C＋＋语言描述．[M]. 2 版. 北京：电子工业出版社，2012.

[30] 李文书，何利力. 算法设计、分析与应用教程[M]. 北京：北京大学出版社，2014.

[31] 齐爱玲，张小艳. 数据结构与算法设计实践与学习指导[M]. 西安：西安电子科技大学出版社，2016.

[32] 王晓云，陈业纲. 计算机算法设计、分析与实现[M]. 北京：科学出版社，2012.

[33] 周培德. 计算几何：算法设计、分析及应用[M]. 北京：清华大学出版社，2016.

[34] 王娜. 背包问题的研究与算法设计[D]. 昆明：昆明理工大学，2012.

[35] 杨晓伟，郝志峰. 支持向量机的算法设计与分析[M]. 北京：科学出版社，2013.

[36] 王能超. 计算方法：算法设计及其 MATLAB 实现[M]. 2 版. 武汉：华中科技大学出版社，2010.

[37] 王能超. 计算方法：算法设计及其 MATLAB 实现[M]. 武汉：华中科技大学出版社，2010.

[38] 王晓东. 数据结构与算法设计[M]. 北京：机械工业出版社，2012.

[39] 王晓东. 计算机算法设计与分析. 4 版[M]. 电子工业出版社，2012.